蚂蚁史诗

L'ODYSSÉE DES FOURMIS

[法]
奥德蕾·迪叙图尔 Audrey Dussutour
安托万·威斯特拉赫 Antoine Wystrach
著

敖 敏 译

郑州大学出版社

图书在版编目(CIP)数据

蚂蚁史诗 /（法）奥德蕾·迪叙图尔
(Audrey Dussutour),（法）安托万·威斯特拉赫
(Antoine Wystrach)著；敖敏译. -- 郑州：郑州大学
出版社，2025.4. -- ISBN 978-7-5773-0478-6
Ⅰ.Q969.554.2-49
中国国家版本馆CIP数据核字第2024DB2686号

备案号：豫著许可备字-2024-A-0069

Originally published in France as:
L'ODYSSEE DES FOURMIS by Audrey Dussutour & Antoine Wystrach
© Éditions Grasset & Fasquelle, 2022.
Current Chinese translation rights arranged through Divas International, Paris
巴黎迪法国际

蚂蚁史诗
MAYI SHISHI

策划编辑	郜 毅	封面设计	陆红强
责任编辑	郜 毅	版式设计	九章文化
责任校对	孙精精	责任监制	朱亚君

出版发行	郑州大学出版社（http://www.zzup.cn）
地　　址	河南省郑州市高新技术区长椿路11号（450001）
出版人	卢纪富
发行电话	0371-66966070
经　　销	全国新华书店
印　　刷	鸿博昊天科技有限公司
开　　本	880 mm × 1 230 mm　1/32
印　　张	10.5
字　　数	247千字
版　　次	2025年4月第1版
印　　次	2025年4月第1次印刷
书　　号	ISBN 978-7-5773-0478-6　　定　价　78.00元

本书如有印装质量问题，请与本社联系调换。

纪念热爱探险的拉法埃尔·布莱和克里斯蒂安·佩特

引　言

事先我们就被警告，落脚的时候要特别当心。

对一个刚刚踏入加蓬茂密森林的西方人来说，野生自然界里的一切仿佛都充满了敌意。危险不仅来自那些擅长伪装的蝰蛇，或是生活在幽暗洞穴里的橙色鳄鱼，以及那些藏身树后突然给你闪电一击的大象。危险，还来自别处。

当时我们正为电视台拍摄一部关于蝙蝠携带埃博拉病毒的纪录片，当地向导提醒我们留意一种可怕生物：非洲黑蚁（fourmi Magnan），又称军团蚁（或行军蚁）。军团蚁的蚁后身长可达5厘米，体重可达2克，是当时所知蚂蚁中体形最大的。军团蚁没有视力，完全靠气味信息素来进行沟通和交流。它们经常变换住地，庞大的行军队伍拖得长长的。一个蚁巢可以有多达2 000万个居民，当它们外出猎食或是搬新巢的时候，你就可能在路上遭遇这支由数百万只蚂蚁组成的壮观队伍。没有任何东西能够阻挡前行的军团蚁。这种肉食性的生物随时准备猎杀在路上遇到的一切，包括那些体形比它们大得多的猎物：老鼠、鸡、蛇，甚至小鳄鱼。

粗心的路人若是与这些难缠的昆虫不期而遇，稍不留神就可能吃大亏。曾经有一次，我们的摄影师因为军团蚁而中断了拍摄工作，他企图切断蚂蚁大军前进的路线，然而这个糟糕的主意可给他惹了大祸。

蚂蚁的报复立刻就来了。军团蚁压根儿不打算改变原来的路线，而是亮出了自己最厉害的防御武器：锋利的大颚。一旦被它们咬到，伤口会异常疼痛。而这些早已习惯了在行军途中开展猎杀的蚂蚁步兵都异常坚韧，谁也别想轻易摆脱它们的铁嘴钢牙。只见摄影师一边落荒而逃，一边疯狂扯掉自己的衬衣和长裤，试图摆脱来自蚂蚁的围攻。最后这位伙计几乎把身上所有衣物都脱光了，过了好几分钟他才慢慢缓过神来，重新开始拍摄。这次直面大自然力量的经历给我们上了深刻的一课。

您即将在本书中读到，在非洲的一些地方，人们对军团蚁既无比恐惧又心怀崇拜。当地居民利用军团蚁来清洁房屋，清除白蚁。当蚂蚁大军穿过一个村庄时，居民们会提前把门窗打开，方便这些超级能干的清洁工迅速地清除室内的一切害虫，包括老鼠和蟑螂。由此可见，即便是如此可怕的昆虫，也可以为人类社会带来巨大的益处。

蚂蚁令我们着迷，还因为它们形成了组织极为严密的社会，展示出无与伦比的集体智慧和自我牺牲的精神，令众多智人眼红嫉妒。例如，如何保证交通畅通无阻，以及在遭遇重大恶劣天气时如何迅速处理一切紧急情况，等等。两位著名昆虫专家——奥德蕾·迪叙图尔和安托万·威斯特拉赫将在本书中介绍的便是这种引人入胜的社会生活。据估计，在我们星球上生活着 20 000 种蚂蚁，这一庞大的种类数量使得蚂蚁呈现出惊人的多样性，不同种类的蚂蚁拥有各种非凡本领。蚂蚁的生物总量约是人类的 1.1 倍，这样庞大的生物量从整体上极大地促进了各种特殊能力的发展。

仅局限于"勤劳的蚂蚁"这样的认识太过片面。事实上，每只蚂蚁脑子里似乎都只有一个念头：一切为了群体的良好运行。为此，这个物种发展出具有各种专门技能的个体：农民、护士或士兵。

蚁群由成千上万的成员组成，集中了每个成员的智慧之后，整个社会如同一个超级有机体一样运行良好：转移，确定方向，分配任务和抵御敌人。

而若要说到蚂蚁最主要的活动——觅食时，您会发现，它们的生活可是一丁点儿也不轻松。

本书作者将引导我们踏上一场激动人心的探险之旅。您将经历难忘的冒险，见证一些前所未闻的本领。

我相信，深入蚂蚁世界的这段旅程将会给您带来和我一样多的愉悦。不过，旅途中请务必当心您落脚的地方！

马蒂欧·维达尔（Mathieu Vidard）

序　言

想象一下，你降生在一个黑暗的房间里，与兄弟姐妹一起长大，却远离自己的母亲。从会走路的那一刻起，你就必须工作，干各种不同的活儿：喂养家庭成员，打扫房间，储存食物，挖掘地道……而这一切都发生在永恒的黑暗中，与外界隔绝，远离尘嚣。想象一下，你正值壮年，姐妹们鼓励你离家外出去狩猎或采集浆果，以养活其他兄弟姐妹。从来没有离开过家的你，突然间被推入一个广阔无垠的世界，那里的一切都沐浴在灿烂的阳光下，随时可能遇到成千上万种不同生物，一种比一种更可怕。在这个广阔世界里，为了寻找食物，你必须在丛林或沙漠中步行数万米而不迷路，躲避那些堪比暴龙的凶狠掠食者，捕捉体形堪比鲸鱼的巨型猎物，躲开那些与你追逐同一只猎物的其他猎人的武器，还得提防落入邻近部落之手而面临终身为奴的风险。这个可怕的世界，你可能独自面对，也可能与亲人一起共同面对。如果你幸运地从第一次远征中毫发无损地回来，刚刚把战利品放在门口，你就必须再次出发，因为你的家族在不断壮大，总是需要更多的食物。你将在这个无情世界中来回奔波，永不停息，直到死亡降临。难道这是恐怖电影中的场景，或是科幻小说中的情节？不，刚才描述的不过是一只蚂蚁的日常生活。

本书专门介绍那些在巢外冒险的蚂蚁，即所谓的"觅食蚁"。这些勇敢无畏的觅食蚁的数量只占蚁群的5%~10%，却肩负着为整个蚁群供应食物的重任。

觅食蚁有令人难以置信的记忆力和惊人的力量，能看到我们看不到的东西,并能集体解决一些我们个体难以应付的复杂挑战。简而言之,觅食蚁是真正的超级英雄……或大坏蛋,这取决于你的立场。

当它们的破坏终于令你忍无可忍,下决心赶走所有在厨房里跑来跑去的蚂蚁时,实际上你所能消灭的仅仅是蚁群中微不足道的一小部分。那些惹你生气的蚂蚁很快就会有替代者,因为躲在你家厨房地砖下的蚁后仍在一刻也不停地产卵。觅食蚁只是一个超级有机体的远端延伸部分,它们轻盈地掠过你的墙壁、书架和衣柜,如同一只伸出的手一般清空了你的糖罐,而那个庞大的身体则潜伏在阴影中,在你视线之外不断扩张。通常,担任觅食蚁的都是蚁群中最年长的蚂蚁,觅食将是它们最后的工作。觅食蚁每次离开巢穴,踏上的都可能是一条永无归途的远征之路。

这本书将向那些勇敢的蚂蚁致敬,它们为了亲人的生存毫不犹豫地挑战一切危险,直至生命的尽头。你将逐一认识它们:游泳健将、举重选手、医生、饲养员、瘾君子、敢死队员、忍者、小偷、战士、刨工、奴隶,及其他种种……

奥德蕾·迪叙图尔

目录

传奇女英雄

一个蚁群，一个超级有机体，一个智慧群体..........003

一只蚂蚁，一个大脑，一个智慧个体..................009

第1个考验：外出，辨别方向

来自森林的召唤..........017

热舞..........022

爱我就请跟我走..........030

请沿此路前行！..........034

半路打劫，投机取巧..........037

第2个考验：寻找食物

香味..........043

掠食者..........049

无情的追捕..........057

伏击..........062

围猎..........070

第3个考验：开发食物源

天堂的丰收..........077

精植蘑菇..........083

午夜善恶花园 089

危险的关系 093

泉水玛侬 102

潜水钟与蝴蝶 105

第4个考验：运输食物

重型货车 111

护戒同盟 115

电锯惊魂 121

偷吻 125

传送带 128

湍流中的海绵 132

第5个考验：适应环境

沙丘 137

随风而逝 142

逆流而上 151

美杜莎之筏 158

连接两岸的桥梁 163

大都会 171

第6个考验：利用一切可利用之人

寄生虫 177

斯德哥尔摩综合征 180

第7个考验：保卫领土

敌人兄弟 189

无蚁之地 195

搏击俱乐部 198

第8个考验：抗击敌人

天降杀机 203

大地之齿 209

鬼子来了 217

神风特攻队 220

活死人之夜 224

第9个考验：进攻和反攻

木僵和颤抖 231

机械战警 240

食人魔汉尼拔 244

第10个考验：选择与优化

阿里阿德涅之线 249

再次上路 257

双车道沥青路 261

光荣之路 272

第11个考验：救援和救治

  海滩救护队 283
  帕纳萨斯博士的奇幻剧院 290

终极考验：死亡

  西北偏北 297

结论 301
参考书目 303
译后记 321

传奇女英雄

一个蚁群，一个超级有机体，一个智慧群体

蚁群实际上就是一个大家庭，成员大多是雌性。蚁后是蚁群的创建者，她的主要工作是产卵。她的女儿们，那些工蚁，将负责整个蚁群的正常运行。她们跑腿，倒垃圾，喂养母亲和她的后代，建房修屋，赶走入侵者，有时也会……无所事事，谁在乎让·德·拉封丹（Jean de la Fontaine）怎么说呢！① 在许多不同种类的蚂蚁中，工蚁都是不育的。即便偶尔出现例外，蚁后也会禁止它们产卵……

蚁卵孵化后最初诞生出的幼虫，是一种不能活动的小肉蛆。这种幼虫不能自己移动，完全依赖工蚁来喂养，它会把头扭来扭去地吸引它们的注意。幼虫生长到最终阶段就会变成蛹，类似于蝶蛹，最后蜕变成蚂蚁。这一转变标志着其进入成年期，昆虫将不再生长，它的命运也由此确定。成年蚂蚁的命运主要取决于其在幼虫阶段的饮食。简单地说，在幼虫阶段中被限制饮食的幼虫长大后将成为工蚁，而被喂食大量富含蛋白质的食物的幼虫则将成长为蚁后。这与贝尔纳·韦伯（Bernard Werber）② 的小说中所描写的情况不同。小说中的103683号工蚁，俗称103号，后来变成了女王；而事实上，蚂蚁的命运是不可改变的。

---

① 在法国著名寓言家拉封丹的笔下，蚂蚁通常是勤劳的象征。本书所有页下注均为译注，余不一一。

② 贝尔纳·韦伯，法国当代著名科幻作家，其作品《蚂蚁三部曲》被誉为"幻想文学的巅峰"，103号是其中第一部《蚂蚁帝国》中的主角。

蚂蚁的性别是由卵子中的染色体拷贝数量决定的。像人一样，由受精的卵子发育而成的雌性，每条染色体有两个拷贝，一个来自父亲，一个来自母亲，即二倍体。而雄性是由未受精的卵子产生，只继承母亲的染色体，是单倍体。这意味着雄性有母亲但没有父亲，可以有女儿但没有儿子。不过，它们的遗传物质会传给女儿，所以它们可以有孙子……太烧脑了。

在大多数种类的蚂蚁中，雄性有翅膀，体形相对较小，常被人误认作小飞蝇。它们的头小得不成比例，眼睛却很大，能提供300度的视野。在蚁群中，雄蚁完全不做任何事情，它们被好吃好住地供养着，直到有一天离开巢穴去履行这辈子唯一的职责：繁殖。简而言之，雄蚂蚁的功能就像戴着望远镜的会飞的睾丸。请忘了《蚁哥正传》(*Antz*)[①]里的主人公吧，一个勇敢的雄工蚁爱上了一位公主，并且彻底改变了所在蚁群的生活……

当天气条件有利时，处女蚁后和雄蚁会离开巢穴去求偶。在许多不同种类的蚂蚁中，蚁后和雄性都是有翅的，它们在飞行中交配。这就是人们在初夏常常看到的著名的"飞蚁"。交配后的雄蚁面临着十分悲惨的命运。有时候它会把自己的生殖器连同部分肠子留在雌性体内，以防止它与其他雄性交配。这过强的占有欲注定了它的死亡。在其他情况下，它也会死于饥饿或落入飞鸟口中，这些鸟是被飞行的蚂蚁云引来的。

至于蚁后，当它降落到地上，便会撕掉自己的翅膀，去寻找一个筑巢地点。地面上的缝隙、树干上的缝隙或树叶间的藏身之处——每个物种都有自己对居所的特殊喜好——一旦找到避难

---

① 1998年上映的美国动画片。

所，它将在此诞下自己的后代。此后它将永远不会再见到阳光，也再没有机会可外出游玩见世面。一旦进入地下，它将数周不吃东西，抚养后代直到它们成年。它利用自己的脂肪储备和已经无用的翅膀肌肉来养育产下的第一批卵。有时，为了不被饿死，它会在卵孵化长成之前吃掉它们。蚁后用储存在精囊中的精子使卵受精。虽然雄蚁在交配后不久死去了，但它的精子会存活好几年，并不需要在 −196℃ 的液氮中冰冻保存，在漫长的一生中，蚁后都将继续使用这个精子库。蚁后诞下的第一批工蚁往往很瘦弱，但十分能干。它们会立即开始寻找食物，而它们的母亲最终将把自己限制在产卵者的角色上。一只蚁后可以活几十年，实验室里的记录是 30 年左右。它是第三长寿的昆虫，仅次于白蚁和丽金龟——它们都可以活 50 年。而工蚁的寿命预期仅有几个月或者几年，这取决于它们所属的物种。

  两个多世纪以来，生物学家对蚂蚁为确保蚁群生存和发展而高度合作的能力赞叹不已。它们的社会互动令人联想到在同一生物体的细胞之间所能观察到的那些互动。根据美国哺乳动物学家威廉·莫顿·惠勒（William Morton Wheeler）在 1911 年的说法，整个蚂蚁社会仿佛形成了一种独立的生物体，他称其为超级有机体。而我们往往忍不住会透过人类社会的滤镜来看待蚁群社会的组织。因此，散文家莫里斯·梅特林克（Maurice Maeterlinck）在《蚂蚁的生活》（*La Vie des fourmis*）一书中，提出了如下问题：

  在这个城市里，谁在统治，谁在管理？大脑或意志隐于何处，未经讨论的命令来自何方？……该类协议形式及据其产生的政府又当如何命名？……是自动反应型的简单共和国吗?……究竟是"有组织的无政府状态"抑或是"累积性集体"?……姑且不必考虑神权制和君主制,此二者可能性不大;剩下的有民主制、寡头政治,以及看起来最有可能的贵族政治和老年政治……基于我们稳定牢靠的一般本能,可以称其为"最佳思路的临时政府"。

社会性昆虫的世界常常被人们看作一个理想化的社会,其中和平与和谐是主旋律,一个拟人化的、升华了的人类社会生活的投影。例如,弗洛伊德就认为在社会性昆虫中,个体意志是服务于群体意志的。这位精神分析学家认为,工蚁为了群体的利益而放弃了个体自由,这在人类社会中是无法想象的。无政府主义作家彼得·克鲁泡特金(Pierre Kropotkine)在《互助,进化因素之一》一文中,把蚂蚁的行为提升至社会典范。根据这位俄罗斯思想家的说法,社会性昆虫把冲突抛诸脑后,更加注重互助和信任,令其所在的社会群体得以发展出非凡的智慧。这种和谐至上的完美社会理念也常见于许多动画片中,如《虫虫危机》(A Bug's Life)和《蚁人》(Ant-Man)。

诚然,从远处看,蚁群总体是和谐的。无论是收获、建造还是照顾幼虫,它们的工作都是集体组织的。人们很容易相信,每只蚂蚁都在为蚁群的利益尽心尽力地辛勤工作。但稍加仔细观察,这个和谐的假象就不存在了。一旦从个体层面进行观察,就能发现一些蚂蚁什么都不做。更糟的是,还有一些蚂蚁会故意阻挠甚至破坏其他蚂蚁的工作。只需详细观察蚂蚁们通过路径集体运输猎物的情况,就足以让人相信这一点。初看起来似乎更像是乱糟糟的美国《黑色星期五》,而非电影《迷失的蚂蚁山谷》(Minuscules)中展现的蚂蚁们秩序井然地搬运糖盒的场景。然而这正是这些昆虫的令人入迷之处。它们能够从无序中创造出有序!

蚁群有着令人难以置信的复杂机制,可以应付异常复杂的后勤运输问题,并且一切都无须事先计划安排。在日本北海道的石狩湾沿岸,有一个名为石狩红蚁(Formica yessensis)的超级蚁群,有近3亿只工蚁和100万只蚁后,它们分布在约45 000个蚁穴中,而将这些蚁穴互相连接起来的道路总长度达到数百千米。这个巨大的城市占地近270公顷,面积相当于纽约的中央公园。1971年,东正刚[1]教授首次向人们描述了这个巨型城市,但其建筑最早可以追溯到1 000多年前。想象一下那些连接各个巢穴的运输网络有多么复杂!难以想象,在一个超级城市群中,竟然没有一个统一的物流机构来调度监督食物的供应、储存和分配。然而在这个超级城市群中,完全不存在任何一个这样的机构。

为了理解蚂蚁的行为,必须彻底抛开人类社会的运作方式。这些小生物里没有工头、建筑师、经理、省长、行政长官、首席执行官、上校指挥官等。它们在一起成群干活,并没有一个头领汇总信息并决定哪个团队成员做什么、如何做、与谁做以及何时做。蚁群的组织完全是分布式的,而非金字塔式的,它建立在所有自主个体不断共享信息的基础之上。这意味着,即便其中一个成员不幸突然消失,蚁群仍将毫不停顿地继续流畅运作。而假设你的建筑师在工地上不见了,你会发现所有工作立马就会停

---

[1] 东正刚(1949— ,Seigo Higashi),日本生物学家,北海道大学名誉教授,放送大学客座教授。

下来！

蚁群中的每只蚂蚁都会根据自己的生理状态、与身边亲人以及周围环境的互动交流等情况而采取行动。例如，相对于一只吃饱喝足、在巢穴深处昏昏欲睡的蚂蚁，一只守候在巢穴入口的饥肠辘辘的蚂蚁有更大可能会追随同伴外出狩猎。蚁群的运作原理被称为"自组织"，这个术语是控制论者威廉·罗斯·阿什比（William Ross Ashby）在1947年提出的。它被定义为一个过程，在该过程中，在没有任何外部控制的情况下，原本处于完全无序状态下的系统的各个成分通过彼此间的相互作用，最终产生出一个组织系统。免费的在线百科全书维基百科就是一个自组织系统的例子：几乎没有任何中央控制，成千上万的人在一起撰写文章，其中一些文章的质量堪比大英百科全书，甚至更好。

简而言之，蚁群就是乱中有序！

奥德蕾·迪叙图尔

一只蚂蚁，一个大脑，一个智慧个体

诚然，蚁群拥有出色的集体智慧，这也是它们受到人类关注的主要原因。但是请注意，群体智慧卓越并不意味着个体就一定愚蠢！然而，说到个体智力，蚂蚁往往被认为远低于平均水平。许多人认为，蚂蚁都是些小型自动生物体，受制于基因或群体指令，只会有简单反射行为。这种直觉是非常错误的，在很大程度上暴露了人类的自我中心主义：一个生命体在进化树上距离我们人类越远，我们就越不愿意承认它有任何形式的智能。事实上，我们大多数人都赞成，最最聪明的是人。接下来是我们的近亲——非人类的其他灵长类动物，它们被认为具有相当高的智力，"像猴子一样聪明"的说法就是这一看法的证明。在其他非灵长类哺乳动物中，也有几个在我们的文化中是受到高度评价的：海豚的智慧，狐狸的狡猾，或大象令人印象深刻的记忆力。

然而，当谈到哺乳动物群以外的脊椎动物时，我们的蔑视就开始显现了。例如，法语中提到鸟类的表达一般都是不怎么讨好的："麻雀脑袋""雀儿头""傻秃鹰"[①]……爬行动物也是如此：如"爬行动物的大脑"这样贬低的说法，或者像"咬自己尾巴的蛇"这个家喻户晓的形象，暗示着其智力低下。至于鱼，无论是"金枪鱼""鳕鱼"还是"金鱼的记忆"，我们都热衷于对它们的严重

---

① cervelle de moineau, tête de linotte, espèce de buse：法语中这几个短语的意思分别指没脑子、冒失鬼、傻瓜。

诽谤！但是，越过了谱系图上脊椎动物的分支，人类的蔑视才真正变得根深蒂固。无论我们谈论的是蚯蚓、海星还是小飞虫，我们甚至不认为它们存在意识。诚然，扇贝的神经系统的确不太发达，但它仍比大多数人想象的要复杂得多。例如，你是否知道，这些最终出现在你盘子里的软体动物，是通过几十只分布在其外壳边缘的眼睛来感知世界的？事实上，无论研究什么物种，我们对其行为了解得越多，就越能发现一些始料未及的认知能力，这证明我们对动物的轻视首先反映出的是我们的无知，即缺乏对世界的了解。因此，经过一些研究人员的努力，在短短的几十年里，墨鱼和章鱼的声誉都急剧上升了。

那么昆虫呢？别忘了已有记载的昆虫多达130万个物种，约占动物种类数量的85%（相比之下，哺乳动物仅占0.3%）。从这个角度来看，这些小型无脊椎动物体现了我们星球上动物世界最伟大的成就。对于几乎所有的生态系统的维护，昆虫都是至关重要的。然而，它们整体被忽视，将它们踩在脚底不会牵动我们一丝的神经。这是对我们所在星球的巨大漠视，以至于近年来昆虫数量急剧下降。是时候开始更认真对待它们，给予它们应有的地位了。这也是促使我们动笔写这本书的原因之一。作为开始，先学习认识它们难道不是最好的方法吗？

首先，你应该知道，昆虫的的确确有一个真正的大脑，其大小并不比一粒麸皮大。但当涉及神经元时，大小并不重要。一个多世纪以来，科学家们一直在观察、绘制和思考这个微小的谜团。今天，调查昆虫大脑的方法比比皆是：基因操作、免疫组织化学法、神经元染色剂注射、共聚焦激光显微镜……有一点是肯定的：研究结果无一不揭示了我们的偏见是多么的错误！没有人预计到在这么小的体积里能有如此复杂的发现。

在讨论昆虫的实际大脑，即位于昆虫头部的那个大脑之前，我们先来考察一下沿着它们身体形成的一系列神经节，类似人类的脊髓。由数以万计的神经元组成的每个神经节，都像一个小型的处理器一样发挥作用。例如，位于胸部的神经节进行复杂的计算以产生腿或翅膀的运动。换句话说，一只蚂蚁不需要思考如何正确摆放自己的四肢。这类费力不讨好的任务都由神经节负责处理，从而让大脑得以解脱，专注于其他思考活动。顺便说一句，人类的大脑运作机制也大致相同。

一个人行走时需要协调600多块肌肉，然而当你在街上行走时，你可以轻松地保持平衡，而无须有意识地去关注这项令人难以置信的复杂任务。你身体的协调工作主要由脊髓中的神经节管理，使你的大脑能够专注于其他需要更多认知的任务，如电话交谈。

但在昆虫的大脑中会发生什么？和人类一样，昆虫的大脑远比神经节的构造复杂得多，它由一个右半球和一个左半球组成，每个半球都包括大约30个不同的大脑区域。是的，你没听错，30个脑区！这些被称为"神经纤维网"的区域又被划分为亚区域，有时下边还有子区域，有一些的命名方式显得相当简单粗暴，如"右上中间前脑"或"左大脑脚脚间窝视束"……必须承认，关于昆虫大脑解剖的科学文章是相当难懂的。

这些不同的大脑区域是高度联系的，这意味着感官信息，无论是视觉、嗅觉、味觉、听觉、触觉、本休感觉、热觉还是痛觉，都会通过多个中心传播，以便进行处理、提炼、测量，以及与其他信息相结合并与过去的经验相比较。这是最终形成真正决策的基础！例如，最近对蚂蚁的研究表明，由它们的复眼感知的视觉信息，沿着大约 30 个不同的神经通路被送到大脑的不同位置。因此，当一只蚂蚁在看世界的时候，可以肯定它的脑子里有很多事情在同时进行。这远非简单的运动反射。

从数字来看，蚂蚁的大脑包含着 5 万至 100 万个神经细胞，这个数字在不同种类间有很大的差异。与由 800 亿个神经元构成的人类大脑相比，这似乎显得不值一提，但正如达尔文所说：

> 没有人可以认为，任何两种动物或两个人的智力可以通过脑容量的大小来衡量。可以肯定的是，绝对质量很小的神经物质可以发展出非常高超的精神活动……。从这最后一个角度来看，蚂蚁的大脑是世界上最好的大脑之一，是我们可以想象的最奇妙的物质原子，也许比人类的大脑更为奇妙。①

事实上，昆虫的大脑是一个微连接的奇迹，足以让我们的计算机的晶体管羡慕不已。每个神经细胞都能与其他神经细胞建立 10 万个以上的连接，无论它们是彼此相邻还是相距甚远。将这 10 万个连接乘以 100 万个神经元，你可以估算一下这个网络的规模，而它的体积比针头还小。另外，与我们的机器的根本区别在于，神经连接并非固定的，而是"可塑的"。也就是说，它们可以被创造、加强或消失，从而使得昆虫能够根据其经验不断进行调整。

---

① 原文未标明引文出处。

可见，蚂蚁并不是由其基因控制的小型自动机器人，而是一个个能够持续高速学习的独立个体。因此，环境因素在每个个体的发展过程中产生了重大影响。证据便是：在某些种类的蚂蚁中，虽然蚁群中所有工蚁都是具有相同基因的克隆体，但我们却看到不同个体的命运仍相去甚远：一些蚂蚁变成了统治者，另一些则只能服从命令；还有一些成为精英猎手或专业保姆。研究人员甚至还谈到了"个性"。如此，便如同人类一般，蚂蚁的命运也往往取决于个体命运的偶然性因素。

随着对蚂蚁大脑研究的不断深入，我们再也不能否认它们具有某种形式的智能。但倘若想更全面地理解这种智能，除了对这些小小昆虫的脑物质进行单纯的物理描述外，还必须理解它们的行为。因此，我们必须进入它们生活地带的中心，在野外对它们进行实地观察。这就是为什么我们在这本书中介绍了一段段近距离跟随觅食蚁——这些敢于离开巢穴外出寻找食物的探险家——的旅程。外面的世界对它们而言意味着重重考验，这将迫使它们运用自己所有的聪明才智，无论是在个体层面上的还是集团层面上的。对于这些小小生物来说，这将是一次真正的冒险之旅；对那些千方百计探究个中奥妙的研究人员和自然学家来说，亦是如此。

安托万·威斯特拉赫

第1个考验

外出,辨别方向

来自森林的召唤

让我们与这些小蚂蚁一起开启探险之旅吧。当一只蚂蚁离开群居的巢穴独自外出探索世界,此时唯一可以作为依靠的,便仅有它自己的大脑。独自探险的模式其实十分古老,1亿多年前的蚂蚁先祖们所使用的这种模式,今天仍有许多种类的蚂蚁在使用。因此,如果说有一项关键技能是每个觅食蚁所必须掌握的,那就是方向感。对于一只蚂蚁来说,迷路和找不到自己的家是致命的。在这两种情况下它都死定了。随着时间的推移,蚂蚁已经发展出非常有效的方法来避免迷路。具体有哪些方法呢?

可能会令你感到有些诧异,就像孩子们在幼儿园里一样,许多研究动物定向的科学家成天都在把玩一些小小的彩色立方体、圆柱体或三角形。在实验室里,这些物体被用作人工标志物,用以测试动物使用何种信息来确定方向。这类实验通常用小鼠、鱼、鸽子以及其他在实验室中饲养的脊椎动物来做,也用蚂蚁来做。这方面的明星之一是一种长约1厘米的热带蚂蚁,它的名字就好像是一首硬摇滚歌曲的曲目:巨目破坏蚁(Gigantiops destructor)。

哈佛大学教授威廉·惠勒(William Wheeler)在1922年写道:"Gigantiops destructor这个名字让人联想到一个贪得无厌的怪物,长着巨大的眼睛,就好像一只巨大的昆虫界的美洲虎。"的确,从Gigantiops的词源来看,来自希腊语的"gigas"(巨大的)和"opsis"(眼睛)拼在一起,意思就是"巨大的眼睛"——该物种的眼睛是迄今已知的所有蚂蚁中最大的:每只复眼大约有4 000个面!

然而,"destructor"(破坏者)一词的起源令人费解。这个名字是 1804 年由丹麦动物学家法比尤斯(Fabricus)命名的。惠勒声称,这位研究者"……肯定对这种昆虫的行为一无所知"。的确,这些蚂蚁看起来完全无害,甚至有些可爱。在实验室里,只需要几秒钟就能被它迷住。这些长着长腿的小生物用它们像斑比一样的大眼睛看着你,迈着小侧步。当你在房间里移动时,你会看到几十个小脑袋在盯着你看。当你向一只蚂蚁伸出手,这个好奇的小东西便会跳到你的手指上,温和地探索新的环境。学生们往往对它们一见钟情。

但这是人类视角下的观点,我们很肯定不是所有的动物都同意这一点。事实上,电子显微镜下的放大图揭示了这只野兽黑暗的一面:锋利的大颚如同两把钢锯,指向前方的尖刺胡子,再往上是两只巨大无比的眼睛,从这个角度看去,不再是让你联想到小鹿斑比的可爱眼睛,而更像是在咬向你之前俯视着你的恶魔的眼睛。巨眼怪绝对是个猎食者,而且对其猎物来说绝对是真正噩梦般的猎杀者。法比尤斯并没有错,它的的确确就是巨眼怪。

这些蚂蚁的定向能力相当了得,足以让你惊掉下巴。把它们放在一个迷宫里,经过不到 10 次的尝试,它们就能记住 8 个连续路口的顺序。它们还能将抽象的视觉线索作为参照物来确定方向,譬如一条垂直线的粗细,旋转的方向是向左还是向右,等等。如果在实验环境中增加一些物体,它们会立即记住这些物体的位置,并借此更快地确定自己的路线。若是移开所有物体,它们就会借助其他难以察觉的线索来确定方向,如实验室房间的形状或者天花板上霓虹灯的位置等。

但别忘了,这些都是实验室实验,即在人工条件下进行的实验。

事实上，只有当你深入它们所生活的密不透风的亚马孙黑暗森林里时，你才会真正意识到它们的本领有多么了不得。在这些热带森林里活动对蚂蚁来说没什么大不了的，而对研究人员来说就完全不是这么回事了。首先，你必须在这片地狱般的茂密林地中找到一个破坏巨眼蚁的巢穴。技巧如下：先找到一个白蚁冢，并捉几只肥美的工蚁，然后仔细搜寻地面和叶子表面，观察最轻微的运动，并希望你的眼睛能在进入视线的数百个小动物中捕捉到一个正在溜达的破坏巨眼蚁。如果真是巨目破坏蚁，轻轻地接近它，在它身旁扔下几只白蚁。巨目破坏蚁非常喜欢这些肥美的猎物，会立即扑上去。一旦猎物被固定在它的大颚之间，这个觅食蚁便会突然向一个方向猛冲，就像一只挨了棍子的狗一样。此刻你只需跟着它，它就会自动带你到它的家。做这个练习会让你汲取到三条教训。

第一个教训：在自然环境中跟踪一只巨目破坏蚁并不那么容易。它们长长的腿极其敏捷，能从一片叶子迅速跳到另一片叶子，利用每根树枝作为加速跑道，快速滑过水坑表面，在细小的缝隙中穿行，或者钻进倒伏的树干下方，从另一头出来。对人类来说，情况恰恰相反。树叶下隐着的刺会挂住你的衣服，错综交织的树枝形成重重障碍，迫使你把身体扭曲成各种奇怪的姿势，水坑变成了泥泞的沼泽，完全吞没你的靴子并一直淹到小腿中部，枯死倒伏的树木变成令人难以逾越的障碍。除了这些，你还必须以轻柔缓慢的方式行动，任何稍微鲁莽的动作或声音，都可能会让那只警觉的蚂蚁迅速扭转方向，旋即消失在地面的垃圾中。事实上，正如它的名字所暗示的那样，这个物种是有相当"视力"的，对运动物体异常敏锐。对研究人员来说最麻烦的是，他不可以拍打隔着衣服叮咬他的几十只蚊子。相比之下，在实验室里跟踪一只巨目破坏蚁就容易多了。

第二个教训：在热带雨林中太容易迷路！外部的视觉环境如此复杂而又多变，仅仅跟踪一只蚂蚁走出 10 米远就足以让你突然惊慌失措地意识到，你已经不知道刚刚自己是从哪个方向来的了。这里讲一个小插曲，我们有两位同事就亲历了这样的意外，他们不得不在圭亚那的森林中长时间地绝望搜索，最终才找到了自己的营地。他们虽然配备了 GPS，但通信信号无法穿透浓密的树冠，因此为了获取坐标，他们时不时地就得爬到树冠上去。懂得如何在复杂的自然环境中找到自己的路并不是一件容易的事，对此，这些研究人员现在深信不疑。

第三个教训：巨目破坏蚁从不迷路。虽然蚁穴的入口通常是一个隐藏在树叶下或树根之间微不足道的小洞，但它们总能毫不费劲地找到它。并且，这些蚂蚁并不是像在实验室里那样探索几十厘米的距离，而是在热带雨林里的 20 多米的路程！对于一只长度不超过 1 厘米的昆虫来说，20 米相当于在人类的尺度上的几千米。更不用说，在它们那样的微观尺度上，地面上无数的堆积物都变成了如此多的"巨型"障碍，令它们的旅程变得更加复杂。一个十分简单的现场实验表明，这些蚂蚁确实利用视觉来在森林确定方向，寻找道路：在一只返回巢穴的巨目破坏蚁身边几米远的地方铺上大床单，你会看到它立即停下来，然后开始环视搜寻四周，就好像迷路了一样；移开床单，这只蚂蚁就会重新踏上回家的路，好像什么都没有发生过。因此，尽管森林的视觉环境十分复杂，并且它们活动的路途很长，巨目破坏蚁并不像其他种类的蚂蚁那样依赖留在地面上的气味路径，而是首先使用视觉，并且它们的视力看起来比一些研究人员的更好……对于一个比针头还小的大脑来说，了不起！

　　需要搞清楚的是，这些蚂蚁使用了哪些视觉线索来确定回家的路。正如我们所看到的，关于动物定向的经典假设通常涉及在实验室中使用明确的视觉参照物：一个特定的物体、实验场地的颜色或画在墙上的几何符号。但是，当你身处热带雨林里错综复杂的自然环境时，该如何选择一个特定的参照物？与简化的实验室条件相反，亚马孙雨林是由无限多的形状、大小、方向和距离组成的，从无限小的、近的到无限大的、远的。以任何物体为例，如一棵树或一株蕨类植物，都可能会有几十种相似的物体让你误入歧途。尽管实验室里的研究令人印象深刻，但由此产生的假说并不总是适用于自然环境。它们往往来自纯粹的人类的思想，而对所研究动物的自然属性缺少足够的考虑。这些实验室研究试图寻找的其实不是蚂蚁的智力，而是人类智力的痕迹。

　　这些蚂蚁在自然环境中所表现出来的行为的丰富性和多样性，远远超过了在实验室中观察到的情况。这促使我们所要思考的第四个教训是：每一种有机物都与其所在的栖息地有着特殊的联系，好像一条无形的线把生物与其环境联系起来。这些联系对充分理解该生物的行为至关重要。因此，如果我们以孤立的方式研究一种动物，将它与其栖息地割裂开来，我们就不能真正理解它，因为生物的特殊形态和大脑都是在特殊的环境中进化出来的。与其通过人类的眼睛来观察蚂蚁，不如尝试通过蚂蚁的眼睛来观察世界。了解蚂蚁的世界，这就是我们在接下来的章节中尝试要做的事情。

安托万·威斯特拉赫

热 舞

一个多世纪以前，博物学家法布尔（Jean-Henri Fabre）对某些昆虫总能找到它们的巢穴的能力感到惊奇。在他著名的《昆虫记》中，法布尔提到一种被他称作沙蜂（bembex）的小黄蜂：

> 当沙蜂从不知何处返回时，它毫不犹豫，无须任何提前准备，直接就落在某一点上。而在我们看来，这个隐蔽的洞穴入口点与整个沙地其他的表面没有任何区别；沙蜂轻易就能找到一个没有任何标识的门；它身上似乎有一种辨别该地点的直觉，一种人类尚无法准确予以定义的能力，因为我们对其一无所知，焉能将之命名[①]？

当时，关于这些昆虫活动的报道铺天盖地，人们有理由相信这些小生命具有一种我们这些可怜的人类永远无法理解的神秘天赋。

今天，我们开始了解这些微小的生物如何能够完成这样的壮举。现在我们来看看一种在澳大利亚森林中游荡的非凡昆虫：一种犬蚁属（Myrmecia）的蚂蚁，俗称牛头蚁（Bull ant）或牛头犬蚁（bouledogue）。从名字就能看出这种蚂蚁的与众不同之处。首先，牛头犬蚁身形巨大，身长有时可达3.5厘米，比大黄蜂还大。

[①] 原文未标明出处。法布尔《昆虫记》中文译本有多个版本，但均与本段内容有出入。

它们身体强壮，肌肉发达，两个巨大的齿状大颚向前伸出，头上两只大眼睛，立即让人觉得这蚂蚁在盯着你看。第一印象有时是正确的：这种昆虫本性确实不善。在大多数蚂蚁选择躲避的时候，牛头犬蚁会主动发起攻击。哪怕当它们接近体重是自己1 000万倍的人类时，它们也会毫不犹豫地站到入侵者面前，张开大颚，准备战斗。澳大利亚人熟知牛头犬蚁这种离谱的攻击性，尤其是被它们咬伤后带来的剧痛。在1980年至2000年间，梨形牛蚁（Myrmecia pyriformis）这个物种共造成4起人类死亡事件，这使它在吉尼斯世界纪录中获得了"世界上最危险的蚂蚁"的称号。然而应该注意的是，这些死亡实际上都是由于受害者本身机体的过敏反应所造成的。

哲学家亚瑟·叔本华（Arthur Schopenhauer）引用这些蚂蚁作为世界普遍性毁灭的例证。他指出："当你把它切成两半时，头和尾之间便开始战斗：头咬尾，而尾则勇敢地用刺来防御对方的撕咬。"实际上，这只是一种死后继续战斗神经机制：利用身体最后的能量资源，即使被切成两半，也希望能给对手造成伤害。这种蚂蚁的超强攻击性不仅体现在其死后仍能保持战斗，早在其幼年时期就已经初露端倪：可以追溯到幼虫状态时。牛头犬蚁的幼虫好似长着巨大颚部的蛆虫，它们长时间地咀嚼成虫带给它们的各种食物。如果不巧没有可嚼的食物，这些忘恩负义的幼虫有时会攻击喂养它们的成虫，但还好不会造成任何真正的伤害。

黄蜂，蚂蚁的共同祖先，是喜好独自生活的，牛头犬蚁似乎保留了来自祖先的许多古老特性，完全不喜与其他同类交流。它们往往独自外出狩猎，哪怕是同一蚁群中的成蚁之间也不会互相分享食物。在社会性昆虫中，通常情况下只有年老的成员才会冒险外出。原因很简单：外出很危险。猎食者、恶劣天气、各种意外的打击，总之一不小心就会丧命。因此从群体角度看，尽可能长时间地保护年轻成员，让它们在巢中从事更安全的家务劳动，更符合群体利益……故而一般情况下只有最年长的成员才会冒着生命危险外出活动。

就牛头犬蚁而言，因为彼此间不分享，情形则不一样了：一旦长大成年，为了填饱肚子，每个成员每周都必须出去几次。当一个新兵初次从巢里探出头来时，它的眼睛将首次暴露在各种光线下，新的视觉信号会令它的大脑产生巨大变化。在短短的几十个小时内，大脑某些区域的体积将急剧增长，牛头犬蚁的学习能力也因此倍增。这最后的"蜕变"是为了让它做好迎接最困难的任务的准备：觅食。设想一下，你若是在黑暗无光的防空洞里如幼虫一样度过了温情脉脉的童年生活，刚到青春期，你爬上梯子，打开出口舱门，眼睛第一次暴露在光线下，你将会如何反应？

奇怪的是，当一只牛头犬蚁初次暴露在外面的世界时，它会开始表演一段颇具仪式感的舞蹈，就好像印第安人围着火堆跳舞。它朝一个方向走几步，然后做一个回旋动作，再走几步，然后又做一个回旋动作，就这样绕着巢穴反复转上几十秒，然后再次躲进巢穴。在正式开启它们的觅食生涯前，每只成蚁都会在一两天内完成三至七次舞蹈表演。只有完成这个仪式后，牛头犬蚁才会踏上伟大的冒险之旅。对这种拥有强大武力、具备攻击性的昆虫来说，跳舞似乎不像是它们应该干的事……但实际上，这个仪式非常重要。但是为了理解它的意义，我们有必要先谈论一下蚂蚁感知世界的方式。

蚂蚁的眼睛可谓是大自然的杰作。每只眼睛都包含着数百个甚至数千个俗称小眼的微小六边形切面，如同蜂巢中的蜂房一样整齐排列。每个小眼球都好像一个功能完整的微型照相机，有微型的镜头、过滤器以及反光镜，可将光线导入眼底。整个器官的尺寸不超过10微米，大约相当于一根头发丝的粗细……一个能让所有人类工程师都羡慕不已的超级迷你宝贝。虽然有很多切面，但眼睛作为一个整体所产生的视觉图像绝不像一些艺术家所做的万花筒一般。每个小眼球都指向与其周围小眼球相邻的方向，从而共同形成环境的单一图像。

不过，蚂蚁的视觉与人类还是有巨大差异的。第一个不同就是蚂蚁的视力很差，远远低于大多数人类的视力水平：蚂蚁的视线是模糊的。在此我们就不去谈论那些计算昆虫眼睛分辨率的数学公式了，但你应该知道，如果让一只牛头犬蚁看人类的视力测试表（假设这只蚂蚁能够识别墙上的字母），它最多只能得到满分10分中的0.4分；换句话说，它必须靠近墙上贴着的视力表才能分辨出最大的字母……况且，就蚂蚁而言，牛头犬蚁已经属于视力相当敏锐的。大多数其他种类蚂蚁的视力水平都低于0.2分。第二个不同在于，蚂蚁的视野非常宽，几乎是人类的2倍。事实上，蚂蚁的视野可覆盖几乎整个球体。对于某些种属的蚂蚁来说，只有位于自己身体下面的东西是它们看不到的。因此，如果从后面接近一只蚂蚁，是绝对不可能惊着它的；完全可以说，它们后脑勺上都长着眼睛。第三个区别是，这些昆虫对颜色的感知与我们不同。就像一些有色盲的人一样，大多数种属的蚂蚁不能分辨出红色。不过蚂蚁的视觉感官对绿色和紫外线辐射非常敏感，而人类却看不到紫外线。

澳大利亚国立大学的研究人员使用能够检测紫外线的广谱全

景相机，连续许多天躺在地上从昆虫的角度拍摄世界。将拍摄所得的图像与一个切面状的复眼模型相结合，就有可能模拟分析蚂蚁在自然场景中所感知的信息，这样也更接近于它们感知世界的方式。通过人类眼睛所看到的"蚂蚁的视野"，最初是非常令人困惑的。所看到的好像是一幅模糊艺术作品，很难从中辨别出任何东西，物体形态消失了，任何细节都没能留下。乍一看，蚂蚁的视觉系统一点儿也不让人羡慕。但是，这些既色盲又高度近视的小生物是如何在复杂的自然环境中辨别方向的呢？这似乎是完全不可能的。好吧，你错了！蚂蚁的眼睛所传递的视觉特征是最利于确定方位的。紫外线和绿色之间的强烈对比可以最大限度地凸显天空和地面之间的地平线，而正是这条分界线包含了寻找方向所需的信息。这可能令你感到惊讶，但仔细看看，高分辨率视觉的缺点正是提供了很多对定位毫无帮助的无用信息。谁在寻找方向的时候需要看清楚树叶？在高分辨率下，最重要的线索都淹没在细节中了，想要从中提取出可靠的、稳定的地标变得十分困难。当然相反，如果分辨率过低，则一切的一切都变得无法辨认。此时一个折中方案是最好的：中等分辨率，既不过高也不过低，只显示出视觉场景的大轮廓。在这样的分辨率下，导航性能就能得到有效提高，因为整个全景图的识别没有任何问题，而那些经常产生误导的细节信息则被抹去了。蚂蚁的眼睛正是通过这种中等分辨率过滤了世界。因此，我们亲爱的蚂蚁给人类上了小小一课："少"便是"多"。那些总是将越来越高的分辨率作为卖点的相机销售员不会因此感到不快吧。而对于那些有视力问题的人来说则是个好消息，因为较低的分辨率可以使他们"受益"，不需要戴眼镜就能找到路！

在此与人类做个比较是很有意思的，所以请允许我先岔开一下话题。这可能会让你感到惊讶，但人眼的分辨率其实都很差。只要看看眼科的曲线图，你就会知道，我们98%的视线是以低分辨率感知世界的，分辨率和蚂蚁差不多。我们被大脑欺骗了。让我们产生能清晰感知世界的错觉的是我们视网膜上剩余的那2%。这个微小的区域被称为"视网膜中央凹"，能提供非常高的分辨率，但在人的整个视野中所占的空间不比你伸出手时看见的拇指上的指甲大。这就是为什么我们时不时地需要转动眼睛来扫视场景。实际上，我们的眼睛就像蚂蚁的眼睛一样，看到的其实是一个大体模糊的图像。要明白这点很容易。现在请注视你面前的某个点，然后拿起这本书，并把手臂伸向一侧。此时，书会出现在你的周边视野中，但是，正如你所看到的，书名变得模糊不清。保持目光直视前方，手臂伸直，同时慢慢把书移向你的视线中心。注意观察，当书本距离你的中心视线有多近时，你才能清楚地看见书名。这挺令人惊讶的，不是吗？

在此问题上研究人员已形成了共识：人眼糟糕的边缘分辨率其实并非缺陷，反而是很必要的，因为要令视网膜整个表面布满高分辨率的神经元代价过高，得不偿失。通过对蚂蚁的研究，我们认为可以从另一个角度来看这个问题：较低的分辨率更利于大脑对场景的记忆，便于空间定位。事实上，罹患黄斑性病变——一种损坏视网膜中央凹而不影响边缘视野的疾病——的患者在识别物体和其他细节时感到困难，但在空间定位方面却完全没有问题。因此，空间识别并不需要视网膜中央凹。相反，另外一些眼睛没有任何问题、但在参与场景识别的大脑区域内出现了病变的人，在识别物体方面毫不费力，却很难进行空间定位。这个脑区的名字不太悦耳,叫"副海马"区,主要负责接收来自周边视野的信息,像蚂蚁一样模糊的那些视觉信息,对在空间中确定方向非常重要。因此,尽管我们可以有意识地通过观察路标、教堂或当地面包店等物体来确定方向,但人类在空间中确定方位的本能方式似乎与蚂蚁没有太大不同:我们依靠对整个场景的无意识的低分辨率处理。

通过尝试像一只蚂蚁一样来看世界,我们产生了许多新的想法。而奇妙的是,这些新奇古怪的、常常是反直觉的想法会反过来帮助我们更加了解人类自身。

回到我们的牛头犬蚁。那么,为什么在第一次外出时它们要这样在巢穴周围跳舞呢?年轻的觅食蚁首先必须完善其视觉系统。通过在各个方向上转来转去,它确保自己的眼睛能看到整个巢穴周围的环境。通过这种方式,它的视觉系统可以更加适应周围环境的特点:是一个长满林木的地方,还是一个点缀着零星灌木的平坦地平线?一些不必要的神经连接消失了,而另一些则得到进一步加强。这一点并无任何特别之处。大多数动物——包括昆虫和人类,其大脑的发育都不是仅仅依赖于基因,而是与其生存环境密切相关的。

牛头犬蚁跳舞的第二个原因更加令人印象深刻。通过用高速摄像机观察牛头犬蚁的舞蹈,研究人员发现,它们在做回旋动作时常常会出现几毫秒的短暂停顿,就像我们用眼睛扫视环境时,有时会微微停顿一下一样。令人惊讶的是,这些停顿都发生在它们转向巢穴的方向时。这个微小的时间差足以让它们记住从这个精确位置所感知到的视觉场景的轮廓外观。每一次新的回旋,都会朝向巢穴停顿一次,同时记住一个新的图像。当舞蹈结束时,牛头犬蚁的小脑袋里已储存了从数百个不同位置感知到的巢穴周围环境的场景图像：并且因为通过以低分辨率感知世界，它只保留了对识别那个地方有用的信息，大大节省了记忆空间。

为了测试这种舞蹈的有效性，澳大利亚研究人员在牛头犬蚁跳舞后将其捕获，然后到10米之外将其释放——相当于人类的1 000米——令人难以置信的是，所有被这样带离的成员个体都能立刻定位，朝着巢穴方向不慌不忙地前行。这样的结果唯有当年轻的觅食蚁都事先进行过舞蹈仪式的情况下才可能出现。这些舞蹈使每个新成员都能准确地记住环境的景观外貌，以便从任何一个新的地点顺利返回巢穴。这是一项长期投入，因为哪怕在巢穴内度过漫长的冬季后，上一季跳过舞的蚂蚁仍能完美地记住全景的外观。这些视觉记忆会终身铭刻在它们身上，也就是说，会在这些蚂蚁身上保持数年。

总之，如同初出蛋壳的雏鸡牢牢记住母鸡的独特形象一样，初次离巢的蚂蚁也要把周围环境的独特外观铭记在心。许多种类的蜜蜂和黄蜂幼虫在刚刚成年第一次离开巢穴时也会有类似的舞蹈表演。数百万年以来，这些小生物通过这个古老的仪式来记住自己的家，一辈子也不会忘记。

安托万·威斯特拉赫

爱我就请跟我走

有些蚂蚁会独自外出冒险,但当我们在厨房台面上的果酱罐里撞到偷食的蚂蚁时,它们通常都不是单独行动的。如果你不小心把面包屑撒在桌上,而碰巧一只蚂蚁就在附近,5分钟内可能就会有数百只它的同类出现在你面前的桌布上,快乐地窜来窜去。事实上,在许多种类的蚂蚁中,外出觅食的蚂蚁都有一种恼人的习惯,那就是一旦有所发现,无论是食物还是新家,它们都会把家族的一部分成员召唤过来。根据物种的不同及其进化历史的长短,它们召集同类的策略形形色色,从最基本的到最令人难以置信的都有。

华夏猛蚁(Pachycondyla chinensis),俗名亚洲针蚁,原产于日本,在美国属于外来物种,它们采用最基本的招募法:"搭档运输"。通常在森林中的腐烂木头、树木或岩石的碎片下可以发现这种蚂蚁。在屋里,它们也能在花盆乃至家犬的饭盆下筑巢。蚁群的规模可以从几十只到几千只不等。有时它们的巢穴看起来像一条条错综交织的走廊,有时候又像一个单间,里边几只蚂蚁挤成一团。这些小生物仅一粒米大小,身体呈棕色,细长、有光泽,腿的颜色较浅,呈橙色,有明显的螫针,似乎随时准备着要去执行危险任务。一些蚂蚁喜欢高抬着腿,大摇大摆地进出自己的巢穴,而亚洲针蚁却总是紧贴地面,隐蔽地爬行。虽说它们非常喜欢吃白蚁,但它们也会吃能找到的任何东西,包括人类的垃圾。研究人员对这种蚂蚁的收获行为进行了详细的描述。当一只侦察蚁——绰号疾行者——从蚁穴中出来后发现了一只太重的、没有外援独自无法搬动的昆虫,它是不会放弃的,它会赶回巢穴去搬援兵。到家时,为自己的发现兴奋得手舞足蹈的侦察蚁会用触角去拍打一个姐妹以示邀请。受到邀请的这位却犹豫不决,是否应该盲目地进入外面的世界?但对方的兴奋太有感染力了,被邀的蚂蚁抵挡不住而屈服了,便摆出了蛹的姿势(类似于人类胎儿的姿势),将腿蜷缩在胸前。于是疾行者张开大颚轻咬住同伴,一直把它带到发现猎物的地点。被这样带着的蚂蚁昂着头,在整个旅程中它可以欣赏风景。一旦到达猎物所在的地方,两名小伙伴就会抬起战利品,一起把它带回蚁巢。不妨想象一下,背着一个家庭成员去离家几千米远的超市,好让他帮你搬东西……

另一种蚂蚁,白翅切胸蚁(Temnothorax albipennis)采用一种不那么累人的方法来招募同伴:"搭档购物"。在法国发现的这种体形瘦小的蚂蚁可形成最多由500个成员组成的小型蚁群,一个橡果就可以将它们全部容纳其中。当一只外出在周围觅食的蚂蚁发现有食物源或不错的新家园时,它会飞快地跑回蚁穴。一旦抵达巢穴的入口,它就会喷洒出一种散发迷人气息的化学物质,以吸引同伴们。当一只蚂蚁被这种气味吸引,便会靠近这个自发产生的领袖。这一次没有便车可搭,被吸引来的成员必须跟着领袖走。在出发前,领队蚂蚁用同一种诱人的物质涂抹自己的腹部和后腿,这迷人的气味可以确保后边跟随的蚂蚁不会迷失方向。为了让领路人知道自己紧随其后,在整个行程中,追随者会不断用触角拍打前者的背部。如果两只蚂蚁之间的距离太大,领头的就会放慢速度,并鼓励后边的跟班加快脚步。在整个路途中,由于跟随者完全不知道路线,所以经常需要停下来辨认方向并记住路径，就如同蚂蚁在独自出门时一样。一旦完成了定位作业，它就会轻轻拍拍领路者的背部，让它知道可以继续搭档购物。当跟随者做定位功课的时候，领头蚁会耐心地等待，但它也不会一直等。研究人员尝试在领路过程的不同时间段绑架后方的跟随者，以此来测试领导者的耐心，结果非常有意思。如果距离目标不远，领路蚂蚁等待的时间可长达 2 分钟，但如果旅程刚开始时发现同伴是个拖拖拉拉的家伙，那么它等待的时间不会超过 1 分钟！当研究人员切断跟踪者的触角令其交流能力大打折扣时，他们发现领路蚂蚁会迅速丧失耐心而决意放弃后边那可怜的笨蛋。假如发起搭档活动的蚂蚁像亚洲针蚁那样搬运搭档伙伴，那么它们到达食物的速度会快 4 倍。然而，它的耐心是有回报的，因为跟随者知道了食物所在的位置，回到蚁穴后它将成为下一轮的领导者，这样更利于蚁群内信息的传播。这种策略在开始时似乎代价很高，但从长远来看是利大于弊的。这就好比你在超市里领着一位家人购物，心想下次购物时，他能独力完成，不用再找你帮忙，而且谁知道呢，说不定他还能给其他家庭成员指路呢。

无论这些招募搭档的办法多么有效，一次仅能动员一只蚂蚁。为了克服这一不足，一些种类的蚂蚁采取"群体招募"。通过这种方式，一只觅食蚁能够一次性将 5~30 个伙伴带到发现食物的地方。在弓背蚁属（Camponotus）的许多种蚂蚁中都可以观察到这种行为。它们常常被称为木匠蚁，因为它们有个独特的习惯：破坏木头。可以通过圆形的胸部轮廓、心形的头部和……肛门周围的一圈毛来辨认这种蚂蚁（没错，研究人员早已经仔细数过木匠蚁屁股上那些精致的金黄色毛发，并且分了类！）。它们很少会钻进干燥、健康的木头，但它们可以非常容易地在腐烂的木材和其他软材料里挖出通道，譬如你家里的绝缘泡沫。这也是它们名声不怎么好的原因。当木匠蚁发现一个诱人的食物时，在返回巢穴之前，它会在食物周围用化学物质标记一圈，以便再次返回时能更方便地找到。然后，在从食物源到蚁巢的返回途中，它会用信息素（类似荷尔蒙的物质）标识一条路线，就像我们徒步时常在路上做标记那样。蚂蚁通过把腹部尾端放在地上来释放信息素标记。一旦回到巢穴，它就会跳一种邀请性质的舞蹈，意思是"我找到了食物，跟我来吧"。被它的舞姿感染的同伴们便可沿着这条路线一直找到食物源。研究人员表明，如果在带头的蚂蚁刚刚到达巢穴时就绑架了它，不让同伴们看到它的舞蹈表演，这些伙伴就会避开这条气味路线并拒绝离开巢穴。相反，如果研究人员在领路蚂蚁返回巢穴的时候小心地封住它屁股上的小孔（排泄信息素的地方），那么追随者在观看完舞蹈后就会纷纷离开巢穴，但它们很快就会迷路。这次你要通过设置路标外加一段探戈舞，才能带领全家人去超市帮助购物。

奥德蕾·迪叙图尔

61 **请沿此路前行！**

现在我们来谈谈大家司空见惯的另一个现象。列队前进的蚂蚁，每个人应该都见过至少一次吧。在树上、人行道上或是家中厨房的灶台上，小蚂蚁们一个接着一个，仿佛奔跑在一条无形的道路上，这就是"气味路径"——数以千计的物种都拥有的强大能力。它们可借此直接进行"群体召集"，而无须通过一个领导者来完成。

我们来看看法老蚁（Monomorium pharaonis）的例子：这个名字似乎暗指它们所占据的辽阔帝国。卡尔·冯·林奈（Carl von Linné）[①]是1758年在埃及给这一物种命名的，他怀疑这些小蚂蚁便是传说中埃及法老时代的经典瘟疫之一，就如同蝗灾一样。法老蚁是一种外来入侵物种，源于亚洲热带地区，但今天在除南极洲外的所有大陆上都有分布。它们身长仅2毫米，半透明的身体略微有些发黄，乍看起来似乎完全无害。大约因为原本来自热带，它们天生喜爱温暖，特别喜欢在人们的住所、酒店和医院这类地方筑巢定居，因为这些建筑物里不仅食宿方便，还相当暖和。2014年，它们就曾入侵过冰岛的兰斯皮达利（Landspítali）医院；1984年，发表在《医院感染杂志》上的一篇文章的内容则更加令人惊心：有1/10的英国医院已经遭到这些不受欢迎的生物的入侵。在各种令人匪夷所思的地方——洗碗机中，窗帘杆内，书页之间，甚至

---

① 卡尔·冯·林奈（1707—1778年），日耳曼裔瑞典生物学家，创立了动植物双名命名法。

床单的褶皱内，它们都可安营扎寨，繁殖后代。一个蚁巢里最多可以有200个蚁后，而每个蚁后每天能产下100个卵，好好算算吧……随着族群的不断壮大，新的蚁后会带着部分工蚁离开巢穴，去附近建新窝。就这样神不知鬼不觉地，它们侵占的领地一步步扩大，在短短不到6个月的时间里就能建成100个卫星巢穴，足以占据一整座6层楼的建筑。除了会对建筑物产生破坏，若是法老蚁将家安在医院，还会造成病菌传播，导致真正的瘟疫蔓延。

法老蚁的成就部分归功于它们有效的召集策略。法老蚁是非常擅长标识踪迹路径的物种。当一名侦察蚁在桌子上发现一罐被人遗忘的果酱时，它会返回巢穴，并像童话里的小拇指一样，一路标识出气味路径。到达巢穴后，它也不需要在蚁群面前扭动身体舞蹈。刚刚一路留下的迷人气味会令觅食蚁们受到诱惑，自动蜂拥而出。被气味诱导的蚁群会仔细地循着路径走，每一只蚂蚁在返回巢穴时都会再次留下气味信息素，不断加强路径标识。这条路径散发出的诱人气味愈加浓烈，以至于越来越难以抗拒，就连最懒惰的蚂蚁也会经受不住它的刺激。不到5分钟，蚁穴和果酱罐之间便会出现一条如高速公路一般繁忙的通道。这便形成了雪球效应。

为了测量这个气味路径的留存时长，研究人员设计了一个简单而巧妙的实验。他们首先在蚁穴和食物之间放一张纸，并让蚂蚁在这张纸上建起一条气味路径。半个小时后，他们在旁边放上了另一张白纸，迫使蚂蚁们在两条路线之间选择：一条是有气味标记的，另一条是空白的。一旦一只蚂蚁在交叉路口作出决定，进入其中一条道路，实验者就会用小毛刷轻轻地驱赶它，阻止其在纸上添加新的路径信息素。考虑到蚂蚁身体仅有2毫米，这个动作是有些冒险的，实验人员既不能惊吓到它，更要小心别压扁

第1个考验：外出，辨别方向

了它。一旦受到惊吓，蚂蚁就会留下一个报警信息素，翻译成人类语言，就相当于"快逃，可怜的傻瓜！"。不到5分钟，实验装置就会变成"无人区"，实验也就泡汤了。实验人员的动作既要轻巧，还得迅速，因为蚂蚁们是成群结队接连从巢穴里出来的。当选择有标记路径的蚂蚁和选择白纸的蚂蚁数量同样多时，这场可怕的驱赶实验便可停止。蚂蚁们此时的随机选择表明它们不再能察觉到路径上的气味信息素了。当然，为了确保实验结果的可靠性，必须得重复实验20次以上……

　　研究人员发现，法老蚁的气味路径留存时间并不长，不到10分钟便会消失。所以，如果您用海绵擦拭了台面，它们就不会回来了……不过这只是暂时的！一旦您转过身去，几个小时之后，甚至第二天，这些小坏蛋还会回来的。并且，奇怪得很，它们走的路径竟然和前一天一模一样。法老蚁相当狡猾，它们在用诱人但短暂的气味标识路径的同时，也留下了另一种味道不那么强烈但更持久的信息素，后者可以留存48小时。所以，给您一个小建议：下次再看见蚂蚁在您家厨房桌上撒欢儿，清理的时候别犹豫，喷点消毒剂。

　　法老蚁的交流本领远胜于此。若是食物被分光，或是您把它拿走，没关系，这些小机灵在返回时会标识一条含驱赶信息素的气味路径，表示说："停！返回！"刚刚出巢的那些蚂蚁乍一碰到这个气味信息时会猛地拐几个弯，最终掉头折回。

　　说白了，法老蚁的这个手段就好比给家人标识出超市所在的位置以及营业时间。

奥德蕾·迪叙图尔

半路打劫，投机取巧

对路径进行标记的不便之处在于，任何能够破译信息的蚂蚁都能获得这些信息。这不可避免地导致了部分不那么诚实的行为。生活在巴拿马大西洋沿岸的红树林中的斑状巨首蚁（Cephalotes maculatus）——俗称龟蚁——就是一个特别擅长骗术的高手。这是一种树栖蚂蚁，常常栖居在被钻木虫遗弃的洞里。其实这种行为就已经将它们懒惰的本性暴露无遗。事实上，龟蚁的大颚太短，根本就没有在木头里打洞或挖通道的能力。从外形上看，它们有尖锐的背刺、外壳上有斑点、腹部浑圆，还有个方形的脑袋，乍看上去让人觉得是个难对付的家伙。最独特的是它们的头上装饰着凹盘形状的大盾牌。这种奇怪头形的功用好比一扇活动的门扉。事实上，大盾牌周围有一圈尖锐的棱角，使得龟蚁可以有效地把自己拧进木头里，阻绝任何外来者试图侵入巢穴的尝试。

这种相当独特的封闭系统还有另一个好处：可以让朋友通行，而把敌人赶跑。若遇到有谁试图强行进入时，甚至还有一个内置报警系统可以报警。一些种类的龟蚁在挑选钻木虫挖出的洞来做巢穴时，会自动选择那些洞口与自己头盖一样大小的；而另一些种类则完全不挑剔，有时所选洞穴的入口会比自己的头盖大得多。遇到这样的情况，这些"守门蚁"便会脸贴脸地挤在一起来堵住入口。生来只为被当作门板用，还能有比这更糟糕的命运吗？

龟蚁也有外甲，在遇到危险时可以把触角和腿藏在下面。它们并不鲁莽，反而十分胆小，稍有风吹草动就会紧贴地面，偷偷地溜到树皮下躲藏起来。狡猾的龟蚁利用自己行动的隐蔽性和盔甲的伪装，常常依赖树蚁阿兹特克三角蚁（Azteca trigona）的食物气味路径寄生生存。通过这种方式，它们自己就不必浪费时间和精力去寻找食物了。一旦沿着路径抵达了食物所在之处，它们就像忍者一样，能在对手的眼皮底下偷偷地分得一杯羹。不过这种策略并非没有风险。在一轮轮对树木的搜寻中，树蚁会使用两种类型的化学标记，一种是向同伴表示自己找到了可以吃的东西，而另一种则是遇敌警报。问题在于龟蚁并不懂得区分这两种信息，所以有时难免会上当而自投罗网。当遭遇危险时，龟蚁会直接跳入空中。不过请别担心，它们并不喜欢自杀。龟蚁独特的甲壳和扁平的腿能帮助它减缓坠落速度，并在坠落途中改变方向，这样它们就能够顺利地一路滑翔到家。

简单地说，龟蚁的策略就类似于沿着一个陌生人开辟的道路走到超市，然后窃取对方购物车里一半的商品。万一走错了路遭遇危险，就披上斗篷立刻逃跑。

龟蚁虽不诚实，但在被当场抓到现行的时候至少还会逃跑，保持最后的风度。在印度尼西亚，鲁氏多脊弓背蚁（Polyrhachis rufipes）也会侵占邻居的食物气味路径，对方若是胆敢对此说三道四表示不满，那它们便会毫不客气地拳头相向。多脊弓背蚁身体上布满巨大的尖刺，所以也常常被称为刺蚁。这种蚂蚁通常身体呈棕色。许多种类的刺蚁的身上，特别是腹部，覆盖着一层厚厚的银色或金色的毛。所以人们经常忍不住想把它们捡起来，仔细看看它们身上五颜六色的细毛。可一旦手指被它们的刺扎到，你就再也不会想这么做了。刺蚁虽没有腹刺，但会毫不犹豫地通过腹部末端的小圆孔喷射蚁酸。在中国，一些中医专家认为，服用刺蚁可以延长寿命，增强阳刚之气，并促进肌肉生长。如果渴望成为超级英雄，你可以购买刺蚁粉，只需40美元就能买到100克，相当于2万只蚂蚁……

鲁氏多脊弓背蚁可能是最难看的刺蚁。这一物种身上没有银色的细毛，反倒有一个丑陋的角质层，上面布满了如结痂的伤疤一样的裂痕。如果不考虑它的尖刺，这种蚂蚁看起来似乎与同类的美氏曲颊猛蚁（Gnamptogenys menadensis）非常相似，虽然这两个物种在谱系树上其实是相距非常遥远的。曲颊猛蚁是一种有尾刺的树蚁，它们通过在地上留下气味路径来招集同伴。这些隐形的路径最后通向一种很特别的植物，蚂蚁喜欢采摘并从中提取甜美的汁液。由于刺蚁没有足够强壮的大颚来获取这样的宝藏，所以它们毫不犹豫地选择沿着曲颊猛蚁留下的气味路径前往，就好像没收到邀请但仍然厚着脸皮去参加野餐的人。

若一只刺蚁在偷食时不幸被抓了现行，它立刻便会成为正面攻击的目标。在面对面的战斗中，刺蚁是毫无胜算的。对手张开大颚咬住它，并且快速用刺插入它的身体。之后，在毒液的作用下，这个不幸的家伙很快便会丧失行动能力，迅速死去，然后，就像其他寻常的猎物一样被敌人带到巢穴，在那里被一口口地吞噬掉。为了避免遭遇此类致命的徒手搏斗，刺蚁喜欢先下手为强。当曲颊猛蚁平静地在路上行走时，刺蚁会毫无征兆地发动攻击。灵活而狡猾的刺蚁通常选择从后面接近对手，爬到它的身上，像摔跤手那样用前腿箍住它的胸口。这样趴在对手背上，它就不会被对方刺到。固定住对手之后，刺蚁就会用触角拍打它，这种行为通常被称为触角拳击。这样挨打会让曲颊猛蚁联想到在蚁群中挨过的上级雌蚁的耳光。在这个物种中，虽然所有的工蚁都有繁殖能力，但仅有一只工蚁有繁殖后代的权力——就是那名最厉害的拳击手。在一下下重击这个可怜虫的脑袋的同时，刺蚁还痛击它的腹部。突然遭到暴击的曲颊猛蚁很快便屈服了，摆出顺从的姿势——腹部贴地，触角后弯。刺蚁通过这种长期的霸凌行为建立起自己的统治地位，一方面避免了可能致命的正面搏击，另一方面，最要紧的是，可以大摇大摆地享用美味。

简单地说，刺蚁的策略就好比沿着陌生人开辟的道路一直来到超市，然后在超市出口处霸凌对方，强迫对方把购物车给自己。

奥德蕾·迪叙图尔

第2个考验

寻找食物

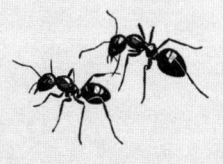

香 味

你大概已经开始好奇，这些蚂蚁怎么能如此迅速地找到厨房里的糖罐子？让我们来看一个极端的例子，一种箭蚁属（Cataglyphis）的蚂蚁，它们游荡在撒哈拉沙漠的干旱地带，已经适应了高温炎热的生存环境。除了偶尔能遇到被酷热烤干的一些小昆虫外，在这片沙漠中几乎没有任何可以吃的东西。并且，地面的高温也使它们无法使用气味路径，因为任何化学气味信息都会迅速被蒸发。因此，撒哈拉箭蚁通常独自踏上搜寻食物的绝望征途。

在如此恶劣的条件下寻找食物，不由让人联想起漫画《众星之子》(*Thorgal, l'enfant des étoiles*)① 中侏儒奇亚子（Tjahzi）的绝望之旅。为挽救族群，奇亚子需要完成一项艰巨的任务：寻找一种"不存在的金属"……必须承认，成功完成这个任务的可能性几乎为零。然而奇亚子毫无怨言：他有 999 年的时间来完成任务，达到目标。与之不同的是，留给撒哈拉箭蚁觅食的时间最多只有几个小时，否则它自己就会死于伟大的太阳神的无情炙烤。

为了测量撒哈拉箭蚁在沙漠中寻找食物的效率，研究人员做了一个实验：首先，他们在距离撒哈拉箭蚁巢穴 100 米的地方放了一只仅 5 毫米长的超级迷你蚱蜢干，然后测量箭蚁找到这份大餐需要花费多少时间。当然前提是它们真的能找到！以距离巢穴

---

① 《众星之子》，法国系列漫画，自 2005 年第一季问世以来，已经更新出版至第七季。奇亚子为其中角色之一。

100米为半径来计算的话,这个范围覆盖的面积约31 400平方米,相当于三个半法兰西体育场那么大!完成这个搜寻任务可比在自己家里找钥匙要难得多!尤其是考虑到撒哈拉箭蚁本身仅身长1厘米,并且视力还很差,看什么都模模糊糊的。

然而,当蚱蜢干被放在指定点上,平均只需等待4分钟,在其附近就准能见到一只觅食蚂蚁现身。它轻松抓起那只死蚱蜢,凯旋般地返回巢穴。考虑到搜寻任务所覆盖区域的面积,这短短的4分钟时间简直就是一个奇迹!而实际上,对撒哈拉箭蚁来说这一定是一个相对容易的任务。设想在自然条件下,当没有研究人员慷慨提供的蚱蜢时,箭蚁们常常找不到任何有价值的食物,最后不得不空手而归。平均每31 400平方米就能找到一只蚱蜢,那天的沙漠在箭蚁看来一定处处都撒满了食物。

这结果令人印象深刻。受此鼓舞,科学家们决定祭出重磅武器:差分式GPS测量仪,一个高度复杂的装置,由基座、天线和可移动的推杆组成。有了这套设备,研究人员跟踪蚂蚁走过的路径轨迹的精度可以达到1厘米以内。于是当地居民们眼前出现了令人难以置信的一幕,研究人员戴着这些异常沉重的设备,顶着火一般的烈日,一整天一整天地细心记录觅食的箭蚁在沙地上留下的蜿蜒路径……有时,做研究需要无视他人的评价。这个实验是值得的,因为观察得到的蚂蚁路径揭示了一些意想不到的东西。撒哈拉箭蚁在狩猎时总会逆风接近它们的猎物。相反,当处于猎物的上风方向时,箭蚁有可能在距蚱蜢仅几厘米的地方经过而没有察觉到食物。这些觅食蚁似乎是依靠嗅觉的,从这么小的尸体上散发出来的气味它们都能够闻得到!第二个意外发现是,这些觅食蚂蚁的移动方向并不是随机的,它们更倾向于在与风向相垂直的方向上移动。换句话说，如果这些蚂蚁乘坐帆船在海上航行，它们会在风中横向行进。由于气味是随风飘散的，其传播方向就会与蚂蚁的路径垂直相交。这样，在风中横向行走会大大增加遇到烤昆虫微弱气味的机会。一旦捕捉到了这样的气味，对觅食蚁来说剩下的就简单了，它只需逆风而行一直前进到这美妙气味的源头。在逆风向，撒哈拉箭蚁能够捕捉到超过 6 米远的小昆虫的气味。研究人员发现的这些撒哈拉箭蚁的行为类似北极熊通过嗅闻空气——味道新鲜多了——来寻找浮冰上的海豹。如沙漠和冰面这般毫不相干的两个极端，竟然也存在某些共同之处。

随后的研究确定了使撒哈拉箭蚁能够发现猎物的确切原因。昆虫尸体的"甜美"气味是由多种气味分子组成的，被称为"尸臭"，字面意思是"死亡荷尔蒙"。对于大多数昆虫（一般来说动物也是一样的）来说，尸臭是令人厌恶的。这并不奇怪，一具尸体通常会给寄生虫们带来一场盛宴。甚至连蜚蠊——俗称蟑螂——都懂得避开散发尸臭味的洞穴。可是狩猎的撒哈拉箭蚁却正好相反：它们被死亡的气味吸引。在科学术语中，我们称这种行为方式是"喜尸臭"而非"恐尸"。

研究人员将一小段蚱蜢干带回实验室，并设法从中提取并分离出 15 个主要成分分子。然后他们再次返回撒哈拉沙漠，逐一测试每一种成分对撒哈拉箭蚁的吸引力。为了做到这一点，他们将一张吸墨纸放在沙漠地面上，上面滴一滴含有单一类型分子的溶液，然后观察箭蚁能否追踪到这个诱饵。在测试的15种分子中，有 4 种被证明是很有吸引力的，其中有一种特别有效，即亚油酸，50 只蚂蚁中有 49 只都被它吸引过来了。尤其令人惊讶的是，在极小的浓度下撒哈拉箭蚁都能够感知到这种气味分子，如仅仅 0.2

微升，相当于一滴水的 1/250 的量，箭蚁在 1 米远外就能闻到！

像所有的昆虫一样，撒哈拉箭蚁并没有鼻子，它们是用触角来感知气味的。仔细观察，应该说是非常非常仔细地观察，即用电子显微镜将图像放大 1 000 倍来观察，蚂蚁的触角上布满了数以千计的细毛，被称为"嗅觉感受器"。这些感受器中的每一个都包含一个或多个神经末梢，其膜上布满了嗅觉受体，形状就好像一只橘子上插满了丁香。这些受体是小的蛋白质，其特殊的形状使它们能够与空气中的某些分子相结合。不同类型的受体对应不同类型的分子，但每个神经末梢只有一种类型的受体，因此只会被特定类型的气味分子激活。让我们想象一下，沙漠中飘荡着尸体的浓烈气味。这意味着空气中存在一种由特定挥发性分子组成的混合物，其中包括亚油酸。当一只蚂蚁伸出触角，这些气味分子就会穿过感受器，并激活相应嗅觉受体所对应的神经元。这样，所有被激活的神经元将向大脑传递包含尸体气味的特殊信号。而大脑——当然啦，这里谈的是撒哈拉箭蚁的大脑——则会将这一信号解读为具有特殊吸引力的东西。

蚂蚁的嗅觉十分发达。它们的触角上一般有大约 400 种不同类型的嗅觉感受器。相比之下，蜜蜂有 174 个，蚊子有 74~148 个，而人类大约有 350 个（在鼻子里）。与视觉相比，这是一个相当惊人的数字。事实上，你的眼睛仅有 3 种颜色的视觉感受器（红、绿、蓝）。你所知道的全部颜色范围是你的大脑通过结合这 3 种颜色重新创造出来的。现在，有了 400 种嗅觉感受器，想象一下有多少种气味可以被辨别出来！这就是为什么对人类和昆虫来说，可辨别的气味的范围比颜色的范围要广得多。

令人惊讶的是，就嗅觉感受器而言，撒哈拉箭蚁是蚂蚁中排名最末的：它们只有198~250种不同的受体。相反，有些种类的蚂蚁有数量惊人的气味受体。数量众多的受体也许可以解释为什么蚂蚁对亚油酸会极度敏感，从而能敏锐地捕捉到尸体的气味。不过这点还有待进一步证明。

不管怎样，我们都可以认为撒哈拉箭蚁天生就对亚油酸敏感，因为即便是第一次离开巢穴的新兵也具有这种天性。此外，蚂蚁还具备学习辨别新气味的能力。研究人员再次用撒哈拉箭蚁做实验，这一次他们使用了32种不同的气味，这些气味与烤昆虫或沙漠环境无关。所以毫不奇怪，正在狩猎的箭蚁对这些奇怪的气味没有表现出丝毫兴趣。但随后科学家们将这些气味放在一小堆饼干屑旁边，这是一种箭蚁很喜欢的甜食，效果很明显。觅食蚁只需要在有饼干屑的情况下接触过一次新的气味，在下次觅食时就会被这些气味吸引。显然，仅仅一次实验后这些蚂蚁就能将一种新的气味与甜品联系起来。此外，研究人员还发现，一只蚂蚁可以学会辨别14种新气味，并在接下来至少26天里保留相关记忆。实际上，这些数字是被严重低估了的，因为研究人员只来得及测试14种气味，并且因为他们只停留了26天。所以这些蚂蚁到底能记住多少种气味？答案无人知晓。但就我们对蚂蚁大脑学习机制的了解，最后的数字很可能是大得惊人的，肯定能大到足以让一只侦察蚁在一生中都能牢牢记住所有标志性的气味。

因此，与奇亚子不同的是，面对不可能的任务时撒哈拉箭蚁远非束手无策，因为它们不仅有完美的身体机能，还有一套行之有效的策略。对风向的感知加上可以探测到极其细微的尸体气味的高度敏锐的"鼻子"，这是一种在沙漠栖息地长期进化过程中

80　特别优化了的技能，并且在其首次离巢外出时就可立即发挥作用。另外，靠着自身强大的学习能力和对新气味的记忆能力，随着经验的增加，每个个体都会变得越来越高效，这与它们是否生活在沙漠毫无关联。所有的蚂蚁都有异常发达的嗅觉，都能够学习追踪新的气味，例如那些从你家厨房食品柜里散发出来的令人垂涎的扑鼻香气……

安托万·威斯特拉赫

掠食者

撒哈拉箭蚁在狩猎时的嗅觉跟踪让人不由联想到北极熊狩猎时的行为，但还有另外一些蚂蚁的行为更类似于老虎：它们常常采用伏击的方式狩猎。生活在东南亚和印度潮湿地区的跳镰猛蚁（Harpegnathos saltator）就是这样——事实上，它们就连栖息地也和老虎很像。

这些蚂蚁的外貌特征十分明显：它们身上的所有器官都明显是为了方便捕食而生长的。它们头上最醒目的就是两只朝前的巨睛，下面就是两个镰刀状的巨颚……它们的名字"Harp-gnatos"（gnatos：大颚／下颚）让人联想起神话中克诺斯（Chronos）的神剑 Harpe，他曾用它阉割了自己的父亲……这就是这些"镰刀蚁"的特点！它们大颚长而弯曲的形状更利于快速而非更有力地闭合，其功能主要是出其不意地迅速抓住猎物，而不是将其杀死。伏击猎物的绝杀技来自另一头：一根螫针，像法官的锤子一般干脆有力地落下，将带麻痹性的毒液强力注入。猎物便被施了极刑，它将一直处于麻痹状态中，活生生地储存在跳镰猛蚁的巢穴中直到被彻底吃掉。与此相比，老虎算是相当宽厚的。

跳镰猛蚁喜欢在黎明和黄昏时单独外出捕食，既可利用光线，又能避开高温。它们在热带青草和枯叶堆积的地面上能很好地伪装自己，它们会轻轻地移动，时不时地停顿一下，对最轻微的动静保持着高度警惕，随时准备扑向任何出现的猎物。在所有的蚂蚁中，跳镰猛蚁这个物种拥有一种罕见的能力：跳跃。卓越的视力、巨大的大颚再加上能够跳跃，使得它能够捕捉到其他蚂蚁无法捕捉到的那些快速灵活的猎物。例如，跳镰猛蚁可以抓住一只半空中飞过的苍蝇。这些高超的能力保证了它们能够获得其他昆虫无法企及的资源，从而确保自身在生态系统中拥有特殊的地位。跳跃能力为它们赢得了"跳高冠军"的名号，并引起了众多自然探险家的兴趣，关于跳镰猛蚁的著作最早可以追溯到1851年。例如，昆虫学家奥古斯特·福雷尔（Auguste Forel）就曾报告说见到过跳跃高度可达1米的蚂蚁！或许这个热情的冒险家略微有些夸张了……

印度班加罗尔大学的穆斯塔克·阿里（Musthak Ali）教授于1992年发表的一篇文章中描述了一个特别有趣的现象。这位科学家观察了自然环境中——即在他的大学校园里——近800次跳镰猛蚁的跳跃并对此进行了准确的测量。据这位学者的解释，令这些蚂蚁跳跃的原因至少有3种：要么是为了捕捉猎物，要么是因觉察到危险而逃跑，要么是因为一种非常奇怪的仪式——一只跳镰猛蚁率先开始向各个方向不停地跳跃，之后这一行为便会从一只蚂蚁传到另一只蚂蚁，并逐渐蔓延开来，以至于最后该区域内所有跳镰猛蚁都参与到一场混乱无序的集体跳跃中，其目的和功能目前尚不清楚。

我们目前感兴趣的是一个令人惊讶的事实：这3种类型的跳跃具有完全不同的特征。人们可能会认为，跳就是跳，不过是一种总是以同一方式重复出现的反射性运动。但事实并非如此。当涉及逃离时，跳镰猛蚁一般会跳到7厘米以上，有时甚至高达21厘米。但是当涉及扑击猎物时，它们明显偏向于采用低于5厘米的小跳。我们有理由问，跳镰猛蚁为什么不选择从更远的地方扑向猎物？它们是完全具备相应的能力的。不过只需统计一下跳镰猛蚁捕捉猎物的成功率，其原因就十分明显了：跳得越近，成功捕捉到猎物的机会就越大。在距猎物 2 厘米处起跳，蚂蚁猎手几乎有 100% 的成功率；6 厘米处，成功率下降到 50% 以下；而当跳跃距离在 12 厘米以上时，能成功抓到任何东西的机会都将变得十分渺茫。曾有两只跳镰猛蚁试图从 15 厘米远起跳去捕捉猎物——当然它们都没有成功，但请为它们的乐观精神鼓掌！像人类一样，某些个体可能比其他个体更加雄心勃勃。

小跳更有效可能是几方面原因造成的。首先，从猎物的角度来看，一个 20 厘米的"超级大跳"让猎物有更多的时间看见猎手的接近。从比例来看，20 厘米已经相当于猎物身体长度的十几倍。所以我们可以想象一下，若是一只老虎试图从 20 米远的地方扑向一只鹿……成功的机会确实不大！其次，纯粹出于运动的原因。一个大的跳跃动作意味着力量被更快地释放，相应的对动作的控制性也就较差。就像在滚球游戏中一样，即使理论上你可以把球扔得更远，但在很远的距离上很难实施有效射门。最后，一个大的跳跃动作还意味着更高的落地速度，因此，也意味着更小的控制度。您可以试试这个动作：一方面跳得尽可能远，另一方面落地时要保持像小跳后落地一样的优雅和准确。顺便说一下，跳镰猛蚁所计划的着陆有时也会被自己完全搞砸，落地变成了栽跟斗打滚，正如该名学者以应有的严谨态度所解释的那样："Poorly Coordinated Landings"，也就是"协调性差的着陆"……

但是，除了上述观察发现之外，跳镰猛蚁之所以不愿意进行大跳跃的最根本原因可能还在其他方面。一次成功的捕获要求猎手能准确估算从自身到猎物之间的距离，然而获取这一信息并非易事。为了更好地理解这个问题，让我们暂时岔开话题，谈谈眼睛观察距离的视觉基础。人类对距离的估量并非是在目光捕捉住一个物体的时候才开始的，而是一直持续地在估量距离——这就是为什么世界自然而然地便以三维的形式出现在我们眼前。这点似乎是显而易见的，因为世界本身就是三维的呀！但请仔细观察，人类的深度感需要令人难以置信的复杂的大脑处理，每一秒钟，我们的大脑都在不停地解构然后重组大量有关深度的信息，在此我们简单列举其中的一些以便让你更好地了解这项任务的艰巨性：透视、水晶体调节、纹理梯度、明暗阴影、视差运动、大气透视、物体之间的遮挡、物体之间相对、绝对的以及常见的尺寸、物体相对于地面的高度等等，以及最后和两只眼睛接收到的相异的和重合的轨迹信息。所有这些都是为了有助于清晰而流畅地表现一个世界的深度。看看您的周围，好好欣赏一下吧！

但是蚂蚁呢？这个问题仍然不清楚。有时它们的某些动作似乎显示它们可能会判断距离。例如，当一只巨目破坏蚁从一片叶子跳到另一片叶子上时（参见前文《来自森林的召唤》），它会做出一种奇怪的行为。在起跳之前，这只蚂蚁会在跑道上停顿约1秒钟，6条腿都处于静止状态，同时像一个小钟摆一样轻轻地左右摇晃身体，最后才会一跃跳上邻近的叶子。这是一个典型的所谓"视差运动"的使用示范：以这种方式移动头部，更有利于估量物体的深度。请自己试试做个实验吧。把这本书举在面前，轻轻左右摆动你的头，注意观察书的图像与背景墙之间的关系是如何变化的。视差运动可以解释为什么当人在车里向窗外看时，远处的风景显得比近处的物体移动得更慢。简单地说，当我们处于运动状态时，物体离我们越近，其在我们的视野中移动得就越多。因此，这些"表面"的运动可以告知我们物体的距离，我们的大脑不断对这些信息进行处理，最终形成了我们对深度的认识。

视差运动的优点是，即使只剩一只眼睛也能发挥作用。在此插入一则轶事，全球蚂蚁研究的杰出代表之一威尔逊（E. O. Wilson）教授在一次采访中坦言，他小时候失去了一只眼睛，他说多年后他注意到自己养成了这种看东西时左右摆动头部的习惯，虽然很大程度上是无意识的，但这么做有助于他对物体深度的认识。这或许是令他与蚂蚁更亲近的又一因素。

但是蚂蚁有两只眼睛，它们双眼的视觉又是怎样的呢？许多动物使用两只眼睛，即从两个不同的角度看世界。人类的两只眼睛平均相隔 6 厘米，这个距离使得每只眼睛所传递的视觉画面略有不同。试试这个实验：把这本书放在面前，但这次请先闭上一只眼睛，然后换另一只眼睛，注意观察书与背景墙的关系如何变化。投射到我们视网膜上的两个图像之间的这种微小差异被称为"双眼视差"，会被我们的大脑检测到，有助于我们在周围的空间里创造深度感。物理原因与视差运动相同，但由于使用了两只眼睛，所以不需要移动头部就实时获取了深度信息。这就是人们常说的立体视觉。

这种立体视觉给予我们最强烈的深度感，使我们能够非常精确地估计距离。多亏了它，我们可以在 10 米远的地方欣赏到 10 厘米的深度差。而离得越近效果甚至会越好。闭上一只眼试试看能不能将一根线穿过针头。

奇怪的是，直到 1838 年，我们才明白立体视觉的工作原理。

英国科学家惠斯通（Wheatstone）制造出第一台"立体镜"证明了立体视觉效果的存在：它的样子有点像我们平常购买麦片时附赠的那种带有一只红色滤光片和一只绿色滤光片的眼镜。其原理是迫使每只眼睛看到的（平面）图像稍微有些不同，从而产生深度的错觉。一些思想家，如阿尔哈森（11世纪）、开普勒、笛卡尔或达·芬奇（16世纪）早已经注意到了双眼差异和深度感觉之间的联系，但奇怪的是，在这之前却似乎没有人建立过这种联系。托勒密（2世纪）在研究包括视觉等问题时，已经掌握了立体视觉理论所需的所有数据，然而却没能进一步指出这显而易见的事实。在此我们必须指出，那个时代的许多思想家信奉外反射理论，即认为人的视觉感知是由眼睛发出的光线造成的，而非相反。当然，我们绝不能因此而责怪他们，因为即便是今天，数据的收集和解释也经常是依据最流行的理论来进行的，而非相反。

更令人震惊的是，直到1970年，即惠斯通之后130年，才证明了立体视觉在动物中的存在，却不是人身上——或许是因为没有人对这问题感兴趣吧。第一个相关证明是在人的近亲——猕猴身上发现的。而今天，我们已经知道许多物种都使用立体视觉，在此问题上关于猫和灰林鸮的研究已经相当深入。

像通常一样，每当涉及无脊椎动物时，对它们拥有复杂能力的否认就更加肆无忌惮了。但自1983年以来，我们就已经知道有一种特别的昆虫使用立体视觉来捕捉猎物：螳螂。

不久前，研究人员以一种更加显而易见的方式证明了这点。这个实验值得我们稍作停留，一探究竟。科学家们甚至为他们的实验螳螂制作了微型3D眼镜，不过使用的滤镜不是红色和绿色，而是蓝色和绿色的，因为螳螂和蚂蚁一样，不能区分红色和绿色。戴上定制3D眼镜的螳螂被倒置（它们所喜欢的狩猎姿势）在一个它们完全够不着的屏幕前。这个屏幕显示了一个绿色和一个蓝色的点，每个点只能被戴着蓝绿眼镜的螳螂的其中一只眼睛感知到。因此，从理论上讲，通过改变两个点之间的距离，有可能操纵由大脑加工融合的点所应该出现在螳螂面前的深度。就像3D电影一样，研究人员通过这种方式可以创造出点飘浮在屏幕前的错觉……当然，其前提是螳螂能够进行立体视觉。这些小猎手对屏幕上发生的事情显然非常感兴趣，结果相当"惊人"。只要点被移动，让它感觉是在自己的捕猎范围内，螳螂就会伸出贪婪的爪子去抓它。这样便证明了视觉幻象的存在。螳螂会一次次重复它的动作，直到突然完全停下，可能因为自己只捕捉到空气而感到迷惑不解。

立体视觉需要两个眼部特征条件：首先，两只眼睛必须分开，以充分增加两个图像的差异；其次，部分视野必须向前汇聚，以便动物可以用两只眼睛同时感知它面前的东西。事实上，螳螂的眼睛位于其头部的最外侧，并指向前方，跳镰猛蚁也是如此。多么奇妙的巧合：螳螂和跳镰猛蚁都是猎食者，它们都需要非常精确地估算自己与猎物之间的距离！因此，很可能跳镰猛蚁也会使用立体视觉。

跳镰猛蚁的头很小，两只眼睛之间仅有1~1.5毫米的距离。如果，这些小猎手确实在使用立体视觉，那么，从三角测量的纯物理因素看，双眼间过小的距离意味着它们的深度知觉在距离较近时非常好，但随着距离的增加会很快变得不够用。这或许就是另一种解释：为什么这些蚂蚁虽然能够跳跃20厘米，却更喜欢在离猎物更近的时候扑向它。事实上，当猎物足够近时，它在空间中的距离和位置就会清晰地出现在跳镰猛蚁眼前……并且是三维的！看看，通过进化，一种饮食习惯将如何从根本上改变你的视力！

安托万·威斯特拉赫

无情的追捕

如果你认为世界上最擅长集体捕猎的是狼群，那么从技术的角度来看，这种观点并不准确。"团结就是力量"这句话似乎是某些种类的蚂蚁的真实写照。

集体狩猎在游牧蚂蚁行军蚁（Dorylus）身上得到了充分的体现，它也被称为司机蚁、西亚福①蚁、军团蚁或非洲马格南蚁。这么多的绰号充分说明了它威名远扬。在非洲，每当人们提到马格南蚁时，口气总是既恐惧又敬畏。一个马格南蚁群可以有多达2 000万个成员，相当于整个比利时的人口数量。但与比利时人不同的是，蚁群里所有成员都是同一个母亲的后代。马格南蚁后身长达5厘米，是迄今已知的最大蚂蚁。蚁后好似一个关不上的水龙头一般成天不停地排卵，每年可以产下多达5 000万只卵。雄蚁被戏称为"香肠苍蝇"，与其他蚂蚁物种不同，马格南雄蚁的个头并不小。另外，马格南工蚁身体呈暗红色，好像穿着闪闪发光的盔甲，堪称昆虫界的法拉利。它们这身盔甲可比你的鞋底还坚硬。总之，马格南蚁的外表清楚表明它们是可怕、危险的战士，请注意与它们保持距离。

马格南蚁原产于非洲，通常在地面上筑巢，有时也在动物尸体上建起临时宿营地。对蚁群来说，一只被狮子吃剩下的羚羊等同于一个四星级酒店。通常，马格南蚁在同一个地方停留的时间

---

① Siafu，源于斯瓦里西语。

绝不会超过几个月，因为它们有一个令人讨厌的习惯，就是吞噬附近的一切。毕竟有2000万张嘴要养活啊！当马格南蚁消耗尽了住所周围所有可食之物时，它们就会搬家，走上几天的路程，去找新地方建立新营地。想象一下，每当街角的超市缺货时，你就要搬到40千米以外的地方去安家。

马格南蚁每天都会派出武装突击队外出寻找食物。这类蚂蚁中没有专门负责出门探索环境寻找食物的侦察兵，它们总是成千上万地整队出发，汇成一道可怕的洪流。如果仔细观察马格南蚁，就能轻易发现一些十分明显的特征：它们没有任何视觉器官，甚至连单眼都没有，是彻彻底底的瞎子。虽然出击时可谓是武装到了牙齿，但这些猎人根本看不见路，完全盲目地在地面上搜寻，寄希望于能走大运撞到猎物。在这样的情况下数量就是成功的关键。马格南蚁彼此从不分离，否则就有可能永远迷路。它们成群结队地向前奔跑，一路释放气味分子来标识道路，保持群体的一致性。设想一下，若你与家人一起在黑暗中狩猎，首要的策略难道不是尽量待在一起，而绝不会像那些恐怖大片中演的那样吧！

蚁群中最前面的蚂蚁随机地往前行进一小段，然后迅速退回到群体中，给后方其他猎手让路，让它们来充当先头兵，如此反复循环。整个前进的队伍看起来像一股缓慢流动的厚重泥流。蚂蚁们相互之间挨得非常近，肉眼几乎无法将它们区分开来。个头最大的蚂蚁，也叫兵蚁，被放置在纵队的两侧。它们重重叠叠地挤在一起，相互攀爬，就像马戏团里的杂技演员一般，在队伍两侧形成壮观的蚁墙。位于这些蚁墙顶端的兵蚁个个向上张开大颚，摆出威胁的姿势。随着队伍形成筒形，蚂蚁们在内部构建起了墙和拱门，将蚁群的路径覆盖起来，从外边看这根圆筒就好似一条贯穿草原的通道。几百万只蚂蚁在圆筒内移动，好似一条无尽的水流，以每小时约20米的速度流动，这样它们每天可前进400米。

在这疯狂的突袭行进中，蚂蚁军团猎杀遇到的所有生命，无论是昆虫、爬行动物还是其他无法移动的任何生物，无一例外通通被杀死。一个马格南蚁群在一天内可以杀死50多万只昆虫！据19世纪的一些探险家的报道，非洲当地一种残酷的处罚形式便是把犯了罪的人扔进马格南蚁群中。另一位昆虫学家曾报告其在加纳旅行期间发生的一件事情，一个被母亲留在树下的婴儿被蚁群杀死了，而这位母亲当时就在自家园子里干活。居住在西非加纳的阿散蒂人（Ashanti）常说，蟒蛇在进餐之前会先检查周围的环境，因为饱餐后的蟒蛇往往无法动弹，此时特别容易遭受马格南蚁的攻击。如果没有在附近看到蚂蚁，它就会安安心心地进食；但如果看到了蚂蚁活动的踪迹，那这条蟒蛇就会毫不犹豫地放弃猎物，无论这顿美餐显得有多么诱人。的确，蚂蚁有超强的咬合力，一旦你的手指被一只马格南蚁的大颚咬住了，让它松口是极其困难的。这些蚂蚁的咬合力如此强大，以至于在非洲一些部落里人们把它们当作伤口缝合线来用，故意让蚂蚁去叮咬自己身上开放的伤口。

19世纪末，牧师欧也尼·贝甘（Eugène Béguin）曾在中非的马若泽地区生活过7年，在回忆录中他提到自己被这些蚂蚁吓坏了，他给它们起了个绰号叫"塞乌乌"。他说："塞乌乌从不建造巢穴，似乎它们活着就只是为了吃。"他宣称自己曾多次在夜间受到蚂蚁攻击，并为命丧蚁口的小驴、小牛和小鹅们感到惋惜。不过他也承认自己在好奇心的驱使下，曾捉来老鼠放在马格南蚁狩猎队伍必经的路上。接着他描述了一个极为暴力的场景。"当

（马格南蚁）攻击一只野兽时，它们首先入侵其头部，填满猎物的鼻孔、眼睛和耳朵，很快就成功地使猎物窒息，之后它们便开始不慌不忙地吞噬它……第二天猎物就只剩下一副光骨架了。"

著名医生、探险家和作家大卫·列文斯通（David Livingstone）的证词同样令人感到毛骨悚然。他在1864年曾这样写道："每天我们都会遭遇红蚂蚁，在西方它们被称为司机蚁。它们排成紧密的纵队穿过道路，宽达一英寸。我从未见过有谁比它们更好战，无论是人还是动物。若是不小心靠近，即使不是故意的，也会被它们看作是一种宣战：一些蚂蚁会从队伍中走出来，立起身子，张开大颚向你扑过来，凶猛地叮咬你。有时我们在打猎途中一不小心便会踏入它们的队伍中间。通常我们只顾着寻找猎物而没有提防脚下的蚂蚁，然后突然间你从头到脚都遭到这些咬人的害虫攻击，它们咬住你的肌肤，同时扭转自己的身体企图咬下一块肉来。最勇敢的人也抵挡不住这种蚂蚁的叮咬所造成的剧痛，他只能立刻败逃，同时脱光自己的全部衣物，把这些小东西从皮肤上撕下来，因为它们钢铁般的大颚已经深深咬进了肉里。"

地理学家和人类学家克里斯蒂安·塞尼博（Christian Seignobos）在旅行日记中写到，有些地方的马格南蚁会受到当地居民的崇拜。生活在喀麦隆和尼日利亚边境的曼达拉山区的莫夫人（Mofus）称马格南蚁为"贾格拉瓦克"，在当地语言中意思是"昆虫王子"。他们利用马格南蚁来赶走入侵村庄和家园的白蚁。当莫夫人找到一个蚁群后，便会从其中偷捉走几千只蚂蚁，把它们装进葫芦或土罐中。当这些人带着蚂蚁回到村里时，村民们会用各种各样的方式欢迎这些小昆虫——打响指或用石块敲打木头——然后户主宣布，"今天我们有一位尊贵的客人"，并请求蚂蚁去驱赶白蚁。

由于担心这些蚂蚁小战士会在晚上睡觉时钻进鼻孔来杀人,所以人们会向蚂蚁祈祷,郑重地恳求它们不要攻击村民,同时开恩放过家养的动物。之后,莫夫人将蚂蚁放入地上画的一个赭石圈内,一条用赭石画的路从这个圈一直通向有白蚁出没的房屋区域。虽然莫夫人承认从未见过蚂蚁是怎么行动的,但他们纷纷宣称两三个星期后,白蚁和蚂蚁便都不见了踪影!

奥德蕾·迪叙图尔

伏 击

如果可以轻轻松松地等待猎物自己上门，干吗还要去狩猎呢？这就是粗糙外刺猛蚁（Ectatomma ruidum）的某些蚂蚁所信奉的生活哲学。与武装到牙齿的非洲马格南蚁相比，这些蚂蚁外表普普通通，丝毫不引人注目。棕色的身体，身长不到9毫米，普通的大颚配上普通的眼睛，外刺猛蚁的外表几乎没有任何值得夸耀之处。如果以我们熟悉的哺乳动物作比，或许可以将它们比作狐狸：身体条件中等，但是，正如我们即将看到的，它们还智力超群。

第一个不寻常之处是，外刺猛蚁可以算是生态成功的一个真实例证。在整个美洲的热带雨林、稀树草原和沿海地区随处可见它们的身影。蚁群成员的数量从50到200只不等，并且毫不费劲就能找到。在某些地区，每公顷蚁群的数量可以多达11 200个，换句话说，即平均每平方米就有一个以上的蚁群！与狐狸一样，粗糙外刺猛蚁成功的原因并非拥有某项特殊技能，而是善于利用一切机会。事实上，为了在多样化的生态系统中生存，它们必须有超强的适应能力。所以，因地区和季节的不同，这类蚂蚁的食物种类可以有非常大的变化。大部分是肉食类的，它们带回的猎物种类极多，从重达其体重3倍的大甲虫到轻10倍的小幼虫。至于猎物是活的还是死的，是自己找到的还是从其他蚂蚁那里偷来的，通通都不重要：在路上找到的所有东西，外刺猛蚁都要带走。这些觅食蚁也采摘种子、水果或花蜜，以便给自己的高蛋白食物补充一点糖分。既狩猎又采摘的外刺猛蚁虽然能够适应所有类型的地形，但它们只在地面生活——脚踏实地，从不冒险进入树冠，这或许算是这一贪婪物种的唯一局限。

鉴于粗糙外刺猛蚁极大的灵活性，我们就不必奇怪为何这些蚂蚁能广泛存在于某些"人类化"的环境中，即被人类改造过的环境中，如牧场和咖啡、可可或玉米种植园。顺便说一下，外刺猛蚁既能传播种子，还能清除任何潜在害虫，这些本领使得它们成为农业生态系统里生物控制的重要环节。

但该如何解释这种巨大的灵活性呢？一些研究人员坚持认为外刺猛蚁的个体行为存在很大的差异。一般来说，外刺猛蚁是单独狩猎的。它们的视力非常有限，只有在1~2厘米的距离内才能发现移动的猎物。因此，这些蚂蚁以缓慢、蹒跚的步态捕猎，触角向两边张开不停地摸索，就像在玩捉迷藏的游戏。可是一旦其中一根触角碰到一个入侵者，游戏就会立刻变得不那么好玩了。猎人此时会迅捷地向目标移动，加强触角接触，然后用大颚抓住对方。外刺猛蚁接下来的行为取决于猎物的重量。如果猎物很轻，外刺猛蚁使用的技巧便是将其身体抬离地面，然后从两腿之间弯起自己的腹部，将尾部的螯针狠狠地刺入猎物的身体。如果猎物太重无法抬起来，外刺猛蚁也不在乎，它会将其按在地上，想办法从侧面进行刺杀。

一些研究人员破译了生活在热带环境中的蚂蚁的狩猎行为，表明攻击行为高度依赖于个体的不同经历。例如，有过失败经历的猎手——如曾经被白蚁兵蚁攻击过的蚂蚁，当它们再次试图刺杀猎物时，会变得特别谨慎，如有些蚂蚁为确保自身安全会将触角和前腿尽量张开朝后好让对手够不着。可见这些蚂蚁并不拘泥于一套固定的、先天建立的程序,它们在不断地学习。

外刺猛蚁也很懂得随机应变。例如,一些蚂蚁,往往是同一批,会毫不犹豫地潜入对手的巢穴去偷取食物;而另一些不那么狡猾却更加大胆,敢于攻击比自身体重大20倍的猎物,如蜚蠊。蜚蠊的反应非常快,奔跑速度可以达到每秒50厘米以上,10倍于外刺猛蚁的最高速度。为了让你更好地理解这一点,请想象一个6米长、1.5吨重的怪物,以每小时200千米的速度从你面前跑过。现在,"发起攻击"!在遭到蚂蚁咬伤时,蜚蠊通常在应激反应下会开始发狂奔跑,但蚂蚁小猎手却能牢牢抓住不会被甩下去……尽管这只巨大的猎物在绝望奔跑时会造成剧烈震动,但常常可以看到那些非常有经验的蚂蚁猎手总会设法把自己固定在猎物的腿和胸部的交界处——那里的甲壳是最柔软的。一分钟后,蜚蠊终于慢了下来,体力不支倒下了,因疲劳和毒液的双重作用而无法动弹。很不错的战利品!

我们现在要看的是一些非常特殊的粗糙外刺猛蚁的蚁群。它们之所以特殊并不是因为基因有何不同,而是环境因素造成的:它们生活的地区有一种隧蜂族小蜜蜂淡脉隧蜂(Lasioglossum umbripenne),身长仅5毫米。隧蜂族共有2 000多种不同的蜜蜂,生活在法国大都市里的隧蜂多是独居的,但在世界上许多其他地方生活的隧蜂则形成了复杂的社会形态,正如我们接下来即将要看到的那样。至于说到中美洲的淡脉隧蜂,它们通常在开放的环境中生活,会形成由1~100只构成的大大小小的蜂群。它们在地下挖建巢穴,形成一个个尖顶小土堆,通过开在顶部的单孔出入,并且每次只能通过一只蜜蜂。工蜂整天忙碌地进进出出,用花粉和花蜜喂养蜂群。这些小蜜蜂在当地数量非常多:在一个网球场大小的区域内可以见到数千个蜂巢聚集在一起,密度可高达每平方米30个巢穴。对于善于利用的猎手来说,这是个非常可观的食物来源。于是,人们有时便会在这些隧蜂巢群中见到一个粗糙外刺猛蚁的巢穴,就如同鸡舍里出现了一只狐狸,让人大跌眼镜。

研究人员于是专程前往巴拿马,研究外刺猛蚁和隧蜂之间的邻里关系。首先引起他们注意的是,平均算下来,在隧蜂群中筑巢的外刺猛蚁群的成员数量是正常情况下的3倍。事实上,这些蚂蚁吃得相当好:一般情况下,平均每8个蚂蚁猎手中仅有1个能成功带着猎物回巢,但对于这些生活在隧蜂群包围中的外刺猛蚁来说,每两个猎手中有一个能狩猎成功——当然,大多数情况下,它们猎回来的都是隧蜂。为了达到这个目标,这些聪明的小蚂蚁发展出来一种新的、特殊的狩猎方式:伏击。

只有部分蚂蚁进行伏击,因为这需要非常特殊的专业知识。事实上,当一个外刺猛蚁从巢穴中出来时,立即就可以看出这是不是一个将要进行伏击的猎人。不像其他蚂蚁那样急于搜寻周围是否有迷路的猎物,这位伏击高手径直前往隧蜂的巢穴。伏击捕猎最重要的是要占据一个关键位置,然后待在原地静候猎物出现:这些外刺猛蚁便是这样做的,它们在隧蜂巢穴的入口前选好位置安顿下来,然后便是等待……

研究人员耐心地观察了1500多个伏击案例,所观察到的外刺猛蚁的行为可谓五花八门,令人大开眼界:每只蚂蚁使用的伏击策略都不一样。一些小猎手将位置选在离隧蜂巢穴入口约2厘米的地方,摆出一种特殊的姿势守候:身体趴在地上,张开大颚,触角指向巢穴入口,准备一有隧蜂出现就立刻扑上去;另一些蚂蚁猎手则对此方法不屑一顾,只是简简单单地以6条腿站立着保持不动，摆出一副不慌不忙的随意的姿态。还有一些猎手喜欢站在离隧蜂巢穴入口更近的地方，两支触角分别放在入口的两边。真是各有各的风格！

伏击最难的部分是等待。平均而言，外刺猛蚁不会逗留太久，它们在失去耐心之前平均只会停留 6 秒。结果便是，80% 的伏击在隧蜂甚至还没有碰到蚂蚁触角的时候就已经结束了。看来，耐心的确不是外刺猛蚁的强项。但是它们并没有因此而放弃。在超过 99% 的情况下，它们会离开一个隧蜂巢穴的入口，去往下一个……然后是另一个……，并根据需要重复这一行动，有时甚至多达 50 次。所以与其说它们缺乏耐心，不如说是一种狩猎策略。就像在河里钓鱼一样，及时更换地点比待在一个不好的点上苦等要好。毕竟，隧蜂的巢穴遍地都是！

设伏的外刺猛蚁终于等到了一只归巢的小隧蜂。然而，对于它们来说，此时谈论狩猎游戏的胜利还为时过早。隧蜂身手敏捷，速度非常快，如箭一般飞射进入洞口。并且大多数隧蜂并不傻：它们早觉察到了埋伏在旁的狩猎者，相应地，也会启动一整套应激行为以免落入圈套。有些隧蜂在返回洞口前会快速地走"之"字形路线，有些则会尝试从蚂蚁的身后向巢穴靠近，还有一些则决定降落在稍远的地方然后尝试走回去，最后还有一些则干脆拒绝降落——这当然是最安全的办法。这些变化多端的行为使外刺猛蚁无法固守单一的攻击手法，它们也被迫采取相应多样的捕猎手段。例如，一些蚂蚁猎手看见隧蜂出现了便开始兴奋不已，于是当隧蜂经过时就表演回旋动作，试图在空中抓住猎物——不过往往徒劳无功。这种行为不怎么有效，因为其他隧蜂有时会利用蚂蚁分神的短暂机会迅速入洞。另一些蚂蚁猎手则完全不允许自己分心，专注地守候在洞口前，不过这样它们就没有什么机会能抓住那些从后面靠近的隧蜂……没有一个策略是完美的。更为罕见的是，有些蚂蚁猎手试图抓住那些外出的隧蜂。这主要是那些将触角放在入口两侧的蚂蚁猎手。这部分特殊的猎手表现出极大的耐心：它们平均坚持等候的时间长达 8 秒（而不是 6 秒）。所有这些都显示出猎手与猎物间复杂的互动关系，以及双方主角们的高度灵活性。最终，在 90% 以上的情况下设伏的外刺猛蚁都会错过猎物，然后无可奈何地去其他地方碰运气。就像在河边钓鱼一样，如果一旦错过了，你就会被"晾"在一旁。

让我们来关注一下剩下的那 10% 的情况：外刺猛蚁设的埋伏成功捕获到了隧蜂。此时猎人必须设法蜇刺猎物，然而这事儿变得有点棘手。这些小动物体重很轻，所以一些外刺猛蚁天真地想要采用通常的手法，即抬起猎物弯曲腹部从下面行刺。这就大错特错了！隧蜂的身手异常敏捷，几乎 50% 的情况下它们都能成功逃脱。此时，研究人员再一次惊讶地观察到外刺猛蚁采取了非常规的手法。一些外刺猛蚁并没有举起轻盈的猎物，而是在试图蜇它之前用 6 条腿禁锢住隧蜂，就像一个真正的笼子那样。这种情况下，成功率几乎为百分之百！隧蜂仍有很小的逃脱机会，如果外刺猛蚁为了方便搬运而打算换一个更顺手的方式抓住猎物，那就会暂时松一下手。但不幸的是，那些有经验的蚂蚁猎手早已学精了，不会再进行这波操作，而是选择直接把猎物拖回巢穴，根本不给它们提供这最后一点获得自由的希望。

最后，研究人员观察到了极少数的蚂蚁猎手敢于直接把头伸进隧蜂的巢穴入口。显然这种狩猎手法不仅没什么成效，还很危险！事实上，在半数情况下，这些冒失的蚂蚁猎手好似受到了惊吓一般突然退出，接着会抽搐几秒钟，然后它们会拼了命地跑回自己的巢穴去躲起来，腹部拖在几条腿之间。这些蚂蚁很可能是被隧蜂蜇了，接下来的一整天它们都不会再抬腿离开巢穴外出。对外刺猛蚁来说，这就是学习的方式。把头探入隧蜂的巢可能暴露了猎手的手法太过业余。这些很可能是初学者，或者至少是缺乏专业伏击技能的猎手，只是试图重复老一套的狩猎传统。研究人员还发现，同一批天真的猎手往往使用传统的姿势来蜇隧蜂，或者在运输之前松手将其放开……简而言之，全是初学者的错误。总之，这些业余选手的成功率比那些没有（或不再）尝试将头探入隧蜂巢穴的蚂蚁猎手低2倍。

如此，这些实地观察揭示了这些小蚂蚁惊人的灵活性。每只蚂蚁通过自身所经历的事件积累经验，并在这些经验之间建立联系，它们不断学习，不断提高技能。蚂蚁的行为证明它们能够将这些土堆与隧蜂的存在联系起来；能够克服和纠正某些低效无益的和有潜在危险的行为习惯——如将头探入隧蜂巢穴入口；能够根据猎物的类型和自身的经验采取不同的行为——如有些蚂蚁将触角向后折叠，有些则相反，用6条腿固定住猎物。最后，这也许是最耐人寻味的一点，它们能够准确地估计出伏击所用的时间。事实上，蚂蚁猎手等待6~8秒后总会突然离开，而周围环境并没有任何其他变化。它们那小小的昆虫大脑是如何将时间观念把握得如此精确的呢？目前尚不可知。

从整体上看，外刺猛蚁猎手的伏击大多数时候都是以失败告终，平均算来其每次伏击的成功率还不到5%，与专业猎食者80%的成功率相差甚远，例如前文谈到过的跳镰猛蚁。但是，就如同在河边钓鱼一样，成功的秘诀在于重复。因此，在一天结束时，80%的外刺猛蚁猎手能成功带着猎物从埋伏处返巢，并且每次狩猎任务平均不会超过15分钟，这就足以确保粗糙外刺猛蚁群在这个特殊生态系统中维持生存。

人们不禁要问，有如此大量的隧蜂存在，如此天然丰富的食物来源，为何没有进化出更专门化的猎食者来加以利用呢？譬如能更加完美地进行伪装的设伏者，有更符合伏击的需要的感官和形态特征，并且天生就会采取一种理想完美的狩猎行为来捕获一只隧蜂。为何不存在这样的猎手呢？原因很可能是因为这些小隧蜂的存在并不稳定。它们的生活周期使其每年只有4到5个月的活动时间，而且每年都可能在不同的地点重建巢穴。这种不连续性意味着专门伏击隧蜂的上游物种的生存也将得不到保证。因此，这些隧蜂提供的盛宴是为机会主义者保留的，在食物来源出现时能利用它，但又不完全依赖它。如果没有隧蜂，外刺猛蚁也会找到其他食物。此外，即使是正在守候中的伏击者，也不会拒绝其他猎物。如果老天给它带来了另一种猎物，这位伏击手会毫不犹豫地改变原来的计划来实施捕猎："必须懂得抓住一切机会。"

我们现在可以为外刺猛蚁貌似随意的外表提供一个解释，就如同狐狸一样，采取机会主义的策略需要更加灵活多变的形态。当你不知道明天周围环境会是什么样子的时候，那么带上一把瑞士军刀可能比带一把巨大的钢锯更好，虽然它或许并非完成特定任务的最佳装备，却可适用于大多数情况。当然，前提是一定要保持灵活的心态。

安托万·威斯特拉赫

围 猎

埋伏狩猎也可以由团队集体合作完成，不过需要一点点相互的协调和合作，以免发生失误让猎物逃脱。

在南美洲的雨林中，有一种阿兹特克（Azteca andreae）蚂蚁与一种叫作西哥罗佩（Cecropia）①或号角树的植物形成了共生关系。阿兹特克蚁身形娇小，身长很少超过1毫米，还长着一个"心"形的脑袋。千万别被它乖巧的外表迷惑，阿兹特克蚁不仅狡猾，还凶狠好战。阿兹特克蚁将自己的王国建立在喇叭树内。这种树像竹子一样，茎和干是中空的，节与节之间有分隔。对居住在树干里的阿兹特克蚁来说，就好似一座有许许多多房间的大厦：一些房间被用来储存食物，一些房间充当幼虫的保育房，还有一些则给工蚁们提供了休息区。

作为享受豪华住宿的交换，阿兹特克蚁给西哥罗佩树充当保镖。它们十分尽责，每天24小时不停地在树茎和叶子上巡逻，以免其遭到入侵者的伤害。如果巡逻途中遇到不怀好意的昆虫，阿兹特克蚁会张开锋利的大颚快速地发动攻击。如果入侵者体形太大，阿兹特克蚁便会释放一种报警信息素，召唤其他卫兵向遭到威胁的地方靠近。如果在反复攻击下入侵者仍然逗留不肯离去，阿兹特克蚁就会放大招了：它们抬起屁股，喷出一种化学物质——闻起来像呕吐物和变质奶油的混合物。一旦陷入这股恶臭

---

① 俗称蚁栖树，法属圭亚那常见的一个树种。

的包裹中，即便是最顽固的昆虫也会招架不住，只能乖乖投降就范。

阿兹特克蚁也会对喇叭树发出的求救信号作出反应。刚被啃吃过的树叶伤口会释放出一种挥发性的化学物质，附近的觅食蚁便能感知到。这就好像拉响了警报，提醒卫兵有贪婪的素食者出现。巡逻兵一边迅速返回巢穴，一边用气味信息素标记路径。随后便会有一群阿兹特克蚁从巢穴中出来，沿着化学品的踪迹，迅速来到遭到破坏的区域进行巡逻搜索，寻找罪魁祸首。

除了提供舒适的住所外，西哥罗佩树还可充当蚂蚁的食堂。在每片叶子的基部，即叶柄与树干相接的地方，都长着一个很特别的被叫作毛细管的毛状结构，可以产生富含糖分的物质，是阿兹特克蚁十分喜爱的。另外，这种植物的叶子背面也长着半透明小颗粒，富含脂肪。不过为了维持饮食均衡，满足总也吃不饱的幼虫的需要，阿兹特克蚁也需要进食新鲜的肉。况且植物花蜜的蛋白质含量通常很低，它们必须通过其他途径获得营养。

阿兹特克蚁堪称伏击之王。为了捕捉猎物，它们会在叶子背面的边缘排成一圈埋伏起来。它们一个紧挨着一个，耐心地等待，同时张开大颚随时准备冲锋陷阵。一片叶子下可以埋伏几百只蚂蚁。为了将身体保持挂在叶子下面并对抗自身重力，阿兹特克蚁将钩状爪子插入叶子的纤维环中。不必等到20世纪50年代乔治·德·梅斯特拉尔（Georges de Mestral）发明维可牢尼龙搭扣，蚂蚁早就开始使用自粘搭扣了！当一个潜在猎物落在叶子的上表面时，蚂蚁们通过震动感知到情况。一部分蚂蚁便立刻跳出来，用腿抓住猎物，将其拉向自己，让它翻倒掉在空中。这些阿兹特克蚁会紧紧抓住叶子，让猎物悬在空中，而它们的同伴则开始攻击并肢解这个不幸的受害者。据研究人员透露，攻击场面非常壮观，因为每只蚂蚁的重量不超过 1 毫克，而猎物的重量却可以达到 10 克，相当于蚂蚁自身重量的 1 万倍以上。为了测试阿兹特克蚁的力量，科学家们将昆虫或硬币放在尼龙绳的一端，然后轻挠埋伏在那里的蚂蚁，令其上钩。他们发现，这种看起来瘦小羸弱的生物可以单独支撑起一个 10 分的欧元硬币，即超过其自身 7 000 倍的重量。这就相当于你手里抓着 3 条蓝鲸，并且鲸鱼身上还站着 100 个人在忙着把它切割成小块。

一些蚂蚁猎手在狩猎时采取的战术相当巧妙。几位生物学家曾在一篇令人惊叹的文章中报告了一个蚂蚁建造陷阱的最好的例子。十节异切叶蚁（Allomerus decemarticulatus）是一种身长仅 2 毫米的半透明橙色蚂蚁，身上披着白色的细毛，看起来人畜无害。然而这种生活在南美的蚂蚁的绰号是"虐杀蚁"，它们所建造的陷阱会让人联想到中世纪的刑讯室。虐杀蚁寄生在一种特殊的热带植物——金壳果科的猫须李（Hirtella physophora）上，它们利用这种植物建造陷阱来捕捉大型猎物。虐杀蚁首先用植物毛刺、真菌菌丝和自己反刍吐出的唾液建造出一个走廊。菌丝是建陷阱的重要材料，因为它们能增加由植物毛刺堆成的建筑结构的强度，构成一种类似玻璃纤维的材料。蚂蚁所用的刺盾炱目真菌（Chaetothyriales）并不是树上自然生长出来的，而是虐杀蚁从母亲到孩子一代一代传承下来精心培植的。简单地说，为了修建陷阱走廊，猫须李提供地基和砖块，真菌提供砂浆，蚂蚁充当建筑工人。

一旦走廊建成，虐杀蚁就会在上面钻出小洞然后躲进去，像弓箭手一样藏身其后，只露出张开的大颚。一切准备就绪，它们耐心地等待着猎物上门。平时由于猫须李茎干上覆盖着一层毛刺，昆虫不敢在上面落脚。虐杀蚁巧妙地欺骗了猎物，因为它们将树干表面的毛刺拔下来造陷阱，变得光滑的表面便给猎物提供了一个貌似安全的着陆点。当一只昆虫落在陷阱上时，就会立即被无数的腿和触角抓住，动弹不得，受害者就像遭受中世纪的车轮刑一样被拉扯撕裂。接着，虐杀蚁爬到毫无招架之力的猎物身上，咬它、刺它，直到对方完全瘫痪，任其摆布。随后，猎物会被切成小块，被运回蚁巢享用，有点像刺身。使用这种狩猎策略使蚂蚁能够捕获重量达自身 1 800 倍的大型猎物。然而奇怪的是，虽然虐杀蚁较为擅长捕捉和困住猎物，但它们在离开陷阱以及猎杀的过程中却表现得不那么冷静，结果往往猎物能以截肢为代价脱身。于是虐杀蚁们便不得不满足于得到蚱蜢的一条腿……不过这也已经相当于它们自身的 12 倍大了，足以饱餐一顿。

奥德蕾·迪叙图尔

第3个考验

开发食物源

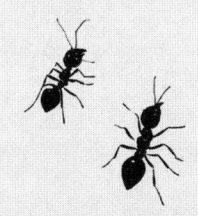

天堂的丰收[1]

就蚁群而言，设置陷阱不失为一种获取食物的良策。不过在淡季或天气条件不好时，也可能会遇到没有动物可猎的情况。若想要保证长期稳定的食物供应，自己种植是解决方法之一。早在1万年前的新石器时代人类便已有了农业活动，从此彻底地改变了人类和诸多其他物种的生活方式。智人并非唯一放弃狩猎和采集而专事种植的物种，早在5 000多万年前蚂蚁就完成了这一转变！蚂蚁的农业活动多种多样，既有简单的栽种，也有集约型的耕作，不一而足。

栗红须蚁（Pogonomyrmex badius），绰号佛罗里达收割蚁，是一种身长7~9毫米的红色须蚁。它们身披长毛，方便携带小沙粒和小种子。这些红色蚂蚁名声赫赫：据说被它们蜇伤会造成难以忍受的剧痛。昆虫学家大卫·韦伊（David Wray）在1938年有过这样的描述："几只蚂蚁蜇了我的手腕，几分钟后，直径约5厘米范围内的皮肤出现了强烈的疼痛，表面变成了暗红色，并且立即有黏稠的分泌物渗出。整块皮肤表面都有强烈的烧灼感。剧烈的疼痛持续了一整天，一直到夜幕降临。"

贾斯汀·施密特（Justin Schmidt）[2]是施密特昆虫叮咬疼痛量表的作者。这个量表对因不同昆虫咬伤所产生的疼痛进行评

---

[1] 本节法文标题原文为 Les moissons du ciel，源于1978年上映的美国电影《天堂之日》（Days of heaven）的法文版名。

[2] 贾斯汀·施密特（1947—2023），美国昆虫学家，昆虫叮咬疼痛指数的发明者。

估和打分。栗红须蚁蜇伤所致的刺痛感被描述为"剧烈而无情"。他说那种感觉就好似用电钻来治疗嵌甲。不过也无须过度担心,这种蚂蚁完全不具攻击性,除非在蚁巢上跳桑巴才有可能招来攻击。

通常,佛罗里达收割蚁生活在多草的沙地。它们的巢穴并不难发现,因为蚁巢入口周围总围着个圈,是由树枝、千足虫的粪便和小块的煤炭碎屑堆积而成的——其功能尚不得而知,依然是个未解之谜。蚁穴可深达 2 米,内有上百个房间,所有房间都由一个类似电梯井的通道连接起来。觅食蚁占据着顶层,下一层便是种子仓库,觅食蚁在此储存的种子数量可多达 30 万粒;幼虫、蚁后和保育员则隐藏于最深的几个地下室里。以人的尺度而言,这就好比挖了一座和卡布雷斯班洞穴①一样深的建筑(250 米)。尤为令人吃惊的是,如此复杂浩大的建筑工程并不妨碍佛州收割蚁每年搬 4 次家,无缘无故地就搬到 4 米外的地方去建新巢……甚至不忘带上那些作为装饰的煤炭屑和千足虫粪便。还有更加匪夷所思的:建造巢穴、运送幼崽和摆放装饰物等等,整个过程只需要短短 6 天便可完成。想象一下你每 3 个月便新修一所房子,只为了搬到离前一所房子仅 500 米远的地方去住……

觅食蚁以每小时 60 粒的速率从周围环境中采集植物种子,然后储存在粮仓里。蚁群中个头最大的蚂蚁充当粉碎机。它们咬开种子,将其咬碎并咀嚼,做成面包,然后分发给蚁群其他成员食用。研究人员先后检查了 200 个佛州收割蚁的巢穴,发现这些蚂蚁收集的种子大小不等,但它们只会咬开并食用宽度

---

① 法国著名洞穴旅游景点,位于奥德省。

不超过 1.5 毫米的小种子。以人的尺度来看，这些所谓"小"种子的尺寸可相当于椰子大小，想象一下你怎么用牙齿把它咬碎。收割蚁所采取的这种选择性策略很快便会导致许多大颗的种子在粮仓中积累起来，根本无法被食用，因为即便这些昆虫有锋利的大颚，但对它们来说，这些种子的外壳还是过于坚硬，况且它们的大小有时可以宽达 4 毫米，几乎是蚂蚁身体的一半大小。而这些大种子占到了蚂蚁采集的种子储存总量的 50%。如果收割蚁很少使用大的种子，为什么它们还要采集并且储存这么多大种子呢？而这正体现了这些小动物的天才之处：它们耐心地等待着这些种子在巢穴中自然发芽。蚂蚁的地下仓库提供了理想的湿度和温度条件，非常适合种子发芽。一旦时机成熟，种子便会自然裂开。当种子坚硬的外壳破开后，蚂蚁就可以把这些巨大的种子磨成许许多多的小面包。对懂得等待的人来说，一切自会水到渠成！

话说回来，何苦要在种子长出新的幼苗之前就吃掉它们呢？粗糙盘腹蚁（Aphaenogaster rudis）是一种生活在北美的蚂蚁。尽管它的名字更容易让人联想到一种令人讨厌的传染病，而非一个环保主义者，但它们那小小脆弱的肩膀上却负担着好些植物的生存大计。在北美的一些森林中，每平方米就生活着不止一个粗糙盘腹蚁的蚁群，它们通常在腐烂的木材中筑巢。这种蚂蚁的外表看上去十分优雅——修长的腿，红褐色苗条的身体不超过 4 毫米长。它在森林地面上蹦蹦跳跳地寻找着种子，就好像歌剧院里的芭蕾舞演员一样。

粗糙盘腹蚁很挑剔，只采集那些上面长着油质体突出的种子，这东西富含糖、蛋白质和脂肪。回到巢穴后，它就会把油质体从

第 3 个考验：开发食物源

种子上分离出来，拿给幼虫吃。当油质体被移除后，它就不再对这颗种子有任何兴趣了。比如一颗杏核，就会被粗糙盘腹蚁当作一种普通垃圾。出于爱清洁的天性，粗糙盘腹蚁会带着这颗种子离开巢穴，走好几米远把它丢弃到林间的地面上。由于蚁穴附近的土壤通常都非常肥沃，种子便可以在最佳条件下发芽，生长出新的植物。在北美的森林地区，近2/3的植物种子是由盘腹蚁采集的。若是把粗糙盘腹蚁从森林中迁走，一些野生花卉的数量将减少50%。原因很简单：种子自己无法移动，它们需要一个交通工具，否则就只能在父母脚下发芽生长。今天，有超过1万种植物依靠蚂蚁来散播它们的后代，包括我们熟悉的紫罗兰。但请注意，蚂蚁可不会免费帮忙运输种子，植物必须为每粒种子买一张车票（奉送一些实惠），其形式嘛就是美味多汁的附生物，大名鼎鼎的油质体！不过有一些植物，如海葱，一种非常漂亮的小百合，已经进化发展出制作假车票免费蹭蚂蚁公交车的方法。它们所产的种子仅仅模仿了油质体的化学气味信号。这些造假者的种子同样会被蚂蚁们收集、储存和散播，却没有给蚂蚁们带来任何营养益处……

研究人员揭示，有些蚂蚁会主动去播种。凹头臭蚁（Philidris nagasau）——这名字听起来像是来自上流社会的贵族——采集并种植环蚁木的种子，其历史已有300万年了。就其主要居住地斐济而言，它们才是当地最早的农民。环蚁木是一种附生植物，也就是说，它长在其他树上。与槲寄生不同的是，环蚁木并不会汲取宿主树木的汁液，而仅仅是利用宿主来获取更多的阳光。成熟的环蚁木看起来像一颗巨大的肿瘤，表面长着细毛。在斐济，人们称之为"树睾丸"或"魔鬼球"。这些巨大的、圆形的、丑陋的球状物实际上是植物主干上的穴状隆起。如果打开其中一个球，你会发现其内部有众多的孔穴，里边居住着成千上万只蚂蚁，孔穴之间还有四通八达互相连接的通道。

当一棵环蚁木结了种子，蚂蚁会迅速前来采集，并将它们种在稍远一点的树皮缝隙中。之后，这些小农民会一直监护自己的种植地，防止任何可疑的盗贼靠近。待到种子发芽后，幼苗就会逐渐长成一个圆形的空心结构，看起来像一个普通的树瘤。蚂蚁随后会进入这个球里，用自己的排泄物给它施肥，为植物生长提供所有必要的营养。当这棵环蚁木长到足球大小时，就又可为蚁群提供一个新的巢穴。通过这种方式，我们的蚂蚁小农民能在邻近的几棵大树上种植几十棵环蚁木，可供超过25万只蚂蚁居住。这些天然植物住所之间有化学气味路径相互连接，无数只蚂蚁在这些道路上日夜奔忙。

蚂蚁一生都在为它们的宿主施肥，并且在食草动物出现时激烈地保卫植物。作为回报，环蚁木向它们提供住所，并用甜美的花蜜来奖励自己的小保镖。在测绘了数百棵环蚁木后，研究人员发现蚂蚁对播种地点的选择并不是随意而为的。这些优秀的园丁会选择阳光充足的地方，严格避免在阴暗之处播种。为了理解蚂蚁的这种选择，科学家们利用一根不太粗的绳子爬上树去近距离观察环蚁木。他们发现，在阳光下生长的环蚁木比在阴凉处生长的环蚁木产生的蜜汁多10倍……小蚂蚁们可一点儿也不笨！

我们的小园丁凹头臭蚁与植物环蚁木之间形成的这种共生关系由来已久，对双方来说这种关系都是不可逆的，绝不可能有任何的分离。若是宿主消失，早已不会建造巢穴的凹头臭蚁将注定过着无家可归的流浪生活；同样，环蚁木也早已丧失了抵御食草动物的能力，若没有蚂蚁保镖，不出几个月，它注定会死于各种昆虫的啃咬攻击。

奥德蕾·迪叙图尔

精植蘑菇①

前文所讨论的农业技术大致相当于园艺。现在让我们谈谈芭切叶蚁属（Atta）的集约型规模种植。芭切叶蚁，又称蘑菇蚁、切叶蚁或伞蚁，是无可争议的顶尖种植高手。芭切叶蚁栖息在新大陆潮湿的热带雨林中，从美国的最南端到阿根廷和乌拉圭的北部，包括安的列斯群岛都有分布。它们的身体呈橙红色，体形大小不一，大致可以分为大型、中型、小型和迷你型。其中大型蚁比迷你蚁重200倍，头宽可达后者的10倍。想象一下，若是你妹妹长着2米宽的头，体重12 000千克（相当于一只霸王龙的重量！），你还会经常邀请她来家里同进晚餐吗？一个成熟的芭切叶蚁群有数百万个成员，都是同一个蚁后的后代。这个大家庭共同生活在由四通八达的隧道连通起来的8 000多个房间里。整个蚁巢的大小相当于一套五居室的奥斯曼公寓。

长长的高速公路从巨大的蚁丘辐射出来，看起来好像是人类开辟出来的远足小径。无数蚂蚁在这些路径上日夜奔跑，身上托着树叶或草叶，看起来就好像打着一把把小伞。远远看去会让你产生一种奇怪的错觉，好像一小片草坪如河水一般缓缓流动。如果沿着这些道路走上几百米，有时你会发现自己步入了一片美丽的柠檬园，而那些可爱的小蚂蚁正忙着修理果园里每一棵树的叶子！

---

① 2017年上映的法国纪录片。

芭切叶蚁的觅食蚁有颗大得与身体不成比例的头，异常强大的下颌肌肉占据了其头部的 2/3。在大型工蚁中这种畸形是最常见的。如此巨大的脑袋令人感觉它们好像随时会向前翻筋斗。但这其实并没什么可笑的，芭切叶蚁的下颌像剃刀一般锋利，能切割坚硬的叶子和结实的茎干。蚂蚁将其中一个下颌与植物组织接触，并像电锯那样来回移动，振动刀片。假如一只大型芭切叶蚁钻进了你的衬衫，面对它这把大砍刀，你的皮肤几乎毫无招架之力——被刀片割到也不过如此吧。一些觅食蚁专门从事切割工作，它们一整天都趴在树上，以令人难以置信的速度不停地切割树叶，就像那些修剪树篱的真正园丁一样。而它们的同伴则在树底下守候，等着把掉落地面的碎叶片都运走。举个例子，特立尼达岛上一个柠檬园所有果树的叶子曾在短短一天之内被芭切叶蚁全剥光了。芭切叶蚁在热带美洲造成的损失估计高达 10 亿美元。它们的破坏力如此惊人，以至于 1820 年法国生物学家圣西莱尔（Geoffroy Saint-Hilaire）曾宣称："要么巴西灭掉芭切叶蚁，要么芭切叶蚁毁掉巴西！"

一天时间内，通过巢穴入口的碎叶片不少于 14 万片，这相当于每年 470 千克，半公顷土地上生长的全部植物组织，相当于一个足球场大小！蚂蚁沿着通道搬运收获品，将其放入特定的房间储存，然后立即转身离开。随后，小型工蚁立刻接管了这些碎叶片，将它们切成直径为 1~2 毫米的碎屑。之后，一些个头更小的工蚁将植物碎屑咀嚼之后用粪液浸渍，做成绿色的小球，铺在地上。最后，被称为园丁的迷你蚂蚁在铺就的植物垫中种植一种白伞菇属的真菌，这种真菌在自制的堆肥上迅速生长。种植蚁会不断调整真菌来控制其生长，使其呈现出海绵的形式，中间有大量相互连接的空腔。研究人员发现，当蚂蚁在实验室中的培养出现疏忽时，这种伞菇属的真菌便会长成传统的形状：一条独腿加一顶帽子。

蘑菇床所在的房间有通风井可以自然调温，通风口建在蚁穴的顶上，能根据风向不断转动，可在导入氧气的同时清除蘑菇床所产生的二氧化碳和甲烷。蚂蚁还会通过调整通风井的形状和数量来控制巢穴的温度和湿度，并且所有这些工程都不需要借助核电站！

蚂蚁从蘑菇床中采集收获多汁而有营养的作物，名为菌丝球（节结）。像人们开发利用果树一样，蚂蚁对真菌进行开发利用。这些优秀的小农夫懂得用自己的排泄物给作物施肥。它们的菌圃很少染病，干净得令人吃惊。能达到如此的清洁程度是因为这些园丁几乎像有洁癖一样，花大量时间无微不至地照顾菌圃。它们像梳虱子一样，用自己的大颚仔细清除其他杂菌的菌丝和孢子。为了抵抗细菌传播和寄生虫的攻击，蚂蚁还会使用位于其胸部下自身腺体所产生的抗氧化剂分泌物。不过不幸的是，所有这些措施并不足以根除，切叶蚁的宿敌——埃斯科沃普寄生霉菌。这种可怕的寄生霉菌可以以创纪录的速度在短时间内感染蘑菇农场，使整个菌圃面临灭种的命运。蚂蚁园丁们不得不求助于一些微型盟友来对付这种可怕的寄生菌，那就是细菌。这些细菌通常在蚂蚁角质层的微小缝隙中繁殖生存，以其腺体分泌物为食。人类腋下也有微生物群，它们以我们的汗水为食⋯⋯小园丁们自身携带的这些微生物能产生抗生素，杀死寄生霉菌。有时，在蘑菇园工作的蚂蚁全身都被这些细菌完全覆盖了，看起来就像《疤面

第 3 个考验：开发食物源　　085

煞星》①中的托尼·蒙大拿（Tony Mondana）一样，浑身都沾满白粉。一个园丁蚁身上所携带的不同细菌可多达 19 种，数百万年来蚂蚁家族从母亲到女儿将其世代相传。人类在这方面实在没有什么值得炫耀的，亚历山大·弗莱明（Alexander Fleming）②爵士于 1928 年发现青霉素后，要等到 20 世纪 50 年代才开始普及抗生素的使用。

尽管使用了抗生素，当发现出现寄生霉菌时，蚂蚁会毫不犹豫地撕下并吞下这个入侵的孢子，然后穿过蚁穴的通道来到专门的垃圾场，再把寄生霉菌吐出来。不幸的是，这些蚂蚁一旦进入垃圾场就再也不能离开了。为了避免这里的各种细菌在蚁群引发大流行，所有来到这里的园丁蚁都不再返回蘑菇园了。它们将与其他同伴一起负责处理堆放在废物处理中心入口处的各种垃圾，从此变成了清洁工，并将承担这个新的角色一直到死。在切叶蚁中，垃圾处理是一项非常危险的工作：这就是为什么这项工作总是留给蚁群中最年长的工人来负责。可见，蚂蚁所采取的策略与人类恰恰相反，它们总把最危险的任务交付给那些有经验的成员，而不是新兵嫩伢子。

切叶蚁非常关注作物生长的状况。在一个实验中，研究人员将浸渍了强力杀真菌剂的碎叶片放在觅食蚁经过的路边。他们挑选了芭切叶蚁特别喜欢的一种植物——酸枣（Spondias mombin）。

---

① 《疤面煞星》，1983 年上映的美国犯罪电影，环球影业公司制作。阿尔·帕西诺（Al Pacino）饰演主角托尼·蒙大拿。

② 亚历山大·弗莱明（1881—1955 年），英国细菌学家、生物化学家、微生物学家，1923 年发现溶菌酶，1928 年首先发现了青霉素。诺贝尔生理学或医学获奖者。

刚开始，没有意识到危险的觅食蚁会开开心心地把毒叶子带进蚁巢。可第二天，当研究人员重复同一个试验时，他们惊讶地发现，蚂蚁们对前一天还垂涎不已的美味供品纷纷退避三舍。多位科学家用不同品种的植物多次重复了这一实验，结果总是一样的：仅仅十多个小时后，觅食蚁便会断然拒绝有毒的食物。通过几个月对蚁群行为的不懈观察，研究人员发现，蚂蚁们在长达20多个星期的时间里都不愿碰触曾经最喜欢的植物碎片。这意味着，它们牢牢地记住了教训！

目前，我们对阻止昆虫带回某一特定植物物种的机制还不是很清楚。科学家们认同的假设是，园丁蚁能够识别受损的真菌的气味，并将其与同伴们最近带回巢穴的食物气味联系起来。在蚁穴中，园丁蚁在觅食蚁和真菌之间充当中介，因为后者很少进入种植园。当真菌表现出虚弱的迹象时，园丁蚁就会停止使用有毒的叶子碎片，而是将它们送去垃圾场。由于采摘的叶子不太受欢迎，觅食蚁就不再带回毒叶碎片，而是转向新的植物。

研究人员还报告说，这种学习可以经由社交方式而得到加强。在实验室里，他们在投毒阶段让一些觅食蚁远离巢穴，在它们身上涂了记号之后送回巢穴。科学家们发现，尚不知道碎叶片已被下毒的这些觅食蚁会立即将叶片带回蚁穴。此时他们注意到，在它们返回巢穴的途中，甚至还未到达蚁穴，这些天真地携带着毒叶片的蚂蚁就会受到知情同伴的严厉训斥。后者会用触角拍打它们，从它们口中撕下那片叶子扔在地上！之后，这些收到消息的觅食蚁便不会再去收集毒叶片了。

芭切叶蚁和它们种植的真菌之间存在着绝对的相互依赖关系，谁也离不开谁。芭切叶蚁的农业实践技能从母亲到女儿一代代传承。在进行蜜月婚飞前，处女蚁后会前往蘑菇床收集一缕蘑菇丝，将其小心翼翼地含在嘴里。这之后它便离开巢穴，飞去寻找一个或多个伴侣。受精后的年轻王后会挖出一个垂直井，在井底重新吐出菌丝来建立它的第一个蘑菇园。她用卵和粪便滋养真菌，令其不断生长繁殖，直到第一批产出的工蚁前来接手蘑菇园的工作。两三年后，蚁群将达到 200 万成员的小型规模，拥有 1 000 多个蘑菇园。罗克福尔（Roquefort）[①]的地窖对此望尘莫及！

面对如此壮举，在关于⁀切叶蚁的书中，伯特·霍尔多布勒（Bert Hölldobler）和爱德华·威尔逊（Edward Wilson）确实有理由这样说："假如来自另一个星系的访客在一百万年前来到地球，他们可能会认为切叶蚁群将是这个星球上所能产生的最先进的文明……"

奥德蕾·迪叙图尔

[①] 罗克福尔，法国著名奶酪品牌。

午夜善恶花园①

为了给种植的蘑菇采集草料,每年切叶蚁冒着生命危险往返的路途长达数万米。这不由让人有了如下疑问:何苦每天往返超市,为什么不干脆直接住在附近?锈色伪切叶蚁(Pseudomyrmex ferrugineus)就采取了这种有利的策略。这是一种黄蜂般大小的蚂蚁,有着杏仁状的大眼睛,外表十分迷人。它们有效地避免了那些危险的、很可能令人一去不复返的觅食远征。别看它外表精致美丽,但如果你不小心惊扰了它,这种优雅的中美洲蚂蚁蜇起你来可毫不客气。在先前我们见过的贾斯汀·施密特的疼痛量表上,锈色伪切叶蚁的刺痛相当于"订书机"。一位同事曾在一次考察中亲身体验过:从天真地伸出手去触碰一片叶子到突然尖叫着收回手指,中间只间隔了短短不到5秒钟的时间。这些外表迷人的小生物带来的伤害和疼痛令他颇感意外。

这些蚂蚁生活在"牛角"合欢树上,它们把住所建在托叶刺根部膨起的空室里。相较而言,此处住所既宽敞又舒适,只可惜有一个缺点,那就是容易漏水。一旦遇到热带的大暴雨,这里很快就会被淹没,迫使蚂蚁逃离它们舒适的巢穴。到了房子外面后,蚂蚁就会以一种非常原始的方式排水:它们一口口把水吞进肚子直到把巢穴里的水抽干。当蚂蚁喝水喝到腹部鼓得都快爆炸了时,

---

① 美国畅销小说,作者约翰·伯兰特,该书从一桩真实的谋杀案写起,讲述了隐藏于小城平静安详下的斑驳人性。1994年出版;1997年由克林特·伊斯特伍德拍成电影。

它们不是从嘴里吐出吞下的水而是通过肛门排出来。虽说这个过程不算快捷，但当手边没有水桶的时候，也只好勉为其难，尽其所能。

金合欢树不仅给蚂蚁提供庇护所，还提供早餐。这种植物会产生贝氏体——一种富含蛋白质和脂质的可分离的小颗粒分泌物，供觅食蚁取食。这些小颗粒外观像小种子，长在叶子末端，并且只有那些有蚂蚁栖息的金合欢树才会长出贝氏体。另外在金合欢树的叶柄上也长有蜜腺，这些微小的乳头状赘生物会分泌花蜜，供觅食蚁饮用。这样，金合欢树便为它们的小客人提供了所有必要的营养物质。不过在这个世界上是没有免费午餐的。为了换取食物和住所，蚂蚁们就得保护植物不受食草动物的侵害。一旦发现最轻微的振动，它们便会迅速飞奔出去，找出罪魁祸首。若这振动是山羊造成的，哪怕山羊是蚂蚁身高的200多倍，蚂蚁们也会毫不犹豫地向入侵者发动攻击，试图用蜇刺来吓跑它。换了人类，如果遇到一头像腕龙那么大、身长23米的动物在自家院子里吃草，我们很可能会撒腿就逃，连门也顾不上锁，更别说其他的了。有时，在金合欢树上开怀大吃的不是甲虫而是蝗虫，此时，蚂蚁们便会毫不客气地将它们吃掉。就好比你整天吃甜食的时候突然遇到了正宗的牛排，还有比这更美妙的吗？

我们的小生物还会给金合欢树充当治疗师。蚂蚁的脚上藏有细菌，能产生抗生素，它们每天在金合欢树上来来回回地溜达，脚上的细菌也随之被传播开来。这些杀菌剂使金合欢树能够有效地对抗丁香假单胞杆菌（Pseudomonas syringae）。这种细菌会侵入植物的树皮并逐渐破坏它，也被称为"细菌性腐烂"。除了上述的安全职责外，蚂蚁还负责园艺工作：它们定期从金合欢树上下来，检查周围是否有任何可能与它们的金合欢树争夺光照、营养或水的植物。若有的话，它们会毫不犹豫地将这些潜在的竞争者连根拔起；它们还会修剪邻近树木的枝叶，以免树荫遮挡了宿主的阳光。

一直以来自然学家都认为，这本质上是一种共生关系，双方都从这一关系中获益。锈色伪切叶蚁与金合欢树也经常被引为共生的典型例子。然而最近研究人员发现，这种表面上的共生关系只是一个幌子。在这对关系中，蚂蚁实际上是囚徒，它们生活在金合欢树的支配之下。与大多数蚂蚁不同，锈色伪切叶蚁无法消化蔗糖，也就是你喝咖啡时加入杯中的那种糖。一个分子的蔗糖被消化后会分解为一个分子的葡萄糖和一个分子的果糖，身体必需的两种糖。多数器官可以使用脂肪或蛋白质作为其能量来源，但有的器官，如大脑，则只能使用葡萄糖。面对这种古怪的特性，研究人员对不同种类金合欢树所分泌的花蜜成分进行了分析。对我们的小蚂蚁来说幸运的是，只有它们栖息其上的金合欢树所分泌的花蜜才含有葡萄糖和果糖，而不是蔗糖。

锈色伪切叶蚁为什么会丧失了消化蔗糖的能力？要知道这本是自然界里最为普遍的糖。为了更好地了解这一现象，科学家们想出了一个巧妙的点子，那就是观察年轻的蚂蚁幼虫。他们非常惊奇地发现蚂蚁幼虫是完全可以消化蔗糖的。但随着年龄的增长，它们会逐渐丧失这种能力。这类现象并不罕见。谁身边没遇见过乳糖不耐受的人？面对这种奇特的现象，研究人员决定再次分析金合欢花蜜，但这次他们把重点放在其中所含的酶上。他们发现，它含有几丁质酶，一种会完全抑制蔗糖消化的酶。这样，随着蚂蚁给幼虫不断喂食金合欢的花蜜，它们会自动变得终生依赖宿主。

还能说锈色伪切叶蚁和金合欢树之间是合作伙伴关系吗?金合欢树的这些行径看起来更像是操纵,甚至更糟,简直就是赤裸裸的绑架!

奥德蕾·迪叙图尔

危险的关系①

在学校里我们学到,植物通过吸收阳光产生能量,然后成为草食性动物的食物,而草食性动物又会被其他动物(肉食性动物)吃掉。肉食性植物之所以令人着迷大概正是因为它们完全违背了这一规则。猪笼草(忘忧草)便是最具代表性的一种肉食性植物:它那巧妙地挂在纤弱细茎上的捕虫笼,如同精心装饰的水壶一般华美而又精致。除了艳丽的色彩,猪笼草还释放出一种异样的香味,甚至还会提供少许花蜜给那些敢于大胆靠近的访客享用,吸引了无数为之着迷的昆虫。然而不幸的是,猪笼草美丽的水壶有着异常光滑的边缘,而水壶里所盛装的酸性液体则富含消化酶。最终逃不过宿命而在壶底结束生命的蚂蚁不计其数,它们只能在这美丽缤纷的墓穴中等着被慢慢地融化。猪笼草通过壶壁将被酸液溶解了的猎物全部吸收,然后耐心地等待下一个受害者。

18世纪那些伟大的探险家就已经为忘忧草着迷。它的名字,Nepenthe,字面意思就是"没有悲伤"(ne 意为没有;penthos 意为悲伤)。伟大的瑞典植物学家卡尔·冯·林奈(Carl von Linné)参考荷马史诗《奥德赛》中的一段话为这种植物命名,故事中海伦被绑架后别人给她喝了一种用忘忧草制的药水,好让她忘记巨大的悲伤。林奈这样解释道:

---

① 《危险的关系》,18世纪法国作家拉克洛创作的长篇书信体小说,讲述情场失意的巴黎社交圈红人梅尔特伊侯爵夫人和瓦尔蒙马爵游戏人间的故事。多次被改编成影视作品。

在艰苦的长途跋涉后若能发现此般奇妙植物，试问哪个植物学家能不满怀敬佩之情。在赞叹和陶醉之中，只需凝望一眼造物主的杰作，便足以忘却过去历经的所有痛苦！

林奈显然并非那只在壶底等着被忘忧草消化的蚂蚁！事实上，在他的时代，这些植物的肉食性还完全不为人所知。还有人将这些装满液体的古怪水壶看作大自然给人类的又一份馈赠，是森林为冒险家们提供的、用以解渴的一小杯水。在此不妨引用当时一位博物学家的话：

> 根从大地吸收水分，在太阳光的辅助下，水分在植物中上升，随后通过茎和叶脉下降，储存于这个天然器皿中，好最终用于满足人类的需求。

一个世纪后，在达尔文的时代，猪笼草风靡了整个欧洲，人们甚至将之称为"猪笼草的黄金时代"。在温室中饲养这种热带植物成为一种时尚，无数探险家都热衷于描述新物种。弗雷德里克·威廉·伯比奇（Frederick William Burbidge）便是其中的一位。他在婆罗洲森林最潮湿的地方进行了一次探险，有了一次非同寻常的观察。在1880年发表的著作中他写道：二齿猪笼草（Nepenthes bicalcarata）是一个长着美丽紫色水壶的物种，其茎空心，里边常常居住着一种小型方头橙色蚂蚁。一个世纪后，这种蚂蚁被命名为舒密兹弓背蚁（Camponotus schmitzi）。

事实上这种肉食性植物身上带捕虫笼的茎是中空的，上面还有膨起的气室，蚂蚁只需要打穿一个小入口，就能得到一个理想的巢穴。植物宿主通过提供住所来鼓励蚂蚁入住自己的茎。这对蚂蚁来说好处十分明显：简直就是一个拎包入住的公寓！不过通常这不是免费住的！在自然选择的驱使下，植物消耗自身资源建造房子，显然是为了获得某一种回报。那么在与蚂蚁的交易中猪笼草能得到什么好处呢？

1904年，也就是伯比奇进行观察之后的几年，意大利植物学家奥多阿多·贝卡里（Odoardo Beccari）也前往婆罗洲。他提出了一个假设：或许这些寄居在植物上的蚂蚁会去猎杀那些被植物吸引过来的昆虫，但时不时会有意外发生，蚂蚁一不小心就会滑进捕虫笼，于是变相地给宿主提供了报酬。这房租可谓相当昂贵了！乍一看这个假说似乎很有道理，却带来了一个问题：它不能解释为什么这些猪笼草上寄居的总是同一种蚂蚁，理论上任何种类的蚂蚁其实都可以满足上述的设计要求——如果可以将其称为一种设计的话——因为任何蚂蚁都能被消化，并不需要任何特定的适应性！我们反而可能会期待某一种蚂蚁能迅速发展出特殊技能以避免过于靠近捕虫笼，从而结束交易，不再为植物提供任何好处，因此，这个假说并不成立。

77年后的1981年，现在已是加利福尼亚大学教授的约翰·汤普森（John Thompson）提出了一个新的理论：这可能是一个"蚁供食现象（myrmecotrophy）"的案例。这个术语的字面意思是：蚂蚁（myrmeco）的食物（trophie），指植物以蚂蚁的残留物为食。事实上，在汤普森的时代，人们刚刚证明某些与宿主植物共生的蚂蚁，总会将垃圾放入植物的特殊腔室内，这些腔室的内壁有吸收功能。这就好似一种专门处理堆肥的后厨，只要将绿色垃圾扔进去，就能保证蚁巢的扩建和维护。而蚂蚁日常居住的腔室则有更为坚实的墙壁,且不具吸收性,以保证蚂蚁的正常生活。这可以给人类未来建设生态住房带来启发。发现这一现象的过程十分原始。研究人员给蚂蚁喂食带射线的食物,以便能追踪营养物质的轨迹。几天后,他们发现喂给蚂蚁的放射性离子进入了垃圾场,随后被植物吸收并融入纤维组织中。所以,作为给蚂蚁提供免费居所的交换,植物不断得到来自这些小房客的供养。

可现在我们已经知道,这种交换关系并不适用于弓背蚁和忘忧草。肉食性植物体内的空室中并没有类似的"堆肥室",蚂蚁也不会在那里丢弃任何食物残渣,相反,它们会把垃圾都扔出去。所以这个问题的答案一定在别处。

9年之后,霍尔多布勒和威尔逊(Hölldobler & Wilson)出版了《蚂蚁》一书并提出了第三种假说。这本书长达1 500页,堪称是一本关于蚂蚁的《圣经》。他们提出的想法十分简单:植物提供居所,作为回报,蚂蚁赶走任何可能企图将植物当作大餐啃食的食草昆虫。植物与蚂蚁之间的这种善意交换是非常普遍的。那些捍卫宿主植物的蚂蚁通常极具攻击性,会毫不客气地攻击任何冒险靠近该植物的不速之客。可是,这一假设显然并不适用于猪笼草这种肉食性植物。猪笼草的企图显然是想吸引访客,而非驱赶它们:"来吧来吧,快来我美丽的花盆上散步。"此时若是有一个怒气冲冲的卫兵队随时阻拦任何可能的猎物进入,对植物来说不啻为一场灾难。

就在霍尔多布勒和威尔逊的书出版时,一个年轻的澳大利亚博士生查理·克拉克(Charles Clarke)的脑海中正酝酿着一个完全不同的假说。为了完成关于猪笼草的博士论文,克拉克此时正在婆罗洲做实验。这位博士生观察到小弓背蚁与其宿主食肉植物之间存在着一种尚不为人所知的新型关系。克拉克在1995年发表的论文中指出，弓背蚁从不会离开猪笼草，并且它们还会耗费大量时间在危险的捕虫笼上探险。弓背蚁这种行为不仅仅十分危险，而且显得很不合常理，因为这说明它们不需要到其他地方去觅食。这位博士生在这篇惊人的论文中指出弓背蚁会冒险进入捕虫笼的内部，它们毫不费力地在湿滑的内壁上蹦跶！更加令人震惊的是，克拉克还报告说弓背蚁甚至可以直接潜入捕虫笼的酸性液体中去捕捉掉入陷阱的各种昆虫。它们轻而易举地穿过液体表面的张力，或是沿内壁行走，或在水下潜游，最终到达捕虫笼的底部，仿佛它们天生就是水生动物一样。这些会潜水的蚂蚁在水下可以停留长达30多秒的时间。自然，它们也能毫无困难地爬上捕虫笼的内壁，并且它们的外壳也没有任何受到植物消化液腐蚀的迹象。

当发现笼中漂浮着一个不幸的受害者时，弓背蚁就会潜下去，用大颚夹住猎物的身体，后退着把它从酸液中拖出，爬上捕虫笼的内壁。有时蚂蚁需要集体协助，耗费超过12个小时的时间才能把这沉重的包袱拖上5厘米高的湿滑墙壁！被酸液消融了一半的尸体被抬到笼口向内的褶皱处，在这里，弓背蚁从容地将其切割成小块然后食用。如此看来，弓背蚁似乎不仅仅满足于得到一个居所，还能占宿主的便宜，在后者还没来得及消费之前偷走它的食物！这完全是一种不平衡的关系……为什么植物要通过鼓励这种小偷小摸的行为来吸引这些狡猾的小动物来寄宿呢？

这位年轻的研究人员进一步指出，奇特之处在于，弓背蚁只取走笼中捕获的大猎物，如臭虫、蟑螂或大蚂蚁，有时这会引起史诗般壮观的水战。当时克拉克做了下边个实验：首先，他在一片面积为500平方米的森林区域内搜索并发现了82个二齿猪笼草的捕虫笼作为实验样本。不难想象这位年轻人在蚊虫肆虐的沼泽地里所历经的种种困难，我们衷心希望如200年前林奈所言的那样，找到一株忘忧草便能令他忘记一整天的烦恼。在克拉克所选择的82个捕虫笼中，只有45个是有小蚂蚁居住的。然后这位年轻的科学家捕捉了82只巨型蚂蚁来充当猎物。这种巨型蚂蚁身长接近3厘米，相当于小舒密兹弓背蚁的6倍。他事先把这些不幸的巨蚁冷冻起来，然后逐一放入82个捕虫笼中。之后他每天都会去查看所有植物标本，观察这些巨大的猎物是否已经被移走或消化了。5天后，在所有无蚂蚁居住的捕虫笼中，受害者的尸体仍然漂浮着。而同一时间，在被蚂蚁占据的植物样本中，半数捕虫笼中已经见不到猎物了。显然小弓背蚁们已享受了一顿丰盛的大餐。

这位年轻的研究人员还观察到另一个惊人的现象：在约1/4的无主捕虫笼中，不仅猎物的尸体继续漂浮其中，并且笼内的液体也已腐坏了，呈乳白色且伴有刺鼻的气味。显然猪笼草的消化液已经变质了。事实上，当捕虫笼捕获的某些猎物超出了植物的消化能力，便会导致消化液中氧气含量的下降，最终甚至可能导致整个捕虫笼的坏死。虽然这对整株肉食性植物来说并不致命，但无疑捕虫笼腐烂对植物来说确是一个真正的麻烦，代价太高。而当植株上有舒密兹弓背蚁寄居时，这类腐烂现象几乎从来不会发生。因此，这些小蚂蚁实际上为植物提供了一项重要的服务：通过清除掉落在壶中的大型猎物，蚂蚁不仅享受了美味，同时也确保了植物宝贵的天然胃液池的健康。

此后又展开了多项补充性研究，我们现在明白弓背蚁和它们的寄居植物之间的关系远比设想的要紧密得多。二齿猪笼草这种食肉植物其实作出了重大让步。与其他猪笼草物种不同，二齿猪笼草的捕虫笼表面几乎不会分泌任何滑腻的叶蜡，这大概是为了方便它们的蚂蚁伙伴在上边活动。另一方面，弓背蚁也会定期清洁捕虫笼的表面，保证这个表面对其他昆虫的腿来说足够明亮和光滑。

为使植物的陷阱变得更加有效，舒密兹弓背蚁采取了更为隐蔽的战术。与其他同植物共生的蚂蚁物种不同，它们从不主动巡逻，对任何前来探索植物领地的游客表现出明显的社交友善。然而，一旦外来者不幸冒险踏上捕虫笼内曲的边缘，蚂蚁就会突然变得极具攻击性，它们会上前撕咬外来者的腿，迫使其最终跌入笼中。当然，弓背蚁还要确保跌倒的猎物不能再爬起来，而是乖乖地待在消化池中。所以，舒密兹弓背蚁的存在使二齿猪笼草捕虫笼捕获猎物的数量增加了3倍。

事实上，二齿猪笼草的消化液并不那么有效。与其他同类物种的消化液相比，二齿猪笼草消化液的酸性和黏性都偏低，这就是小弓背蚁可以在其中游泳而不会受伤的原因。可这样一来，这种植物消化并吸收其所获猎物的能力就大大降低了，以至于我们不由得思忖它是否还配被称为肉食性植物。其实如果没有蚂蚁寄居，不管是否有捕虫笼，二齿猪笼草都能以同样的速度生长。换句话说，没有蚂蚁的捕虫笼是不能为植物提供能量的，植物只能像其他非食肉植物一样，依赖普通的叶子生长。然而，当有蚂蚁存在时，二齿猪笼草的消化吸收功能总处于最佳状态，因为植株上每个捕虫笼都会带来丰厚的回报：蚂蚁总是在滑溜溜的笼顶上撕咬分割猎物，将切下的和舔咬过的废弃物全部扔回壶里。通过这种方式，弓背蚁不仅清除大的、难以消化的猎物以避免笼子腐烂的风险，同时还可以给植物提供更容易吸收的营养物质。这时，猪笼草得到的是剁碎的、预先消化的肉糜，而非大块的、生的、难以消化的整块牛排。这个过程中，蚂蚁还提供了自己的唾液，因此可以说，蚂蚁完全参与了植物的消化过程。

总而言之，汤普森的确离真相不远了，这的确是一种蚁食性，只不过是把废物直接扔回捕虫笼里，而不是扔进垃圾屋。另外，霍尔多布勒和威尔逊也没有错：在某些情况下，蚂蚁也会奋起保护植物以免其遭受食草动物的侵害！我们先前看到，只要外来入侵者不在它们心爱的捕虫笼的内边上惹事，这些弓背蚁就没有攻击性。然而，在2007年，研究人员发现这条规则的一个例外。当他们把蚂蚁从植物上移开后，一只象鼻虫过来伸出长鼻子放肆地品尝猪笼草的叶子，更糟糕的是，它还刺破了正在发育中的捕虫笼嫩芽。而当植株上有小弓背蚁时，食草动物明显会有更多的忌惮。蚂蚁不仅能够将这种象鼻虫与其他昆虫区分开来，并且据作者描述，甚至连这入侵者落在植株上所引起的振动也会令弓背蚁作出反应。哪怕弓背蚁没有在第一时间发现象鼻虫，被象鼻虫咬碎的猪笼草叶子所散出的气味仍然会成为蚁群的战斗警报。若是这气味来自某株特定的猪笼草，蚁群的反应就更为明显，这说明蚂蚁与其植物宿主之间的关系极为密切。一旦发现象鼻虫，蚂蚁便会释放出报警信息素，集合成群去攻击入侵者。虽然对体形比蚂蚁大5倍的象鼻虫来说，这些小战士并没什么好怕的，但如果就餐时不断受到骚扰，最终它也会选择放弃离开。研究人员还报告说，虽然极为罕见，但确实曾见到过蚂蚁想方设法将入侵者送入了捕虫笼的壶底。食客变食物了！

最后，任何一位猪笼草爱好者都会告诉你，养护一株肉食性植物有多不容易。然而小舒密兹弓背蚁却干得十分出色，这要归功于它们非凡的适应性。经过数百万年的共同进化而产生的特性，使弓背蚁能够享受到一个能保障丰富食物来源和舒适居所的生存环境，而且是能真正拥有这块领地的唯一物种。不过，也正是由于这一特性，一旦离开寄生植物，弓背蚁也很难生存。可二齿猪笼草离开蚂蚁却是能继续生存的，只不过它的生长会受到一些影响——没有蚂蚁寄生的二齿猪笼草很难达到成熟状态。相反，当一棵二齿猪笼草的捕虫笼被那些六条腿的小伙伴占据着时，植物的机体就完整了，它的寿命会更长，生长更加旺盛，树冠有时能达到20米的高度，这个记录是其他猪笼草物种望尘莫及的。林奈给这种植物起名为"忘忧草"可以说恰如其分：二齿猪笼草丧失了独立性，偶尔还会消化不良，但看看它在生态方面取得了多么伟大的成就，所有的痛苦便都显得微不足道，不值一提，无怨无悔！

安托万·威斯特拉赫

泉水玛侬①

像人类一样，蚂蚁的农业也包括饲养牲畜。例如常常给我们的花园里的玫瑰花丛带来巨大麻烦的蚜虫，就是受到许多物种青睐的饲养对象。化石证据表明，蚂蚁和蚜虫之间的这种关系可以追溯到 3 000 万年前的渐新世早期。Lasius niger，也被称为"花园黑蚁"，是法国最常见的"牧人"之一。这个物种生活在欧洲和北美洲的温带，是一种平凡无奇的蚂蚁，与非凡的军团蚁或切叶蚁相差甚远。从没有人会来到我们的实验室要求看看花园黑蚁。这种蚂蚁身体大约相当于一粒米大小，呈普普通通的棕色，不蜇人，没有锋利的大颚或尖锐的尾针。然而，这个物种却让许多研究人员着迷，更得到众多新晋昆虫学家的热爱。你可以在网上购买花园黑蚁的蚁群，价格低至 15 欧元！

花园黑蚁以其无与伦比的饲养蚜虫的才干而闻名。蚜虫是吸食昆虫，以吸食植物的汁液为生，在室内和室外植物上都很常见。通常，这些植物汁液含有丰富的糖，而蛋白质的含量相对较低。因此，蚜虫必须大量摄入植物汁液才能满足自身的蛋白质需求，同时，还要及时将摄入体内的多余糖分以液滴的形式排泄出来。这种直接从蚜虫肛门里排出的、树脂般的黏液常被称为蜜露，是蚂蚁最喜欢的食物之一。蚂蚁甚至会主动用触角轻抚蚜虫的腹

---

① 又名《甘泉玛侬》，法国作家马塞尔·帕尼奥尔的作品，讲述了法国南部普罗旺斯乡村的一个真实故事，少女玛侬没有房子、地产，和母亲居住在山洞，过着流浪放牧的生活。该小说数次被搬上大银幕（1953、1968、1986 年）。

部来促使它们排出蜜露。

蚜虫和蚂蚁之间的关系是共生的，双方都从中受益。一个毫不吝啬地提供自己的排泄物，另一个则确保蚜虫群能得到良好的食物和安全保障。当你家那株惨遭虫害的玫瑰花不再能提供足够的、营养丰富的汁液时，蚂蚁便会将它们的蚜虫群搬运到邻近的其他玫瑰花上。倘若有瓢虫之类其他掠食性昆虫试图攻击蚜虫群，蚂蚁牧人便会出击将它们赶走。蚂蚁甚至还主动充当"卫生和安全"督查官，反复检查蚜虫和它们的卵是否感染了病菌。当出现病菌感染时，蚂蚁会毫不犹豫地进行无情的清理。一旦发现有任何病菌感染的蛛丝马迹，蚂蚁便会将蚜虫隔离起来；如果确实发生了感染，它们甚至会直接吃掉这些蚜虫。蚂蚁们还会将蚜虫落在地上、树叶堆上的蜕皮捡开，以防发霉。如果在日常检查中发现蚜虫天敌所产的卵，蚂蚁牧人要么毫不犹豫地吃掉它们，要么把它们扔得远远的。

蚂蚁十分珍视它们的蚜虫群，就像我们珍视奶牛群一样。它们都认得自己饲养的蚜虫，绝不会误食自家的蚜虫群，却会毫不客气地吃掉竞争对手的蚜虫群。当蚂蚁小牧人抚摸自家的蚜虫时，便会将自己的气味涂抹在它们身上，这样就能将自家养的蚜虫与别家的蚜虫区分开来。蚂蚁还时刻监控着蚜虫群的大小，如果这些家养小动物繁殖得过快，蚂蚁牧人也会毫不犹豫地牺牲掉那些产量小的个体。一个蚁群每天杀死大约150只蚜虫，约占整个蚜虫群体的5%。如同奶牛一样，蚜虫也分很多种，在蜜露的质量、产量、繁殖力或生长速度等方面各有千秋。小蚂蚁并不糊涂，一旦遇到品相更好的牲口，它们会毫不犹豫地放弃原来养的蚜虫群。例如为了安顿新的蚜虫群，一些蚂蚁牧人甚至干脆将原来养的蚜虫直接吞吃了！

　　通常，在这些饥饿的小害虫的反复围攻下，您家花草灌木的健康会严重受损，其汁液的质量也会大大下降。当这种情况发生时，蚜虫就会长出翅膀，放弃您家的玫瑰花，而飞去您邻居家的玫瑰花上安家。对蚜虫的这一自我救赎行为，蚂蚁肯定是不乐见的，因为这样一来，它们最心爱的甜品就飞到别人的领空去了。所以像人类对付自家养的鸡一样，蚂蚁也会在家禽飞走前提前采取预防措施，剪掉它们的翅膀。蚂蚁还会对蚜虫使用有放松功效的化学物质，让它们变得更温顺，行动更缓慢。

　　很可能您早已注意到，每到冬天，当您养的玫瑰落叶时蚜虫好像也同时消失了，可是春天一到它们又会神奇地再次出现。事实上，当秋季气温下降时，蚂蚁会将蚜虫卵搬走，运送到蚁穴中一个专门的房间里存放，那里不仅有理想的温度，还有一个充满爱意的家。春天当蚜虫孵化时，勤快的蚂蚁小牧人又会把它们送回您的玫瑰花丛中。但请您先别急着消灭这些充当害虫保护伞的蚂蚁，请稍等。要知道，通过食用蚜虫排泄出的蜜汁，蚂蚁们可以预知某些植物病害，如煤污病，一种在蚜虫产生的排泄物上生长的黑色真菌。这种病原体会使叶片窒息，令玫瑰花的生长速度大大减慢……正所谓：两害相权取其轻。

奥德蕾·迪叙图尔

潜水钟与蝴蝶①

真令人惊讶，昆虫竟会有驯化的家畜群。请您不妨再大胆想象一下，某些蚂蚁甚至会为它们饲养的牲畜建造圈舍。对木匠蚁（Camponotus atriceps）的此种行为，生态学家加里·罗斯（Gary Ross）进行了妙趣横生的描述。这一蚂蚁物种在墨西哥和中美洲的大多数热带地区都有分布，它们常常在老树桩、栅栏杆或房屋横梁上筑巢。每到夜晚，它们便在乡间四处游荡，有时也会前来造访您的厨房，寻找美味的甜品。加里·罗斯是研究蝴蝶的专家，在对一种栖居在墨西哥韦拉克鲁斯的圣玛塔火山上的蚬蝶安纳托尔·罗西（Anatole rossi）进行观察研究时，他意外地发现了这种蚂蚁。

蚬蝶一般将卵产在一种小型戟科植物（巴豆）上，孵化出来的毛毛虫通常会在叶子的背面编织一个丝网，白天躲在里边，夜间才出来活动觅食，吞吃树叶。加里·罗斯注意到一个奇怪的现象，他发现毛毛虫有时白天消失不见，到了晚上却神奇地重新出现在植株上。起初他以为是自己没能找到毛毛虫藏身的丝网，于是逐一认真地检查了植株的每个叶片，却依旧没看到毛毛虫的身影。接着他将搜索范围扩大到植株下方的草叶植被，可是仍然没有见到毛毛虫的丝毫踪迹。在花了几天时间爬来爬去寻找毛毛虫

---

① 《潜水钟与蝴蝶》，法国作家让－多米尼克·鲍比创作的随笔，1997年3月首次出版。2007年改编的同名电影获第60届戛纳电影节最佳导演、第65届金球奖最佳导演等奖项。

无果后，加里·罗斯决定守着一只啃叶子的毛毛虫仔细观察，即便需要熬夜也在所不惜。此时，他发现在灌木上的毛毛虫原来并非孤身一人，它身旁还陪伴有几只蚂蚁。起初，这位生物学家以为蚂蚁接近毛毛虫是为了捕食，打算将它当晚餐。但短短几秒钟后，他便意识到蚂蚁只是在用触角抚摸毛毛虫，而毛毛虫则一直安安稳稳地吃着叶子。当天色渐渐变亮，生物学家惊讶地看见毛毛虫在蚂蚁的陪伴下离开了植株，钻进了一个地上挖出的小洞里。蚂蚁们随后用土从里面封住了洞穴的入口。加里·罗斯看得目瞪口呆，几乎以为这是自己因失眠而产生的幻觉。于是他又检查了附近的其他灌木，发现每棵植物的底部都有一个地下洞穴，而每个洞穴里面都有 1~3 只毛毛虫，并且，所有毛毛虫身边都有蚂蚁做伴！迷惑不解的加里·罗斯决定延长自己的逗留时间，以便花更多时间来研究这种奇怪的关联。

　　加里·罗斯观察到，毛毛虫身体的前部有一些突起，可以释放出对蚂蚁非常有吸引力的信息素。毛毛虫身体的后方也有两个类似触角的器官，当被蚂蚁小牧人碰触时便会舒展开。作为对蚂蚁用触角爱抚的回应，毛毛虫的触角顶端会分泌一滴滴甜美的液体。在甜美香味的引诱下，蚂蚁会爬到毛毛虫的背上，像吸奶瓶一样吸食美味的蜜汁。吃饱喝足后，蚂蚁就会离开，到植物底部的泥土里建造一个巢穴。当挖出的巢穴直径达到 1.5 厘米、深度达到 2 厘米时，蚂蚁就会返回到毛毛虫身边，轻轻拍打毛毛虫，鼓励它爬下植物。下到地面，蚂蚁小牧人会将毛毛虫推进作为圈舍的洞穴，然后从里面封住入口。蚂蚁与自己的牲畜就这样整个白天都保持着隐蔽状态，直到日落黄昏，蚂蚁牧人才又打开庇护所。它们会率先前往植株上巡逻一番，查看上边是否有捕食者。

一旦遇到蜘蛛或其他昆虫，蚂蚁们会立即用强壮的大颚发动攻击，或用蚁酸（一种令人强烈联想到醋的液体）喷射对方，迅速将它们从植株上驱逐。巡逻结束，蚂蚁牧人就会驱赶毛毛虫离开圈舍，爬到植物上去觅食。等下一次黎明来临前，毛毛虫又会再次被带回地下的圈舍，被关起来度过整个白天。

加里·罗斯观察到，随着冬季临近，蚂蚁将地下圈舍扩建到了 15 厘米的深度。之所以将洞穴建得更深，大概是为了更利于毛毛虫抵御严冬的酷寒。在漫长的冬季，毛毛虫几乎一直处于休息状态，起初还偶尔出来觅食，之后就完全停下来，直到形成茧子。蚂蚁则像哨兵一样守着茧，一直保护着它直到蜕变。蚂蚁只有觅食的时候才会离开洞穴，因为被包裹在茧中的毛毛虫不能继续给蚂蚁提供蜜汁了。经常会有同伴前来替换这些蚂蚁卫兵。通过用彩色记号对蚂蚁进行标记，加里·罗斯发现，它们每 48 小时就会换一次班。令人称奇的是，蚂蚁小牧人并不知道正是它们几十年来的保护才令这种蚬蝶免于灭种的命运。加里·罗斯说，当地人习惯在春天焚烧植被以刺激植被的再生。在不知情的情况下，灌木中所有的蝴蝶茧也因此都被烧毁了，只有那些待在洞穴里的茧才能在大火后幸存下来。

所以，多亏蚬蝶与木匠蚁所达成的共生关系才让它避开了地狱烈火，避免了物种的灭亡。

奥德蕾·迪叙图尔

第4个考验

运输食物

重型货车

您知道地球上仅有的野生单峰驼群在哪里吗？在澳大利亚。自从人类将它们引进到这片干旱的大陆以来，单峰驼的数量增长得如此之快，已经成为澳大利亚丛林居民为之头疼的一个问题。因此，在澳洲杀骆驼卖肉是合法的，当地餐馆的菜单上就有"骆驼派"——一种骆驼肉做的馅饼。从理论上讲，射杀这种动物非常简单，只需一把枪就够了。问题在于完成射杀后，我们的澳大利亚朋友就不得不面对一个难题：如何才能将重达500千克的死骆驼运到最近的餐馆去？而这也正是全世界数十亿只蚂蚁每天都需要面对的问题。虽说杀死比自身更重的猎物算不得什么难事儿，但还得把它搬回巢穴才算数。这个问题对孤身外出的觅食蚁来说尤为重要，因为它们只能依靠一己之力来运输猎物。对此，蚂蚁采用一种简单而直接的解决方案：力量。

有时我们会看见媒体报道说，蚂蚁能够举起相当于自身体重100倍甚至1 000倍的重量。实际上，据极少数真正对这一问题开展过的研究结果显示，事实并没那么夸张。不如说记者们的困惑更多源于这样一个事实：部分蚂蚁可以支撑，而非举起巨大的重量。譬如在一张著名的照片上，一只挂在桌边的纺织蚁用大颚夹着一只身体悬在空中的小虫子，这就好比一个挂在楼顶的普通成年人还用牙齿吊着一架A320空客飞机。当任务变成从地面上抬起一个重物并用大颚将其举起在空中时，这个数字就远远没有那么惊人了：蚂蚁"仅仅"能举起约相当于其自身体重6~8倍的重量。不过，按照这一比率，一个体重70千克的澳大利亚人完全应该有足够的力量扛起一头死骆驼并步行将它送到餐厅。

对于蚂蚁来说，问题并不在于如何举起巨大的重物，而在于举起重物之后如何顺利平稳地移动而不失去身体的平衡。可以想象，当一个人举起胳膊并伸直手臂搬运一头骆驼时，他身体的重心位置必定会被根本改变。为了保持平衡，蚂蚁在搬运重物时得把腿张得比平时要开，但这么做往往也无济于事。所以经常能看到一只搬运重物的蚂蚁突然间失去了平衡。有时，当搬运的巨物轰然落地时，蚂蚁会被直接凭空甩出去！可见觅食蚁的日子有多么不容易。

当物体重得无法被举起来时，蚂蚁会采用另一种策略：它张开大颚咬住物体，然后用力向后拖，就像你平时移动沙发时那样。这种方法的效果又如何呢？1965年，英国赫尔大学的一位研究人员对这个问题产生了兴趣。于是这位科学家研究了毛林蚁（Formica lugubris），一种生活在北欧针叶林中的红黑色小蚂蚁。在路边，间或能见到用厚厚的松针堆叠而成的毛林蚁巢那巨大的穹顶。不过请注意，蚁属的几个物种都会建造这种类型的巢穴，所以如果想要确认是不是毛林蚁，你得看看它头部有没有毛发。研究人员之所以选择这一特殊种类的蚂蚁，原因其实特别简单——它们在英国十分常见。在离大学校园不远的一个可爱的小公园里，研究人员就能很方便地开展实验。在研究人员那长达45页的论文中，有一小节专门描述了一种非常巧妙的测量蚂蚁拉力的方法。首先，他将一个美味多汁的诱饵系在一条细绳上，细绳的另一头连接着一根玻璃纤维杆；然后静静等待直到一只小蚂蚁前来发现诱饵。由于诱饵很重，蚂蚁无法举起来，它只能以向后拉的方式来拖动诱饵。当蚂蚁这样做时，连接猎物的线逐渐被绷紧，玻璃纤维杆也随之开始弯曲，产生阻力。蚂蚁拉得越远，阻力就越大。原理与你拉一条固定在墙上的橡皮筋一样：你越是往后退，橡皮筋就变得越硬。通过测量橡皮筋在最大力度下的长度，就能计算出你所施加的拉力有多大。如此可知，这些体重仅8毫克的小蚂蚁能产生相当于300毫克的拉力，几乎是它们自身重量的40倍，相当于一个70千克重的澳大利亚人在地上水平拖动一张装有五只半骆驼的网——足够做很多很多馅饼了。在这个实验中，唯一能限制蚂蚁拉力的因素似乎是它们足底对地面的抓力。当蚂蚁将猎物从玻璃纤维杆拉开至最大张力时，最终它的脚下会发生滑移，身体也会同时向前弹出。尽管此时身体处于剧烈位移中，可大多数蚂蚁却并不松口，依旧紧紧咬住诱饵不放！看见蚂蚁如此不顾一切地紧紧咬住诱饵不放，研究人员觉得非常有趣，于是他试着换用镊子拉动蚂蚁的后腿来测量它们大颚的力量。非常有意思，他说，即便对它们施加等于1 000毫克的外力（相当于其体重的125倍），也不足以使蚂蚁放开猎物！请允许我在此更深入地讨论一下这个动作。请设想一个人用自己的手臂——更别说用牙齿——吊在一根横杆上，同时腿上承受着的重量相当于一只8吨重的猛犸象（或16只单峰驼）！在这样的情况下，人必然会放手，因为他若是不识好歹企图继续坚持，身体就会被撕裂。

　　现在必须对上述所有比较进行一个重要的澄清。尽管蚂蚁的力量令人印象深刻，但这其实是一个视角问题。我们必须理解一个反直觉的自然现象。你的体重与你的身高的立方（你的体积）成比例变化，而你的肌肉力量则取决于你身高的平方（你的表面积）。因此，如果身高增加了，肌肉力量的增长是跟不上体重增长的比例的。这就解释了为什么世界羽量级冠军严润哲身高只有1.5米，却能举起超过自己体重3倍的重量（169千克）；而身高1.97米的重量级冠军拉沙·塔拉哈泽要举起自己体重的1.5倍的重量（264千克）却十分艰难。而这还仅相当于半只骆驼的重量。

因而，蚂蚁惊人的力量显然来自这样一个事实，即它们属于微观世界，物理定律的表现方式与人类生活的世界不尽相同。在微观世界中，事物的表面积相对较大，而体积相对较小，这就是为什么一滴水可以变成一个黏稠的气泡，而蚂蚁的外壳几乎显得坚不可摧。这种现象被称为"梯度效应"。大家可能会认为，直接将昆虫的能力与人类的能力进行比较有些极端，不过这样做十分有趣，倒不是为了赞美蚂蚁的能力，而是为了让我们能更好地理解它们所生存的世界，在那个世界中我们的小主人公称得上是真正的超级英雄，它们拥有泰坦般的力量，超强的身体抵抗力，各种匪夷所思的现象皆是常态，这一切确实非常有趣。

现在你对一只蚂蚁的力量有了初步的概念。在接下来的章节中，你将欣赏到当这些觅食蚁聚集成群向巢穴运输食物时所创造的种种非凡壮举。

安托万·威斯特拉赫

护戒同盟

我们已经知道蚂蚁十分擅长集体捕猎，对付比自己体重高一万倍的猎物也不在话下。一旦捕获了猎物，就得设法将它搬运回巢，那里有成千上万只饥饿的同伴在等待着猎手的归来。然而，不管蚂蚁是多么了不起的大力士，对这些小猎手来说运送一条蚯蚓或一只蜥蜴回巢绝对是无法单独完成的任务……面对这种情况，可供选择的解决方案至少有两种：要么当场将猎物切碎后一块块分次带回蚁巢，要么组一个团队来合力将其运走。事实证明，采取集体运输这种策略的效果时好时坏，视不同物种及成员间相互协调能力的情况而大有不同……

长角捷蚁（Paratrechina longicornis），绰号黑疯蚁，是非常厉害的猎手。它的学名来自那对长长的触角，几乎与它身体一样长。不过黑疯蚁这个绰号却并非源于其蓬乱的毛发，更多的是因为它那飘忽不定的动作。它们疯狂地奔跑，毫无征兆地随机改变方向，好像身后有一只看不见的怪物在追赶着它们似的。这种蚂蚁很可能起源于非洲热带地区，目前在全世界的温带地区都有分布。它们对居住条件要求不高，在废弃物、垃圾堆、烂木材、人行道下或电线管套中都可筑巢。黑疯蚁是不折不扣的机会主义者，只要是能吃的，任何东西它都往巢里搬。

以色列魏茨曼研究所的研究人员开始关注黑疯蚁集体运输的问题源于一次意外的观察发现。某天下午，在大学校园里给猫咪投食后，研究人员们发现撒在草地上的猫粮好像突然神奇地有了生命，个个都活了，在草坪上不停地乱动。靠近一看，他们发现这场有趣的杂技表演的始作俑者正是一队队的黑疯蚁。经过几分钟的观察，他们注意到这些蚂蚁返回巢穴时经常不走直线，而是走"之"字形。于是，一个问题迅速浮现在研究人员的脑海中：这些搬运猫粮的蚂蚁是如何进行群体导航的？想象一下，你与20多个同伴一起用牙齿咬着一头大象搬动它，这时你的鼻子贴在大象身上，很难看得清道路。对蚂蚁来说，集体搬运猎物无疑是一个巨大的挑战，需要协调各自的力量，步调一致才能到达巢穴。

为了研究这种集体运输现象，科学家们首先用彩色笔在每只蚂蚁胸前轻点一下做个记号，以便识别身份。接着他们给蚂蚁们提供了晶磨麦圈——由于流浪猫会不停前来偷吃正在进行中的实验用品，研究人员很快就不得不放弃投放猫粮的主意。发现麦圈后，蚂蚁们先围着食物站成一圈，然后用大颚咬住它，齐心协力地拉向巢穴。在搬运过程中，常常会有一只蚂蚁离开队伍，站到麦圈上。一旦发现队伍偏离了方向，这只蚂蚁就会迅速重新加入队伍，像一个极具权威的领导者一样，抓住麦圈用力向蚁穴的方向拉去。在它的大力坚持下，队友们立刻就屈服了，与强力指向的新方向保持一致。与足球队不同，黑疯蚁每隔20秒就会更换队长。事实上，每次自封的领袖都很快便恢复了团队成员的角色，而另一个队友则接替担当新队长的角色，进行下一次调整。在这个集体运输组织中，部分蚂蚁充当大脑，而其他成员则充当肌肉。然而，黑疯蚁作为一个集体运行良好的前提是，团队至少由十几个成员组成。否则，每只蚂蚁都可能会向不同的方向发力，队伍就会原地不动。研究人员还曾观察到有黑疯蚁尝试在没有其他伙伴帮助的情况下搬运一个麦圈，小蚂蚁像发狂了一般站在麦圈上的同时还试图拉动它……

不定蚁（Formica incerta）是一种美国木蚁，在草地和大学校园等开放型的栖息地常常能见到。在这个物种中，队长的位置较为稳定。当一只蚂蚁发现自己无论怎么努力也无法独自搬动猎物时，便会返回巢穴去召集队伍。由于无法评估猎物的大小，有时可能会出现所召集的团队不够大的情况。这时它就不得不再次返回蚁巢去招募更多的队员。可麻烦的是，当队长离开暂时缺席时，最早被招募过来的队员们鲜有能安分守己地待在原地等待的，多数会四下散开去闲逛。所以当队长带着第二批成员回到猎物身边时，就不得不再次离开队伍去追回那些不守规矩的队员。这个过程几乎会变得无休无止，简直是无比漫长的一日。在不定蚁这个物种中，队长是唯一可以指挥全队的角色，也是唯一可以离开队伍去寻求帮助的那一个。在运输猎物的整个过程中，它必须从头到尾在现场指挥团队。不过除了在特殊情况下偶尔担当指挥者，这只蚂蚁与其他同伴并无任何不同之处。第二天它就有可能在另一位队长招募下去当队员，和其他队员一样吊儿郎当，不守纪律。

要论集体运输的专家，那定要数全异巨首蚁（Pheidologeton diversus），一种原产于南亚的掠夺蚁。在这个物种中，一些兵蚁是最小的工蚁的 500 倍重，头比后者大 10 倍。想象一下，若是家里姊妹中有几位个头像梁龙那么大，拍出来的家庭合影会是什么样子。通常一个全异巨首蚁群由几十万只蚂蚁组成，它们生性凶猛，有非常强大的撕咬力，会攻击遇到的任何生物。外出狩猎时，掠夺蚁会组成高速公路，一个紧跟一个全力沿着道路奔跑，推开沿途所有的障碍物，有时还会建造真正的墙壁甚至是拱廊来保护队伍。抓到猎物时，掠夺蚁一般选择举起来搬运，而不是在地面上拖动，哪怕猎物的重量可能是它们自身体重的一万倍。在抬起和搬运的行动中，每只掠夺蚁所承担的任务略有不同，就像几个人合力搬运一个沙发时那样：前面的蚂蚁倒退着走的同时用力向后拉动重物；后面的蚂蚁则推着重物向前走；在两边的蚂蚁选择像螃蟹那样横着走，身体略微向前弯曲。队伍刚起步时角色的分配似乎还有些混乱，但突然间就像被施了魔法一样，行动变得优雅而协调。如果更加仔细地观察这个送葬队伍，您还能看到有更小个的蚂蚁正趴在猎物上。您可能会认为它们是在搭便车。可是您误会了，因为它们挥舞着手臂不停地扇动空气，这是为了驱赶那些讨厌的肉蝇——它们老盯着蚂蚁的猎物不放！

也有些蚂蚁不喜欢抬着猎物，而更喜欢在地上拖着走。我们在柬埔寨见到的蓝纹细颚猛蚁（Leptogenys cyanicatena）就是这样的。这些蚂蚁身体呈金属蓝色，有锋利的螯针，喜欢集体捕食。一支蓝纹细颚猛蚁的突击小分队可以有多达几百个成员。就食物偏好而言，这些武装到牙齿的突击队员非常喜欢千足虫，但有时也愿意屈尊凑合吃一条蚯蚓一只蜗牛。一般来说，蚂蚁很少主动去攻击千足虫，因为它们身体上披着一层坚韧的、有关节的外骨骼保护，并且一遇到最轻微的危险便会立刻将身体卷起来。这种生物也绝非完全没有攻击力，当它感受到威胁时，会向对手的头部吐出氰化物。为了让画面显得完整，再补充说明一下：一只千足虫的重量可以是蚂蚁的 2 000 倍。瞧瞧，这是个什么样的挑战！

为了能更充分地了解这场大卫和歌利亚[①]之间的战斗，研究

[①] 《圣经》中以弱胜强的故事。歌利亚是非利士人的首席战士，身材巨大，拥有无穷的力量，带兵进攻以色列军队时，所有看到他的人都退避三舍不敢应战。最后，牧童大卫用投石弹弓打中歌利亚的脑袋，并割下他的首级。大卫日后统一以色列，成为著名的大卫王。

人员对蚂蚁和千足虫之间的战斗进行了大量观察。当看到一群蓝纹细颚猛蚁外出搜寻食物时,他们便将一只巨大的蜈蚣放在这只蚂蚁突击小分队的路上。科学家们观察到,最初只有几只蚂蚁接近这只千足虫,用触角轻轻触碰它,没有显示出任何攻击性,然后它们向后退,等待其他蚂蚁前来形成包围圈。没有察觉到任何动静的千足虫松开身体试图离开。突然,一只蚂蚁出现在它面前,专门攻击它的前腿。千足虫条件反射式地屈起身体,却暴露了它的阿喀琉斯之踵。它还没来得及吭一声,所有埋伏等待的蚂蚁猎手就已经一拥而上,猛扑过来,对千足虫身上最脆弱的部位展开攻击:它的胯部,即足和身体连接的地方。千足虫尾部着地,剧烈地扭动身体。混战中,一些蚂蚁被它大力甩到空中,只有最勇敢的蚂蚁还能继续骑在猎物身上。大约20分钟后,千足虫开始露出一丝虚弱的迹象,但我们的蚂蚁"女牛仔"们依然顽强地叮在它身上,时不时有几位被甩出去摔得啃了泥,它们会迅速爬起来回到猎物身上。在蚂蚁们成百上千次的叮咬下,千足虫终于筋疲力尽,身体瘫软下来,它不得不屈服。蚂蚁们胜利了!不过虽说眼下猎物不动弹了,可怎么把它运回去依旧还是个大问题。设想你得和几个人一起搬运一条蓝鲸,该怎么做呢?

　　蓝纹细颚猛蚁创造出一种独特的、无与伦比的方法。大约十来个成员用大颚咬住猎物的触角和腿,一批伙伴上来抱住前面咬住猎物的蚂蚁的身体,其他同伴又从后边抱住它们,以此类推,直到形成多达50只蚂蚁组成的长链,并且最终组成好几条平行的长链。这种现象被称为自组织:一个初始无序的系统——在这里是100多个蚂蚁小猎手——在没有外部领导者的情况下自发形成一个有组织的系统。当链条形成后,蚂蚁们就开始拉动猎物,大家一起同时向后拉。有部分不参加链条组合的成员负责清理道路，以方便运输队伍能顺利前进。

如果看一下硬拉的世界纪录，我们很快就会发现，人类也能拖动各种物体。例如，《权力的游戏》中扮演"魔山"的演员哈弗波·朱利尔斯·比昂森（Hafthor Julius Björnsson）曾成功地将一架洛克希德C-130大力士飞机（一种45吨重的美国军用飞机）拖动了25米。在马来西亚，被称为"牙王"的拉瑟克里什南（Rathakrishnan）曾用牙齿将一列297吨重的火车拉动了近3米。然而，与蚂蚁拖千足虫不同的地方在于，不管人拖动的是什么物体，它们全都是带轮子的！而移动一具动物尸体却是个完全不同的问题。2018年，一条7吨重的座头鲸被发现搁浅在阿根廷的一个海滩上。30名救援人员用了一台挖掘机、一艘船，花了28个小时，才让它移动了10米远……

奥德蕾·迪叙图尔

电锯惊魂①

集体运输食物并不总是最恰当的解决方案,尤其是当食物离巢穴较远且道路崎岖、交通不便的时候。几个人共同行动的同时还要克服障碍物确实是非常不易的,更不要说对蚂蚁而言,这些障碍物个个都像摩天大楼一样。是否还记得当你把一个快散架的旧碗橱——一个来自祖母的无价传家宝——搬到四楼时的情形?中途有多少次你会听到这样的问题:"你确定它不会散架吗?"可不是吗,当场将食物切割成小块分给单人搬运,比几个人一起搬个大件效率要高得多。

举腹蚁(Crematogaster)生活在树林里,外部环境非常复杂,所以它们选择切割开来分别运输。人们常称它们为"杂技蚂蚁"。这种蚂蚁的腹部呈心形,一遇到最轻微的危险,它们便会立起身子,抬起腹部,这让它们看起来非常可爱。然而,人不可貌相,来自喀麦隆的一种名为扎皮(Tsapi)的举腹蚁再次印证了这个说法。在一只无意中误入其领地的蟋蟀眼中,这些外表看似无害的生物其实是彻彻底底的野蛮人。

扎皮蚁在栖居的树枝上来回搜寻,追踪猎物。当某个成员发现一只蟋蟀时,它会径直冲过去咬住猎物的腿。一旦抓住了昆虫,这位无畏的蚂蚁猎手就会用弯钩似的爪子和发达的带倒刺的脚垫紧紧挂在树上——这是一种位于两只爪关节之间的粘垫,可以有

---

① 2004 年上映的美国系列恐怖片。

效增加抓地力,让蚂蚁在天花板上来去自如,而不会受到重力的影响!不管猎物怎么疯狂挣扎,扎皮蚁都能牢牢地附在树上,它只需抬起腹部,分泌出一种报警气味信息素来通知同伴们自己的新发现。在报警气味信息素的刺激下,附近的蚂蚁一开始好似无头苍蝇一般向各个方向疯跑。短短几秒钟后,待最初的兴奋感消失,恢复理智的扎皮蚁便会迅速地奔向气味的源头。一到达战场,它们便纷纷扑到那只不幸的蟋蟀身上,抓住它的腿和触角向反方向拉,好把它钉在地上。当猎物被困住、四肢交叉不能动弹时,一些蚂蚁便会爬到它身上,用铲刀状的螯针给它全身抹上毒液。经过这个仪式后,蟋蟀便彻底瘫痪了,这时扎皮蚁就可以开始肢解工作了。第一步,蚂蚁们总是先切掉猎物的腿和触角,这样即便万一猎物醒过来也无力回天了!接着,蚂蚁们像切生肉片一样把蟋蟀的身体切割成小块,手法之娴熟就算弗莱迪·克鲁格(Freddy Kruger)[①]见了也得甘拜下风。蚂蚁们可以在4分钟内固定住一个猎物并将之完全分割。当然,万一遇到被俘的昆虫过于顽强,这一酷刑也可能持续更长的时间。当蟋蟀被完全肢解后,蚂蚁便会各自扛起一块将其搬回蚁穴。显然,对于在树叶和树枝堆积缠绕的环境中生活的扎皮蚁来说,相较而言,独个儿扛回一只蟋蟀腿可比搬运一只随时可能从麻醉中苏醒过来的猎物方便多了。

虽说将猎物切碎再带走是一个特别好的策略,但有时从巢穴到食物所在地距离遥远,整天来来回回地奔波也有诸多不便。我们亲爱的切叶蚁所面对的便是这样的情况,它们日常采集食物的

[①] 1984年上映的美国系列恐怖片《猛鬼街》中的杀人狂。

地方可以远离巢穴 200 多米。按照人类的尺度，这相当于日常步行去的面包店离家 20 千米那么远。想象一下，每次去买一条面包或一块巧克力时都相当于跑一场马拉松。切叶蚁找到了很好的解决办法——接力！这种从一只蚂蚁到另一只蚂蚁的食物传递可以采取两种方式。第一种方式：一只切叶蚁从树上割下一小片叶子并将战利品直接传递给半路上遇到的同伴，然后自己立即返回树上去割新的碎片。这就是所谓"消防员链条"系统。而采用第二种传递方式时，切叶蚁并不需要把碎叶片传给谁，而是在走出几米后直接把它放在路边。不过它并不是随便放在什么地方，而是一个特定的地点，蚂蚁们切下的碎叶片在此堆成了一个大堆。这些堆积物好似一个"中继站"，后来的蚂蚁就不必去别处寻找食物来源了。

  非常有趣的是，这个碎叶片堆最初的形成完全是偶然的。切叶蚁的小路交通非常繁忙，许许多多的蚂蚁不停地来来往往，所以难免会发生交通事故！当不小心发生碰撞后，一只蚂蚁搬运的碎叶片被撞得掉落在地，并且由于交通十分混乱，再也找不回来了。于是这只蚂蚁不得不返回源头再去切一个新的碎片。当别的蚂蚁看见这片遗落在路边的叶子时，往往会把自己的叶片放过去——这次是有意为之的。而这个碎叶片堆变得越大，对蚂蚁来说吸引力也越大，它们更加心甘情愿地将自己的叶片放进去。这是另一个雪球效应的典型例子，这种行为从集体层面优化了采集过程。

  您知道吗，切叶蚁竟然还利用这个方法来逃离实验室。一天早上，笔者在睡眼蒙眬中走进实验室，一边摸索着开关。突然，我听到"嘎吱"一声，这才意识到自己刚刚踩死了十几只

177 蚂蚁……这怎么可能！她冲向房间的后面，那里放着南美切叶蚁（*Colombica Atta*）的巢。"嘎吱，嘎吱，嘎吱"，地板上到处都是蚂蚁。当她到达安置在一个盒子里的蚁巢时，她看见，在头天夜里，蚂蚁们已经将一堆碎叶片堆积在盒子的一角，形成了一个小山坡。这些小坏蛋并没有因为她的突然出现而感到任何不安，它们一个接一个爬上临时搭建的楼梯，毫不犹豫地跳下来，落在她的脚下……这种最初用于运输食物的行为在实验室里可以被转用为一种巧妙的逃生手段。

奥德蕾·迪叙图尔

偷 吻[1]

　　蚂蚁和人类一样也是杂食动物，不仅喜欢吃蚱蜢肉排，也很爱大啖蜂蜜和花蜜。可若是手边没有水桶或其他容器，液态的食物是很难运输和分享的。不过就我们所知，针对这个问题，这些小昆虫有不止一种解决办法。

　　许多种类的蚂蚁都有两个胃：一个是个体消化用的，另一个是社会公用的。食物既可以储存在公共胃里，也可以转入个体胃进行消化。与同伴分享自己的食物时，工蚁会将储存在公共胃里的食物反刍到同伴的嘴里。乍听起来这可能会让人不怎么有食欲，不过不知道你是否了解白蚁，它们的食物分享渠道更是非比寻常。这种互相喂食性质的吻被称为交哺现象（trophallaxis）。蚁群中的液体食物都是以这种方式被分配给每个成员的，通过这样不间断地口对口传输，液体在蚁群成员中构成一个循环系统，将各个成员连接在一起。交哺行为由触角的碰触引发：一只饥饿的蚂蚁通过轻拍同伴的头来触发交哺行为。多数情况下，食物的交换发生在外出觅食的工蚁返巢时，当然在返巢的途中也很常见。这不由让人联想到火灾时人们排成长队不停传递水桶和空桶的情景。

　　生活在欧洲中部的亮毛蚁（Lasius fuliginosus），又叫黑木蚁，是出类拔萃的蚜虫养殖者。亮毛蚁成员之间为交换收集到的珍贵

---

[1] 1968年上映的法国喜剧爱情片。

蜜露而相互交哺的现象十分常见。它们通常在空心树上筑巢，建造薄板墙将空心的茎分隔成一个个房间，所使用的建筑材料常常是咀嚼过的木屑，上面再覆盖一层用以巩固结构的菌丝网。一个肉眼可见的长长的道路网从蚁穴发端，可延展超过30米。无数的觅食蚁沿着这些道路日夜奔波，它们的公共胃中装满了从栖息在邻近树上的蚜虫群中采集来的蜜露。蚂蚁收集的这些蜜露不仅可用来喂养同伴，还可以充当建造巢穴时所需的胶水，同时还能给那些维持隔板结构的真菌作为养分。所以，如果亮毛蚁半夜里饿了，它们随时可以啃咬房间的墙壁！

很容易看出一只觅食蚁是否携带有食物，因为一眼就能看出它的腹部是鼓胀的还是干瘪的。蚂蚁腹部的外骨骼是由板块组成的，板块之间由可膨胀的膜连接起来。当一只蚂蚁喝足了蜜露，板块被胀得分开来，腹部便会出现一道道纹路。一只觅食蚁可以喝下多达5毫克的液体，腹部可以胀大两倍。要知道黑木蚁自身重量平均约为5毫克，也就是说它能吞下相当于自身重量的蜜露！如果把人放在它的位置上，相当于一个70千克重的人得喝下70升的糖水，然后跑10千米回家后，把它全部吐出来接着立刻离开。而实际上，人的胃最多只能容纳4升液体……为了养活整个蚁群，觅食蚁每年所采集的蜜露不少于80升！

如此繁忙的蚂蚁公路被强盗盯上也并不奇怪，其中最狡猾的当然是露尾甲（Amphotis marginata）。在人的世界里，它们就好比那些假装问路的人，当你热心地给他指路时，他却忙着在扒你的口袋。这种甲虫一辈子都在偷窃蚂蚁的食物。它通常鬼鬼祟祟地在路边等候，当看见满载蜜露的工蚁时，它就立即靠上前去，用前腿和触角轻轻拍打对方。作为回应，蚂蚁往往会短促地舔一

下甲虫的头。在这相互爱抚的过程中,甲虫会分泌出一种神秘的
"舒缓药物",能让蚂蚁短暂地变得神志不清。这时,小偷便将嘴
凑到蚂蚁的嘴上,促使它反刍出一大滴蜜露。这个狡猾的骗子手
段非常高超,它得到的食物往往比蚂蚁平常从同伴那里得到的多
得多!有时,迷迷糊糊的工蚁会突然清醒过来,立刻对这个骗子
发动攻击。但甲虫也有自己的独门绝招:它把腿缩到翅膀下面,
像个小吸盘一样紧紧贴在地面上。蚂蚁们会想出各种招数试图把
甲虫翻过来,偶尔会成功,这时它们便会将甲虫的触角和腿都撕
下来。总之,这只甲虫玩的可以说是一个相当危险的游戏。

奥德蕾·迪叙图尔

传送带

某些蚂蚁的腹板是连在一起的,也就是说它们的胃是不能扩大的。于是它们选择另一种替代性解决方案:"社交桶"。笔者在澳大利亚工作时曾亲自观察到这一基础技能。当时笔者正在研究一种掠食性蚂蚁——金属皱猛蚁(Rhytidoponera metallica)的食物选择。这种蚂蚁的身体在阳光下呈现出混杂着蓝、绿和紫色的金属光泽,真像是一颗颗长着腿的宝石。民间称它们为绿头蚂蚁。它们所生活的蚁群成员可多达1 000只,不过奇怪的是里边并没有蚁后。繁殖后代的任务由其中一个具有极高攻击性的、占据支配地位的工蚁完成,有时被称为阿尔法雌蚁(femelle Alpha)。为保住自己的地位它必须不断地与其他成员进行争斗,对自己的后代它也一样凶狠粗暴,毫不心软地将它们当作奴隶使唤。

研究人员选择这种蚂蚁来进行观察原因有三。首先,金属皱猛蚁不能够在垂直的塑料墙壁上行走。这个看似微不足道的细节在实验室里是一个相当难得的优点。事实上,为了防止蚂蚁逃逸,昆虫学家们花了相当多的时间在饲养蚂蚁的塑料箱上。他们试过在塑料表面涂抹一层氟利昂——一种类似于特富龙的涂层,除了有毒之外,它甚至会不可逆地粘在最普通的T恤上无法去除。其次,在悉尼大学校园里金属皱猛蚁数量众多,随时可以收集标本,非常方便。另外,这些蚂蚁个头比较大,大约有一个西瓜籽那么大,观察起来很方便。

不幸的是,这个物种所拥有的上述优势能被一个显著的缺点抵消：不小心被它们咬伤时所带来的剧痛。本研究人员首次在野外收集这些蚂蚁时，就曾有过一次不幸的亲身体会。金属皱猛蚁常将巢穴建在枝丫间堆积的枯叶下。某天，当研究人员无意间发现了一个可供蚂蚁筑巢的理想场所时，便随意地将手伸进了那一大堆落叶里。一阵剧痛瞬间袭向她的手臂。她赶紧抽回手，但为时已晚，手臂上已经密密麻麻叮着上百只蚂蚁。她这才意识到自己刚才把手伸入一个绿头蚁的巢穴中了。她惊慌失措地甩着手臂，但完全无济于事，小蚂蚁们毫不退缩地继续向她发起凶猛的攻击，大颚死死地咬着她的皮肤不松口。于是她不得不改变策略，用力揉搓手臂，顾不得这样做会将这些凶猛的小战士斩首。当她终于从蚂蚁的攻击中解脱出来时，发现自己的整条手臂都已经肿胀起来，比平时粗了一倍。第二天，这条手臂变得像石头一样坚硬，颜色也变成紫红色，看起来非常恐怖，还痒得让人忍不住地疯狂抓挠。请诸位想象一下被蚊子叮咬的感觉，再把这种感觉放大 1 000 倍。直到 10 天后，这位研究人员的手臂才恢复正常。在那本关于昆虫叮咬的书中，贾斯汀·施密特将绿头蚂蚁的叮咬描述为"阴险的痛"。他说："这就好似当你咬了一个灯笼椒后，却发现它实际上是一个安地列斯辣椒。"

不过还是回到我们关于液体运输的话题上来吧！此项研究的目的是了解蚂蚁如何调配它们的食物供应。在蚁群中，觅食蚁的数量占 10%~20%，它们的任务就是确保整个蚁群的食物供应。蚂蚁幼虫在生长过程中每天需要喂食 3 次肉类，而照料它们的保姆则需要补充糖分来满足能量需求。因此，觅食蚁必须得将花蜜运回蚂蚁巢穴。可它们若是没有公共胃，又是如何将这些甜水运送回巢穴的呢？

为了解开这个谜团，研究人员在实验室里暂停了给蚁群的所有糖分供给，以迫使它们去采集这种必需的营养物质。在强制断供一周后，研究人员在蚁巢的入口附近放了一滴糖水。当一只觅食蚁接触到糖水时，它迅速吐出一条长长的舌头（glossa），开始贪婪地吞咽这些液体。奇怪的是，它一边保持着将舌头浸泡在糖水中，一边将一个大颚向外张开到与之垂直的角度。然后，它以同样姿势张开另一个大颚，并不断重复这一动作。通过这种方式，觅食蚁利用糖水的表面张力吹出一个巨大的液体气泡。当气泡大小与它的头部差不多时，蚂蚁将舌头从液体中抽出来，小心翼翼地将战利品送回巢穴。回到巢穴后，这颗珍贵的糖水球被慷慨地赠给了它那些饥饿的小伙伴。

为了测量以这种方式所能运输的糖的量，研究人员在觅食蚁接触糖水前轻轻地将其捕获并称重，然后在其返回巢穴时再次捕获进行称重，通过对带有糖水泡泡和没有糖水泡泡的蚂蚁称重并对比，就能确定其所携带的战利品的重量。研究人员用一根小棉签吸出含在它们大颚之间的液体。实验的结果是：一只觅食蚁可以在其大颚间携带多达自身体重20%的重量。这就好比一个70千克重的人在高速奔跑的同时还用牙齿咬着一个14千克重的水桶！奇怪的是，实验发现，并不是所有的蚂蚁都会带糖水泡泡回巢去。有些觅食蚁简直就是不折不扣的个人主义者，它们大口大口地畅饮甜水饮料，却不给自己的伙伴带任何东西回去。在造访过这一食物来源后，它们自己的体重能增加超过10%，而牙间却没有剩下一丁点的糖水！相反，另一些蚂蚁却把社交桶的概念发挥到了极致，它们的泡泡不是含在两个大颚之间，而是放在头和胸的夹角之间，这样携带的液体要多上两倍。同样令我们感到惊讶的是，蚂蚁这些个人主义或极端利他主义的"性格"并不会随着时间的推移而改变。一只在星期一表现自私的蚂蚁在星期五仍然表现自私。不过话说回来，最终蚁群中也并没有哪只蚂蚁会因此而挨饿。

奥德蕾·迪叙图尔

湍流中的海绵①

蚂蚁在运输方面展现出的聪明才智有时会令人类也感到自愧不如。1972 年，一位大学教授在野外给学生讲授昆虫学时，有了一个极为奇特的发现。教授当天演示的目的是让学生了解栗红须蚁（Pogonomyrmex badius）是如何使用化学轨迹进行招募的（前文曾经介绍过这种生活在美国佛罗里达州的红色收割蚁）。他在一个蚁穴附近滴了一滴蜂蜜，然后让学生进行观察。一只觅食蚁很快便发现了蜂蜜，趁它仔细探究自己的新发现之时，教授在它的胸部涂上了黄色的标识。不料这只蚂蚁立刻停止探索行为，放弃战利品迅速转身跑开了。正当教授以为自己举止过于鲁莽吓坏了蚂蚁令这一堂示范课泡汤了而为之懊恼不已时，没想到这只蚂蚁竟然很快返回了。它的大颚间咬着一颗沙球，那是它用自己的唾液团起来的。蚂蚁走到那滴蜂蜜旁边，把沙球扔进了蜂蜜里，然后不断重复这个古怪的举动直到蜂蜜完全被沙子覆盖。干完这项泥瓦匠的工作后，蚂蚁拿起一颗浸泡在蜂蜜中的小球返回巢穴。太不可思议了！教授正怀疑自己是否因在太阳下待得太久以致眼花看错了，突然间蚂蚁再次出现并且抓起了另一颗浸泡在蜂蜜中的沙球，不仅如此，这次它身后还跟着一些蚂蚁小伙伴。一刹那工夫，如风卷落叶一般，所有的沙球都被蚂蚁们运回了巢穴。

---

① 美国动画片，由蒂姆·希尔执导，2020 年播出中文名《海绵宝宝：营救大冒险》。

为了确认刚刚发生的一切不是自己的幻觉,教授决定再进行一次实验。这一次他把蜂蜜滴入一根细管子里,然后把管子插入沙地,开口露在地面上。他又将管子周围的沙子清理干净,这样蚂蚁若是想要沙子就不得不想办法去其他地方寻找。这一回,觅食蚁发现管子并触碰到蜂蜜之后就走开了,它开始在周围搜寻,似乎在寻找某个具体的东西,那模样就好似一个人在野外找蘑菇或是在自家公寓里找一把钥匙。教授观察到蚂蚁会不断探索附近领土直到找到沙子或一根小树枝。一旦找到了合适的工具含在嘴里,蚂蚁便会返回到管子处并把这块临时的简易海绵扔进蜂蜜里。蚂蚁会不断重复这个动作一直到蜂蜜被完全吸收为止。随后它便返回蚁穴去招募同伴前来搬运糖球。栗红须蚁是可以进行交哺的,为什么它们不直接吞下蜂蜜呢?原来,这种蚂蚁的腹部被一个甲壳质包裹着,简单地说就是它们的皮肤过于坚硬,无法通过胀大肚子来携带大量的食物。它们通过借用外部工具来把更多的食物带回蚁巢。

另一个蚂蚁物种,白斑盘腹蚁(Aphaenogaster senilis),不仅验证了这一发现,同时还让研究人员发现它们在选择工具时既挑剔而又细致。白斑盘腹蚁是一种生活在地中海地区的黑色蚂蚁,全身披着银白色的毛发。这种蚂蚁没有公共胃,常常临时利用一些简易的吸水物来携带食物。当觅食蚁发现液体的食物源时,它便开始在林中搜索,采集树叶和树枝的碎片,将它们浸入液体中,就像我们做火锅时那样。这些树叶和树枝将成为蚂蚁的开胃菜,被蚂蚁带回巢穴供整个蚁群大快朵颐。

为了解蚁在选择工具的时候是否随意随机,研究人员向觅食蚁提供了六种不同的吸水材料:纸、海绵、人造泡沫、细树枝、绳头和塑料片。当然,这些实验中被测试的蚂蚁先前从未遇到过或使用过这些材料。科学家们使用不同黏度的糖液进行实验,最后发现觅食蚁通常会根据材料的可操作性和吸水性来进行选择。他们还发现,工蚁在使用提供给它们的海绵时会先将其撕碎,撕成更小的、更容易处理的碎片。这一观察结果表明,蚂蚁不仅仅会使用工具,并且还能够制造工具。

你已经看到,这些小生物从不缺乏想法。长期以来,我们一直以为使用工具是人类的特有才能。而事实上,这种能力在动物世界(包括昆虫世界)中都是相当普遍的。

奥德蕾·迪叙图尔

第5个考验

适应环境

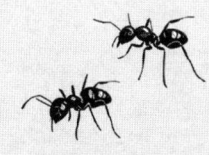

沙　丘[①]

一般来说，当一个地方风景如画，美如仙境，必定会令大量游客蜂拥而至，导致当地旅馆爆满，所有房间早早地就被抢订一空。若想避开人群，倒不如去一个极端的地方，比如深入沙漠腹地，那里保准有足够的空间。撒哈拉沙漠银蚁（Cataglyphis bombycina）所采用的策略便是这样。它们放弃了对那些肥沃丰茂之地的激烈争抢，将自己完全局限在一个极其恶劣的环境中：撒哈拉沙漠的沙丘上。高温和干旱使得这个地方几乎完全不适合任何生命的生存。要知道在一天当中最热的时候，地面温度可以高达 70℃！面对如此高温酷热，哪怕如撒哈拉蜥蜴——棘趾蜥（Acanthodactylus）那般顽强的捕食者，也会退到阴凉处躲避。而撒哈拉沙漠银蚁却偏偏要选择在这个时候离开巢穴外出觅食。人们称它们为"耐热"蚂蚁，因为它们是当地所有动物中最耐热的，除了它们，再没其他动物敢在一天中气温最高的时候将身体暴露在烈日之下。所以当它们外出活动时，周围环境中除了自己再不见任何其他动物的踪影，根本不必担心会遇到什么猎食者：沙地上剩下的那些被烤干的昆虫正好可以充饥。当然，这种生存策略并非完全没有风险。撒哈拉沙漠银蚁只能在烈日下待几分钟，时间长了它们自己也有可能扛不住高温。瑞士研究人员吕迪格·韦纳（Rüdiger Wehner）对此有个绝妙的比喻，他说撒哈拉沙漠银

[①] 美国作家弗兰克·赫伯特创作的长篇科幻小说，1984 年由大卫·林奇执导，拍成电影。

蚁活动的余地可以被概括为由"一条温度直线"所分隔开的两道死亡深渊：一边是当温度太低时可能会遭遇猎食者而死，另一边是当温度太高时会死于酷热。换作是你，会选择哪一边？

经过一代又一代的进化努力，撒哈拉沙漠银蚁在抵御高温方面已经有了一些非同寻常的环境适应性。首先是身体的形态。一眼就能看出，这些昆虫天生是为奔跑而生的。它们身材干瘦，只有大约1厘米长，外壳呈流线型，高高地架在修长纤细而又肌肉发达的腿上。简单地说，它们就相当于蚂蚁里的阿拉伯纯种马。不过换作同样的尺度，那些纯血马恐怕也不是它们的对手。撒哈拉沙漠银蚁不仅加速度惊人，且奔跑时的速度几乎可以达到每秒1米，也就是说它们每秒可以跑过相当于自身长度100倍的距离！当达到这个速度时，它们的步幅可从4毫米增加到20多毫米，这样一来，每条腿每秒可以迈出40多步！算下来每条腿在地面上停留的时间不超过0.02秒，因此，超过20%的时间里蚂蚁其实是处于飞行状态，它的任何一条腿都没有与地面发生接触！这对这些六条腿的跑者来说是极为罕见的现象！有时银蚁的前腿甚至完全不与地面发生接触，它仅用四条后腿奔跑。这个现象是研究人员通过观察分析这些迷你短跑高手在沙地上留下的微小的脚印发现的。

假如这些蚂蚁有马那么大，按比例来算，它们仅需10秒就能跑完巴黎·龙骧赛马场里2 000米的赛道！而赛马的最好纪录是2分3秒……设想你安安静静地坐在高铁里时，突然看到一只巨蚁以每小时720千米的速度从车窗外飞过，是高速火车速度的两倍。当然，这样的相对速度仅在支配微观世界的物理定律下才有效，微观世界中它们的相对力量增加了至少10倍。就算是这样，就冲刺而言，撒哈拉沙漠银蚁不愧为所有蚂蚁中的佼佼者。

第二个适应能力涉及生理方面。正如我们所见，撒哈拉沙漠银蚁具备超强的耐高温能力，即使体温上升到53℃以上也不会对身体造成任何伤害。而其他所有昆虫的机体在这个温度下都已基本处于失能状态了。相比较而言，人类这样的恒温脊椎动物对温度变化尤为敏感，因为我们必须确保自己身体始终处于恒温状态。想象一下发着53℃的高烧去上班的你会是个什么样子？撒哈拉沙漠银蚁这种特殊的抗高温能力源于一种被称为"热休克蛋白"的物质。所有生物体，无论是细菌、真菌、植物还是动物，当体温的升高超过正常范围时便会产生一种被称为"热休克"的生理反应。此时机体的每个细胞内都在发生着深刻的变化，特定的基因被激活，然后产生这种著名的热休克蛋白质——它们的目的是在危急情况下尽可能地维持其他蛋白的正常功能，相当于一个细胞级别的应激干预组织："请听从我们的建议，一切都会好起来的……"撒哈拉沙漠银蚁的热休克蛋白不仅数量更多，并且与其他动物不同之处在于，它们不是在遭遇到突如其来的高温后才产生的应激生理反应，而是可以提前自行进行身体调节，甚至当蚂蚁还没离开巢穴时就已经调整好了。也就是说，在迈出烈日下的第一步之前，这些小小沙漠巡逻员就早已为即将到来的热浪做好了身体的应对准备。

第三种适应性大概是最为特别的，那就是撒哈拉沙漠银蚁的毛发。在阳光下，这些沙漠蚂蚁看起来就像沙地上滚过的一颗颗小小的水银珠子。它们的外壳闪闪发光，仿佛上面覆盖着一层精致的银色薄膜。这种银色的光泽是从何而来的呢？2015年，研究人员对这个问题进行了研究，并有了一些发现。这是个很了不起的发现，不过请读者们先别着急，因为这里涉及一些物理学知识，需要各位先稍作了解。首先，用电子显微镜拍摄的照片显示，这些银蚁身体的表面实际上覆盖着长长的毛发，平整熨帖地披在它们甲壳的表面，就好像小蚂蚁仔细梳理过一样。而在更高倍数的放大镜下则可以看见每根毛发都是空心的，并且这些毛发的横截面并非圆形，而是三角形的，就像一个瑞士三角巧克力的空盒子那样。三角形贴近蚂蚁身体外壳的那个底面是完全光滑的，而与空气接触的另外两个面则好像有波纹的金属片一样。如此复杂而高级的结构必定是为了实现一个特定的功能。研究人员使用一种先进的技术，科学术语叫作"全反射衰减和傅里叶红外光谱转换"，证明了毛发的 3D 结构具有一个特殊的光学特性。令人印象深刻的是，它们能在一个非常广的入射角范围内 100% 地反射光线。因此，这些毛发就像许多微小、柔软又超级轻便的镜子，实实在在地充当了银蚁的防晒服。

更重要的是，像所有那些自称透气的运动服装一样，银蚁的这套衣服真的会呼吸！这些毛发专门反射某些特定的波长，从可见光到部分红外线，也就是太阳光线中最强烈的那部分。但同时，这些毛发能将红外线传递出去，便于这些迷你短跑运动员将身体的热量散发到空气中，可令体温降低 2~5℃。银蚁的毛发可真不赖啊！这一发现在科学界引起了不小的轰动，其潜在的技术应用更是不在话下。

总而言之，避免卷入竞争通常意味着需要面对另一个敌人：极端的生存环境。撒哈拉沙漠银蚁选择了沙丘，并且只能通过进化发展出特殊适应性来克服这一挑战。为了赢得生存所需的那几摄氏度，这些小蚂蚁进化成世界上跑得最快的动物，具备预防和抵御中暑的生理机能，还生长出具有特殊物理特性的毛发，令人叹为观止。当然，这些小昆虫也不得不采取与其生活方式相匹配的行为模式。它们只在最热的时候出门，将自己的身体暴露在极端环境中，游走在死亡边缘。这些沙漠小英雄的命运实际上并不那么令人艳羡。日复一日在烈日下滚烫的沙地上奔跑，它们的腿脚都免不了被灼伤，那些上了年纪的蚂蚁最后都只能靠残肢奔跑。几乎所有成员最终都是在烈日下筋疲力尽而死亡，在沙地上留下自己在地球上的最后痕迹后，最终不得不屈服于命运。对撒哈拉沙漠银蚁来说，沙漠既是存在之因，也是死亡之由。

安托万·威斯特拉赫

随风而逝

在沙漠地区生存所需要面对的挑战并不仅仅是高温酷热。当我们小组在澳大利亚进行研究时,飞机在澳洲大陆壮丽的赭红色大地上空连续飞行了三小时后,终于开始下降,下方是深陷于这个巨大陆地沙漠中的小城镇——爱丽斯泉。

在这个巴掌大的小镇上几乎完全无事可干。有一条河,但别指望能去游泳,因为大多数时候它基本处于干涸状态;一小片沙地上零星长着几棵桉树,树下有时会围坐着一小群乘凉的原住民;有三条平行的小街道,其间散布着几家阴凉的咖啡馆,几家画廊——里边挂着绝美的原住民绘画,以及两家小超市。猝不及防间你便来到了文明的边缘,眼前是绵延数千公里的广袤荒野。在上千公里的范围内,再没有任何别的可称之为城镇的地方。如果你想走陆路——斯图亚特高速公路,孤零零的路牌上标着仅有的两个选择:向南 1 532 公里的阿德莱德市,或向北 1 500 公里的达尔文市。

我们来此专为研究澳大利亚沙漠中的一个特有物种:巴氏嗜热负蜜蚁(Melophorus bagoti)。这种蚂蚁只在这个干旱地区生活,在沙地下有它们建造的规模惊人的蚁巢。对负蜜蚁习性非常熟悉的澳洲原住民有时会掘开蚁巢,挖出他们所称的"蜜罐蚁"——这些蚂蚁一个个腹部都胀得圆滚滚的,里边装满了蜜汁,那是专为蚁群储存过冬的口粮——不就是甜甜的糖果吗!它们的样子看起来好像一颗颗琥珀色的珠子一般漂亮,这大约是负蜜蚁常常在原住民们的画作上出现的原因。

走进澳大利亚的灌木林，只见橙色沙土上点缀着小簇干燥的灌木，时不时能见到几株高大宏伟的桉树向天空伸展。黄昏时分，能遇到不少外出活动的蛇、狼蛛和巨蜥等各种动物，但在酷热的夏季白昼，除了巴氏负蜜蚁，你不会遇到任何别的动物。这些蚂蚁往往突然出现在你脚下，好似不知从何而来的流星一般从地面上疾速掠过。它们的身体大约1厘米长，高高长长的腿非常适合在滚烫的沙地上跑马拉松。巴氏负蜜蚁的外貌与地中海沙漠环境中的撒哈拉银蚁非常相似（参见《沙丘》一章），但区别也十分明显：负蜜蚁的外甲是单一的橙红色，它们身体的颜色更加接近所生活的这片土地的颜色。与地中海的表亲一样，这些澳大利亚蚂蚁有极其良好的高温耐受力，能在夏季的酷热下单独在巢外冒险，它们以闪电般的速度在沙地上往来驰骋，觅食被太阳晒干的小昆虫。

巴氏负蜜蚁性情温和，可以算得上最理想的研究对象之一。面对研究人员的各种操纵，它们总是能容忍，每次都乐意捎带一小块食物返回巢穴去。影响和限制观察实验的因素恐怕更多来自研究人员，他们必须躬着身体在烈日下坚持工作。顺便提一下，在世界的这个偏僻角落，这样子的一群科学家很难不引人注目。其实在爱丽斯泉工作的大多数人每天基本上都待在空调楼房里。所以当这支精英团队浑身沾满了橙色沙土，满头大汗地出现在当地人眼前讨要一杯水喝时，不用说，当地人简直惊得下巴都快掉下来了……水要冰的，谢谢。

不过还是让我们回到科学问题上来吧。有些实验需要对每只蚂蚁进行单独追踪。要做到这一点，就必须对每只蚂蚁进行标记以便识别。在蚂蚁身上画画是一门结合了美学、组织学和数学的高超艺术。首先,你得小心地抓住蚂蚁并用拇指和食指夹住它的腿;然后,同样轻柔地用细针将很微小的一滴颜料涂抹在它的胸部;最后,需要涂抹两到三个不同颜色的小点。采用这种方法,你就能很轻易地分辨出数百只蚂蚁。如"黄绿""蓝·蓝·红"……依此类推。一个优秀的研究人员一个季节里可以画1 000多只蚂蚁。

某天,我们饶有兴趣地关注着"赭红·赭红"蚂蚁的进步。那是一个十分大胆的实验,蚂蚁需要花几个小时学习如何穿越一个自然界不太可能存在的迷宫。蚂蚁小冠军以每秒50厘米的速度沿着它已经熟悉的路线出发,摄像机全程记录下了它的表现。它完美地通过前几个弯道,到达一个关键的路口,然后突然消失了——一阵突如其来的强风卷走了它。一个被破坏的实验!

这种事并不是第一次发生,因为在澳大利亚红土中心(Red Center),阵风是一种很常见的现象。每天早晨,这片红色大地被升起的太阳迅速加热,于是便会产生强大的空气对流,生成强烈的阵风。对研究人员来说这些阵风确实令人讨厌,可对蚂蚁来说,阵风却有可能是它们面临的一个真正灾难。想象一下,当你外出购物时随时可能会遇到一场巨大的龙卷风,把你从熟悉的路线上刮起来并吹到几英里外的一个陌生地方!一个问题于是浮现出来:这些澳洲沙漠蚁有没有可能开发出一种策略来克服这个问题?它们是否有能力感知并记住自己被风吹去的方向?这个想法听起来似乎有些疯狂。

大多数昆虫是能感觉到风的,这要归功于它们触角底部的小受体,它们能检测到触角的扭曲。然而,迄今尚无任何研究提到过昆虫能记住风向的可能性，特别是当它被风吹到空中之时！此类所谓"被动的"，即不受掌控的空中运动，对20世纪的飞行员来说是一个真正的挑战，在GPS出现之前曾造成许多起重大的定位错误。但候鸟似乎能够把控此类被气流带动的飞行，因为它们总能到达正确的目的地。候鸟是如何在没有GPS的情况下实现这一壮举的？这仍然是一个不解之谜。不管怎么说，看起来这个问题都应该是那些专在空中活动的物种所需要应对和解决的，倘若认为天生就在坚实土地上行走的小蚂蚁有可能有应对之法，这想法未免太过于疯狂了。

离本季结束和我们返回悉尼还剩不到20天。在这么短的时间内，几乎不可能完成一个新的实验设计——购买设备，建造装置，并对足够多的蚂蚁进行测试，以便有可能对这个问题进行回答。然而，不入虎穴，焉得虎子。我们需要的是一个简单而有效的方案。第二天早上，我们推开了爱丽斯泉一家杂货店的门，当我们解释计划时，周围的人们无不投来难以置信的目光。我们买了两块大木板，两个塑料水槽，为了造风，我们还买了一个烧汽油的专用吹风机：小蚂蚁们，准备起飞吧！

我们的想法是这样的：实验者在负蜜蚁巢穴的入口处将几块小饼干摆成一圈，然后带着吹风机在那里埋伏等候。当一只蚂蚁走出来，"嘿，瞧，一块饼干"，于是它走过来抓起饼干准备带回巢穴。就在这一刻，实验者摁下吹风机的开关，把蚂蚁和它宝贵的饼干一起吹到远处。要注意的是，必须将这只蚂蚁吹向一个准确的位置：竖立在3米外的木板上。这样在空中被风吹跑的蚂蚁便会撞上木板停止滑翔，并且落入木板底部埋在地里的水槽。水槽壁又高又滑，落入其中的蚂蚁根本无法感知到周围环境的全貌，

第5个考验：适应环境　　145

是个不折不扣的陷阱。这样，蚂蚁不可能通过视觉对所处的位置进行任何辨别。然后，实验者过来将蚂蚁导入一个不透明的管子，将其在密封状态下运送到100米以外——这只可怜的工蚁以前从未到过的地方。这时，这只昆虫被释放到一块直径为1米的圆板上，圆板上像切分干酪那样画有36根辐条。这样我们就能够记录来到这个新环境中的蚂蚁离开时的方向。

如何才能确定蚂蚁是否能沿着来时的脚印——或者说飞行的轨迹，朝着巢穴所在的方向往回走？为了保证统计数字正确，我们需要确保两件事。首先，蚂蚁离开的方向不是随机的；其次，它们确实是根据风吹的方向，而非释放时的外部环境来确定方向的。因此，我们决定在距离巢穴两侧3米的地方分别放置两块竖立的木板，并将一半的蚂蚁向南吹，另一半向北吹。然后，把所有的实验对象都放进黑管子里运到同一个陌生的释放点。这样我们就只需要观察是否一些蚂蚁向北走，而另一些向南走。这是一个简单而行之有效的方法。

可能看起来不像，但做这个实验其实需要掌握一定的技巧。第一天，很多蚂蚁被吹得稍微有点偏离角度，没有落在瞄准的垂直板上，而是射到空中了。不过经过一段时间的练习并掌握了技巧后，实验人员操作时便已十拿九稳了。到傍晚时分，我们已经完成了对10只蚂蚁的测试。结果显示，大致向南飞的5只蚂蚁会向北走，反之亦然。虽说还不到开香槟庆祝的时候，但这结果已经足够让实验人员为之兴奋，大家度过了一个充满希冀的夜晚。一个星期后，经过对两个蚁巢穴共62只蚂蚁的测试，确认实验结果是可信的。这些澳大利亚小蚂蚁完全有能力在被风吹跑的时候识别并记忆风向。在这一点上，它们根本不输给那些候鸟！

但是，这些在陆地上行走的昆虫是如何获得空中辨别方向的能力的呢？我们还有10天的时间来寻找答案。即便被释放在一个新地方，蚂蚁仍然能够确定方向，这就表明它们对方向信息的获取并非基于地面地标，因为它们对释放地点周围的地标是完全不熟悉的。因此，这些滑翔小高手依赖的很可能是来自天空的线索，如太阳的位置。有许多昆虫都使用源于天空的线索来获知运动方向。但是这些澳大利亚蚂蚁在被动滑翔时也能做到这一点吗？

于是，我们拿出三脚架和高速摄像机，以慢动作观察一只被小心吹起的蚂蚁在飞行过程中的动作。如你所料，整个飞行过程显然是不受控制的。蚂蚁的身体向各个方向旋转，有时以每秒超过4米的速度从地面弹起，相当于每秒经过的距离是其身体长度的400倍。在这样的情形下，它如何能监测到太阳的位置？于是一个显而易见的假设出现了："单眼"。在某些昆虫头顶部有排列成三角形的三只单眼，每只眼睛仅由一个晶体构成。一些会飞的昆虫，如蜜蜂，便借助这些单眼来监测地平线的高度，从而使其身体在水平方向上保持稳定。然而，科学界一直有个疑惑，虽然某些种类的蚂蚁一直在地上活动，但它们的头顶也有单眼，这是什么缘故呢？一些研究人员认为这不过是这些昆虫的一个远古遗传下来的器官，早已经变得没用了，就像某些鲸鱼身上遗存的小后肢那样。可您知道吗，在某些种类的昆虫中，单眼被用于通过天空坐标来确定方向！并且这些单眼都与大型神经元相连，专门用于将视觉信息以极快的速度传递给大脑。在诸如蜻蜓之类的空中杂技演员身上，这套系统极为发达，令它们能在空中上下翻飞，快速旋转，也就是说，有点像我们实验中被风吹跑的蚂蚁在空中的样子！此时，我们自认为已经发现了蚂蚁单眼的秘密功能：使它们在由阵风造成的不受控的空中运动时能监控方向。想证实这一点也相当容易，只需重复同样的实验，只不过这次事先用一点不透明的颜料将蚂蚁头顶的单眼遮住，然后看看在被风吹走时它们是否会因此而丧失确定方向的能力。

第二天，我们再次带着吹风机回到了现场。几个小时后，实验结果让我们陷入了困惑：在眼球被遮挡的情况下，第一批受试的蚂蚁似乎并没有在测试板上迷失方向。等到了第二天晚上，我们先前那股兴奋劲儿已经彻底平息，因为实验结果清楚地表明蚂蚁并不需要单眼来感知飞行的方向。正如生物学家托马斯·亨利·赫胥黎（Thomas Henry Huxley）所说："一个美好的假设被一个丑陋的事实摧毁——这便是科学的伟大悲剧。"

所有知道自己已接近真相的研究人员都很熟悉这一种特别的虚无感，真相似乎已经近在咫尺，几乎唾手可得了，却始终无法触及。当我们再一次观看蚂蚁被吹起的视频时，蚂蚁的一种奇特的行为引起了大家的注意，那是它们所采取的一种持续时间仅短短几毫秒的奇特姿势。事实上，我们先前之所以忽视了这一点，很大程度上是被自己的精彩假设蒙蔽了双眼。当觅食蚁感觉到阵风来临时，它立即张开六条腿紧贴地面，以避免被风掀起。当然，当风的强度越过某个临界点时，紧贴地面的蚂蚁最终还是会被吹跑。也许蚂蚁正是在起飞前的这个短暂瞬间记录了风向。

我们决定对这个新假设进行测试，于是又去城里买了一个红色滤光镜。蚂蚁的眼睛是感知不到红色的。由于红色滤光片阻挡了除红色以外的所有可见波（包括紫外线），所以对蚂蚁来说它是完全不透明的。我们把这个直径约为 20 厘米的滤光片放在一个负蜜蚁巢穴入口上方 5 厘米处，然后重复我们的实验。透过滤光镜，人可以看见蚂蚁从巢穴中出来，抓起一块饼干，在被吹走之前紧紧贴着地面趴着。但这一次，上方的滤光镜使它们无法看见天空。也就是说，在被风吹起的这一瞬间，它们没有机会参照天体坐标。相反，一旦被吹起后，它们向木板滑翔的阶段则像以往一样，是在开放的天空下进行的。这样，假如蚂蚁在测试板上无法确定方向，我们就可以得出结论：它们确实是使用天体坐标来确定飞行方向的，并且是在趴地的那个时候确定的方向，而不是在滑翔飞行的过程中。

以这种方式测试了 48 只蚂蚁后，结论已经十分明显：这一次，被释放到陌生环境中的蚂蚁们迷失了方向，这说明它们无法在飞行过程中感知方向。所以，这些蚂蚁所采取的解决方案是：与其费心追踪空中的运动方向，不如在被风吹跑前记录下风向。这些昆虫竟然能够进行预测！

因为发表一篇科学文章需要非常有说服力，所以我们进行了最后一个实验。蚂蚁能正确地预测自己将被吹往的方向，趴地这个瞬间就足以令它们掌握这个信息，而无须等到被吹到空中以后。这一次我们没有使用红色滤光镜，但实验者吹出的风相对较弱。蚂蚁们紧紧地贴在地上，就在它们还没被风吹走之前我们将它们放入了黑管子。正如我们所期望的那样，在新的环境中被释放的蚂蚁朝着与它们被捕获前的风向相反的方向出发了。换句话说，蚂蚁不需要感觉到被风吹走，而是从发现自己身处陌生环境这一简单事实中推断出自己刚才被风吹跑了。

总之，这个故事中的蚂蚁再次提醒我们一个人人都明白的道理：当能使事情变得简单一些的时候，为什么要使之复杂化呢？被风吹走时，在被动的运动中想监控方向是非常困难的一件事，甚至很可能这对蚂蚁的感官来说根本就办不到。相反，通过紧贴地面，这些昆虫开启了一个小小的时间窗口——几毫秒。在这一刻更容易获取即将发生的被迫运动的风向信息；而蚂蚁正是在这个精确的时刻记住了这些信息。位于触角基部的受体所感知到的风向信息随后被储存在蚂蚁的大脑中，之后或许还可以通过蚂蚁的复眼在天空中进行读取。蚂蚁的知觉是可以跨越不同感官的！

今天，对蚂蚁大脑中的神经元如何进行这样的转变我们已有所了解，不过这将是另一个故事了。

至于说到单眼……我们依然不知道它们的作用是什么！

安托万·威斯特拉赫

逆流而上

蚂蚁迷们应该都很熟悉多刺蚁（Polyrachis）属的物种。它们将巢筑在树上，一些蚂蚁的腹部圆滚滚的，身体呈金黄色并且泛着金属光泽，当它们沿着树枝行走时就好像圣诞树上装饰的金色小球。2007 年，我们研究小组的实验室里便迎来了这种蚂蚁。蚁群在一个灌木盆栽上筑巢。为防止蚂蚁逃跑，花盆被安放在一个装满水的大桶里。这样蚁群别无选择，只能在这棵树上安家。第一个星期波澜不惊地过去了，美丽的金蚂蚁忙着在房间的角落里建立它们的树上家园。但是突然某一天，人们在对面的墙上发现了一只小蚂蚁。它是怎么逃出去的呢？研究人员迅速进行查看，发现小树的一根枝条向侧面伸出去一截，越过了水槽边沿悬于地板的上方。这只蚂蚁一定是爬到这根树枝的末端然后不小心掉到地上的，之后这可怜的小家伙就没办法返回蚁巢了。研究人员于是修剪了树枝，将这只蚂蚁放回树上和其他同伴在一起，事情似乎得到了圆满解决。可是第二天，墙上竟然又出现了一个金色的小斑点……又一只迷路的蚂蚁！这怎么可能呢？树枝已经被大幅度剪短了，若要从这里逃脱，蚂蚁必须跳过大约 20 厘米的距离。大为困惑的研究小组决定在这只蚂蚁的胸部涂抹上一个白点，然后把它放回树上。几个小时后，他们发现一只金色小蚂蚁在墙面上随意地散步，而令人惊讶的是，它的胸部有一个小白点。这是同一只蚂蚁，它一定是发现了一个系统漏洞，所以能轻而易举地逃到房间里来探险。这个罪魁祸首再次被放回树上，但这一次研究人员决心不让它离开自己的视线，坚持目不转睛地追踪观察它，一直到发现它的秘密为止。起初，这只小昆虫表现得若无其事，它平静地在树枝上散步闲逛，向同伴打招呼，严重考验着研究人员的耐心。半个小时之后，就在大家认为调查无果而打算结束的时候，这只小蚂蚁开始顺着树干往下爬，接着沿着花盆外壁继续向下，一直爬到水箱水面的位置。它在那里停留了几秒钟，犹豫不决，用触角在水面上不停试探，就像游泳的时候人们把脚指头伸入水中试探那样。它该不会……可它真就这样干了！蚂蚁纵身跳了下去，肚子朝下，然后以惊人的速度完美地向前游着直线，好像在水里进行训练有素的六足爬行，直到抵达水箱对面的边缘，在人们惊讶的目光注视下平静地爬出水面。

  人们通常认为陆生昆虫不会游泳，或者说，我们经常受到这样的教导。从微观角度看，水的表面张力无比巨大，会像胶水一样困住昆虫。那些掉进游泳池的蚂蚁，即便拼命挣扎也完全无法控制自己的方向，最后只能眼睁睁地等待被淹死的命运，除非遇到好心人前来救援。适应水生环境的昆虫如龙虱——一种鞘翅目科的两栖昆虫，需要发育出高度专业化的身体部件来游泳——陆地上完全无用的鳍。而从另一方面看，多刺蚁长着细长的钩状腿，非常适合在树上生活，却似乎没有哪个身体部件是适合游泳的。这只蚂蚁说不定是一个例外，难道它过于被水吸引？

  搜寻相关蚂蚁游泳的研究文献很费了些工夫。我们看到的第一个相关叙述出现在1982年出版的巴西杂志《亚马孙》上。研究人员想知道在亚马孙一年一度的洪水环境中，切叶蚁（Acromyrmex，顶切叶蚁属）是如何幸存下来的。在这些热带雨林的某些地方，水位可以上升到6米高并保持好几个月的时间！

事实上，这些通常在地面筑巢的切叶蚁会把巢穴转移到树上。这是个十分简单的解决方案，而且非常有效。对我们来说更为有趣的地方是，研究人员提到，尽管被洪水围困，一些切叶蚁还是会前往附近的树上觅食。为了渡过洪水，一些蚂蚁利用一些水面上漂浮的植物——如睡莲，不用湿脚就能到达毗邻的树干。不过文章里也提到，在没有睡莲的情况下，某些觅食蚁也会游泳！据上文作者所言，对这些昆虫来说，游泳是一项极其危险的活动，因为许多蚂蚁最终会落到被鱼吃掉或被水流冲走的下场。读到这些文献令人欣慰。我们不是唯一见过蚂蚁游泳的人。

三年后发表的另一项研究则更完美地关注了游泳这一主题。在一次前往马来西亚的任务中，来自美国堪萨斯州的研究人员偶然观察到一只蚂蚁游过了一摊水。返回美国之后，他们决定着手研究这个问题。科学家们便收集了当地的好几种蚂蚁，并通过简单地将它们扔进池塘的方式来测试它们的游泳技能。能让事情变得简单一点的时候，为什么要将它复杂化呢？实验表明，许多种类的蚂蚁被证明完全不能游泳，但有些蚂蚁确实是出色的游泳健将。研究人员于是选择了其中表现最好的一个品种——美洲弓背蚁（Camponotus americanus），一种美丽的褐色蚂蚁，将它们带入实验室在聚光灯下深入研究其游泳技能。

蚂蚁运动员被单独放入一个40厘米长的奥林匹克游泳池中，研究人员用当时的8毫米大型摄像机对它们进行高速拍摄。为了获得可量化的数据，两位科学家随后将这些影片水平地投射到一张玻璃桌上，这样他们就可以像描图纸一样，用铅笔一帧一帧地描出蚂蚁游泳的轮廓图。每秒70幅图，足见研究人员是多么有耐心。

研究人员的目的是知道蚂蚁在游泳时究竟是使用了与行走时

相同的运动反射，还是使用了一种专门的游泳技术。事实上，大多数四足哺乳动物——如狗，游泳时与在陆地上小跑时的方式一样，交替使用四条腿。从理论上讲，这就不需要什么专门的游泳动作，任何能够小跑的哺乳动物都应该自发地知道如何游泳。但是蚂蚁的情况似乎有所不同，它们采用一种非常特殊的方式游泳。科学家们报告说，弓背蚁用前爪作为马达，通过在水下沿垂直平面做圆周运动来推动自己前进，它用左前爪和右前爪交替划水——换句话说，就像狗的前爪那样。然而，左右交替运动这一运动特征（蚂蚁也一样）在中腿和后腿中没有出现。蚂蚁的这几条腿保持向后伸展，沿水面展开，并用来像舵一样进行转弯！因此，为了向左转，蚂蚁张开它的左后腿，以增加对该侧水的阻力，就像一个坐在独木舟后面的人会将他的桨向左划，以使小船转向这个方向。

如此看来，对蚂蚁来说，游泳似乎需要进行一些特殊的适应，这也解释了为什么并非所有蚂蚁都本能地会游泳。此外，上述作者还指出，当这些小蚂蚁被扔进微型游泳池时，它们一开始会作出些胡乱无用的动作，好像陷入惊慌失措之中，需要几秒钟后（这对昆虫来说是很长的时间）才能开始作出有控制的爬行动作。这些最初的反应或许缘于昆虫始祖尚未适应游泳时的恐慌。

最近还有别的研究人员也蹚了水。一些科学家到了秘鲁和巴拿马那些每年有几个月都会发大洪水的热带森林中。如此漫长的洪水期对当地蚂蚁来说可不是件好事。从最低的树枝到30米高的树冠顶部，每分钟都有数以百万计的蚂蚁和其他昆虫从树上掉入水中。这一现象在当地已是司空见惯，本地人甚至称其为"蚂蚁雨"！这种蚂蚁雨构成了从树冠到地面的重要食物流，成为森林中陆地和水生环境之间达成平衡的重要环节。换句话说，这是所有在下面的水生掠食者所守候的饕餮大餐。蚂蚁从掉进水里到被鱼吞食，中间只有短短十几秒钟的时间！这也是蚂蚁学习游泳的动机！

科学家们取出登山绳索，爬到了树冠的最高层。在这些潮湿的雨林中，每根树枝都满载着生命。同一棵树上可能就生活着20多种不同种类的蚂蚁。在短短的几次攀登后，研究人员便收集到分属35个不同物种的数百只蚂蚁。这样的采集活动看上去轻松惬意，但研究人员却解释说，当你被高高地悬挂在离地面30米的半空中时——相当于10层楼那么高——最好事先学会区分无害的蚂蚁和那些会刺伤你的蚂蚁！

一旦返回到地面，科学家便带着收集到的各种蚂蚁来到一个架在洪水上方的天桥上，像30年前的那些前辈一样，将俘获的蚂蚁一只只扔进水中。一个成功的方法是不需要改动的。只是这一次，研究人员用激光精确地测量了这些小小落水者的运动轨迹。结果显示大约一半物种的蚂蚁根本不会游泳；在其余的物种中，大约25%的蚂蚁能够缓慢地移动到安全的地方；而剩下的25%则被证实是游泳高手，它们能够在水中以一条直线向最近的岸边高速运动。这次比赛的获胜者是一只巨目破坏蚁，它以每秒16厘米的速度在水面上疾驰，也就是说大约每秒能游过相当于自身长度16倍的距离！相比之下，拥有28枚奥运奖牌的游泳运动员迈克尔·菲尔普斯（Michael Phelps）在巅峰状态下每秒钟游过的距离长度还不到自身体长的1.5倍，所以显然他算不上世界上最快的游泳运动员。据我所知，迄今还没有任何一项蚂蚁研究提到过更好的成绩。所以这只巨目破坏蚁仍然是该项记录的保持者。

研究人员的目的不是简单地区分会游泳的蚂蚁种类，而是想要了解这种行为的进化历史。今天，根据对其 DNA 的分析，不同种类的蚂蚁之间的关系已经相当清楚。因此，就像人类的家谱树一样，有可能重建蚂蚁的"系统进化树"，显示不同种类蚂蚁之间的联系。这一研究的结果显示，游泳技能经常出现在相邻的物种中，即同一进化分支下的物种。这表明这种能力是它们共同的祖先演化出来的，然后被这一共同祖先的所有物种继承下来。不过，也有几组会游泳的物种处于相距非常遥远的分支中，有时甚至彼此之间相隔一亿年的进化年代。对这些现象最合理的解释说明，在蚂蚁中游泳能力至少已经历了 4 次独立的进化。

某些物种展示了与之前描述的美洲弓背蚁完全不同的游泳技术，令人惊叹。不像美洲弓背蚁那样只使用两条前腿划水，有些蚂蚁也用中间的腿来划水，当每条腿同时向前挥动时它的身体可以完全浮出水面，真正的四臂式游泳。还有些物种能设法在水面上奔跑一小段，然后在水的表面张力破裂时再次划水。最后，一个运动周期持续的时间可以从 200 毫秒到 700 毫秒不等，在最高峰时可达到每秒钟（每条腿）划水 5 次。

尽管存在上述种种差异以及数千万年的进化，让这些小游泳运动员彼此有了差异，但它们似乎依然有一个共同点：一旦落入水中，它们都会冲向最近的树干。这个行为的功能再清楚不过了："逃命！"在实验室里，如果没有树干，它们会冲向地平线上能看到的任何黑色的垂直区域。看起来，这些小小游泳运动员都采取了一种简单、实用的生存策略来确定方向。研究人员甚至还研究了蚂蚁眼睛被涂上油漆后的表现。毫不意外，这些可怜的小东西无法找到方向，在水池中不停地转圈。不要急着嘲笑这个明摆着的证据，实验的目的是测试它们是否能通过水面的波纹变化来发现水上漂浮着的树干。一个很好的假设，可惜被推翻了。看来，视觉是这些游泳者找到岸边的必备条件。所以在没有月亮的晚上它们最好当心点，别从树上掉下来。

　　总之，很明显蚂蚁已经多次进化出游泳的能力，以免不小心成为鱼的盘中餐。然而，有些蚂蚁会主动地毫不犹豫地跳入水中，就像先前那只勇敢的金色多刺蚁，它一次又一次地跳入水中去探索新的世界。就物种而言，它们强烈地厌水，所以窝里的其他蚂蚁都老老实实待在树上，保持身体干爽。除了说明同一蚁群中不同个体之间的行为存在着多样性外，这只金色多刺蚁的行为还表明，就像人的恐高症一样，某些源自遗传的厌恶感并非不可克服的，最勇敢的人能克服它。毫无疑问，这位勇敢的小冒险家在跳入水中之前也必须先战胜自我，下定决心。

安托万·威斯特拉赫

美杜莎之筏

　　如果能在水中漂浮，那么就算是不会游泳也没什么关系。红火蚁（Solenopsis invicta）是一个入侵物种，原产于巴西的热带森林。它仅用了不到 60 年的时间便攻陷了整个美洲。在美国，红火蚁占据的土地超过 1.28 亿公顷。在某些地方，每公顷土地上可有多达 5 000 个红火蚁的巢穴，每个巢穴可以有超过 200 000 个成员居住。请算一算……虽然只有 5 毫米长，但红火蚁极具攻击性，它们能猎杀无脊椎动物，贪婪地将其吞吃。如果附近没有蚱蜢或其他昆虫，红火蚁会毫不犹豫地猎杀农场里饲养的动物。

　　当一只红火蚁对你展开攻击时，它会张开大颚咬向你的皮肤。一旦咬住了，它就会用螫针疯狂地刺你，一刻也不停地刺，一直到你摆脱它为止。通常在人作出反应之前，它将有时间螫你 8 次，螫针每一次刺入你的皮肤时都会同时注入毒液。如果你没有立即清除这只蚂蚁，它会绕着大颚咬着的地方不停转圈，像缝纫机一样反复螫刺你的皮肤。而最讨厌且麻烦的是这些凶狠的小东西会强力附着在你的皮肤上，很难清除。倘若你试图把红火蚁扯下来，你只能扯断它的身体，它的头及其大颚仍旧像钉子一样附在你的皮肤上。带着倒钩的螫针会继续注入毒液直到耗尽。人一旦被红火蚁螫伤，幸运的话皮肤会出现瘙痒，还会出现脓包，里面会渗出白色液体；而有时这会引发强烈的过敏反应，严重的甚至会导致过敏性休克。在美国每年约有 1 000 万人遭到红火蚁袭击，平均每年有 10 人因此而死亡。这个数字比死于蜜蜂螫伤的少 10 倍，但比死于鲨鱼之口的要多10倍。

红火蚁也会对植物、建筑物、电子设备等造成损害。原因目前尚不清楚，但它们似乎被电流吸引，常常啃咬电线电缆，遭到电击时它们不但不会逃跑，反而会分泌出化学物质，吸引其他蚂蚁同伴前来。它们会在配电箱或电脑机箱中筑巢，造成相当严重的破坏。在交通信号灯中也发现有红火蚁筑巢栖息，这说明它们还应该对一些交通事故负有责任。每年红火蚁给美国造成的损失可高达60亿美元。

研究人员怀疑这个入侵物种最初不是通过步行，而是游泳来到美国的。或者更准确地说，它们是沿着格兰德河漂流到美国的。事实上，当面临洪水时，红火蚁会带着它们的幼虫全速离开巢穴，它们聚成一团形成被称为"筏子"的巨大漂浮群，这些筏子的直径有时超过50厘米。科学家们已经对红火蚁如何在洪水中搭建这些临时船筏进行了观察。施工开始时，幼虫们被召集聚到蚁穴的最高处。正如1世纪时普鲁塔克（Plutarque）所说："很多时候，蚂蚁在遇到困难的时候，会从巢穴里搬出它们爱的果实。"然而意想不到的是，幼虫是被用来充作整个筏子结构的基础部分。然后成虫一个紧挨着一个趴在它们身上。蚁后不参与船筏的建造，待到施工结束，它才会来到船筏上随意漫步。保育工蚁会用大颚含着最小的幼虫和卵，待在筏子的中心。而雄蚁则很快就会被扔下船，尤其是在食物短缺的时候。

在实验室里，在最终沉没之前，这样的筏子可以存活12天以上。筏子上的幼虫越多，能坚持的时间就越长。如果完全没有幼虫，筏子只能在水面上停留几个小时，整个蚁群就彻底灭亡了。可见，幼虫充当了浮子。研究人员注意到，当幼虫浸入水中时，它的身体周

第5个考验：适应环境

围会捕获大量气泡，从而增加整个结构的浮力。在仔细检查这些临时浮子时，科学家们注意到，幼虫身上布满了卷曲分叉的细毛。为了证明这种绒毛使幼虫能够捕获气泡，他们将幼虫放入一个装满水的盒子里——一个简易的游泳池。他们很快发现，红火蚁幼虫的疏水性很强，基本不可能把它们浸入水里，于是研究人员将它们粘在池底以便在显微镜下进行观察。为了确定是否所有蚂蚁幼虫都具备这种积累气泡的能力，他们对好几个物种同时进行了测试。在将几十只幼虫淹水后——它们有的毛长而硬，有的毛短而稀疏——研究人员最后报告说，只有红火蚁的幼虫能够捕捉大量的气泡。

为了更好地了解筏子的结构，生物物理学家将其浸入液氮中速冻，于是蚂蚁们就永远定格在这样相互搂抱的姿势。科学家们发现，蚂蚁用它们的跗节（或称爪子）相互搂抱联结在一起。大多数的连接关系是跗节—跗节、跗节—大颚、跗节—腿节或跗节—腰。一旦连接完成，蚂蚁们就会蜷缩起身体，使整体结构变得更加紧实。筏子中的每只蚂蚁平均与其他 5 只同伴相连。为了测量筏内两只蚂蚁间的拉力，科学家们设计了一个十分原始的实验。他们把一只蚂蚁粘在一个玻璃片上，令其背部着地而 6 条腿全都悬在空中。然后，他们将另一只蚂蚁绑在一根橡皮筋的末端，再用后边这只蚂蚁的爪子轻轻地碰触前一个俘虏的跗节，于是那只被困的蚂蚁就会本能地紧紧抓住这条救命稻草不放。一旦两只蚂蚁相互牢牢地连在一起，研究人员便慢慢地拉动橡皮筋，他们发现对蚂蚁施加的拉力可以高达每米秒 6.2 克，超过蚂蚁自身重量的 400 倍。相较于阿兹特克蚁的爪子与某些植物叶子的环之间的那种粘胶式的紧固力（蚂蚁体重的 5 700 倍），红火蚁的力量显得弱得多，不过这仍然十分惊人，因为在人类身上，这相当于伸直手臂拉动一头搁浅的座头鲸。然而在现实中，一个人的拉力仅仅为每米秒250千克，大致是自身体重的3倍，仅相当于一头猪的重量。

相对而言，蚂蚁具有一定的疏水性，这使它们能够吸住身体周围的空气，从而提高自身的浮力。为了更好地理解这一现象，需要对一些物理知识稍加复习。像其他任何物体一样，一只浸入水中的蚂蚁同样会承受阿基米德浮力，即液体对蚂蚁所施加的垂直向上的力，其作用方向与重力方向相反，且会随蚂蚁体积的增加而增加。而来自地心引力的垂直向下的力则会随着蚂蚁体重的增加而增加。如果向上的浮力大于向下的重力，蚂蚁就会浮起来；反之，则会沉下去。换言之，蚂蚁的浮力取决于它的密度（每单位体积的质量），也称为比重。如果蚂蚁的密度小于水的密度，它就会浮起来。例如，你可能已经注意到，当你在海滩上张开脚趾踏着舢板滑行时，如果肺部充满空气，身体便能漂浮得更好。事实上，通过扩张你的胸腔，你身体的总体积增加了，从而降低了身体的密度，进而提升了浮力。

一只蚂蚁在没有吸附任何气泡时之所以会迅速下沉，是因为此刻它的身体密度大约是1.1克/毫升，高于水的密度1克/毫升。而当一只蚂蚁在其头部和胸部之间吸附住一个气泡时，其身体密度会急剧下降到0.4克/毫升，这就能使它漂浮起来。而大量聚集在一块时，抱团的红火蚁可以形成更大的气囊来放大这种现象。这样，蚂蚁筏子的密度会比水的密度低5倍，仅为0.2克/毫升。通过集体合作，蚂蚁便成功地给不耐水的身体创造出一个防水的表面，这充分体现了"整体大于部分之和"的格言。

蚂蚁通过位于身体两侧的一排小孔进行呼吸，被称为气孔。气孔由气管和气管网连接并将氧气分配到所有的器官。研究人员观察到，被困在水下的蚂蚁会积极地去寻找气泡，然后将其放在气孔的位置以便进行呼吸。通过不断收集气泡，它们就能慢慢地被托升到水面，最终打破水面张力而接触到开放的空气，这个过程就好像坐电梯一样。

为了进一步了解建造筏子的过程，科学家将数百只蚂蚁放入一个烧杯中。由于蚂蚁天然的亲和力，只需在烧杯中轻轻搅几个漩涡就足以令它们抱成一个球。当这些纠结成团抱在一起的蚂蚁的身体碰到玻璃壁时，这个球便会迅速瓦解，蚂蚁四下散开。但当蚂蚁球被放在水面上时，不到两分钟的时间它们便会形成筏子状。研究显示，蚁群此刻就像一种黏稠的液体，其表面张力大约是水银的 5 倍，其黏度相当于油的黏度。

在筏子上，部分与水直接接触的蚂蚁形成一个紧密的网状结构，而其他成员则栖息在这个临时的垫子上，在干燥的地方等待。当研究人员将构成蚁筏核心的那些蚂蚁移除时，发现很快就有其他蚂蚁前去替换，以避免筏子沉没。接着，研究人员又对蚁筏进行了机械外力干扰实验以测试其阻力。他们先尝试用一把镊子去按压筏子的中心，试图将其淹入水中。与液体不同，受到外部施加的压力时蚁筏像弹性织物一样变形，但一旦压力被移除就能迅速恢复原来的形状。随后研究人员加大了施加的外力，他们在蚁筏中间放置了一枚硬币。结果是被压在硬币下方的蚂蚁迅速断开了彼此的联系，让硬币沉下水去。随后它们迅速地封闭了刚刚被硬币穿过留下的缺口。这个实验表明，蚁群动起来时好像一种液体。根据不同的外部情况，它们既可以是固态的，也可以是液态的！

奥德蕾·迪叙图尔

连接两岸的桥梁

蚂蚁能利用自己的身体在水上建造大型建筑，而在陆地上，它们同样也展示出极高的创造性。

布氏游蚁（Eciton burchellii）原产于南美洲，也被称为行军蚁，以其传奇的狩猎能力而闻名，备受人们关注，就像它的非洲兄弟——之前我们曾描述过的非洲马格南蚁（Dorylus）一样，这种蚂蚁值得仔细观察研究。一个游蚁群可以容纳50万个成员，它们的身量大小从3毫米到15毫米不等。其中个头最大的工蚁是兵蚁，它看起来就像是从《星际战舰》里走出来的，样子很吓人：白色的脑袋好似针头一般，上边顶着一双小眼睛。它们的腿细长而灵活，很像蜘蛛。但最令人印象深刻的特征是它们那镰刀状的巨颚，可以毫不费劲地刺穿皮肉。

行军蚁没有固定的住处，它们用身体作为材料来搭建临时宿营地。它们彼此用爪子相互勾连形成一个肉球，直径可超过1米。与这些由50万个身体组成的复杂组合相比，运动会上啦啦队的金字塔根本不值一提。这种临时巢穴还可以通过打开或关闭通风管道来主动调节温度。蚁后、幼虫和卵被护在临时巢穴的中心。体形较大的工蚁和兵蚁则构成巢穴的外墙，因为他们更能抵抗干燥的外部环境。

一位同事，纽约的一位教授，讲述了在一次丛林探险中，他为了研究行军蚁临时蚁巢的构造而捕捉一个行军蚁群的过程。出于谨慎，他事先去征求了一位游蚁专家的意见，而这位专家建议他戴上长橡胶手套,"简单直接地"用双手去抓取行军蚁的临时蚁巢,然后将其放入一个盒子并迅速密封起来。可是这位教授想收集的是一个特殊的物种:布氏游蚁。而那位专家忽略了这个"细节",他介绍的是捕捉钩齿游蚁(Eciton hamatum)的方法。或许你会认为这只是个无伤大雅的小问题……可实际上这是一个十分严重的误解。钩齿游蚁建造的临时巢穴结构非常紧密,巢穴里的蚂蚁会紧紧地抱成团。而布氏游蚁仅用爪尖彼此轻握,所以它们建造的巢穴基础结构松散而稀疏,稍一碰触就会土崩瓦解。接下来所发生的事情就不难想象……由于忽略了这个"小"细节,教授直接伸手试图去抓起一个巨大的布氏游蚁的巢穴,瞬间他便意识到自己犯了错,赶紧退后,但已经来不及了:他浑身上下都爬满了蚂蚁,个个都贪婪地张开锋利的大颚咬向任何一处可能触及的肌肤。经过一番漫长的搏斗,教授终于成功地摆脱了蚂蚁的袭击。可那一天余下的所有时间他都一直惴惴不安,担心会不会有一只漏网的兵蚁。想象中有一只蚂蚁潜伏在自己裤子的褶皱里伺机发动攻击,这就如同头上悬着一把达摩克利斯之剑。

　　行军蚁是非常可怕的猎手。狩猎突袭通常始于黎明。当临时蚁巢被曙光照亮,蚂蚁们在温暖太阳的抚摸下苏醒过来,彼此松开束缚,滑到地面。起初,就好像还没完全睡醒一样,它们向各个方向四散离开宿营地。偶然地,有好些蚂蚁向着一个共同的方向行进,接着不断地有同伴加入这支队伍,于是便形成了一个没有固定领导者的狩猎分队。位于纵队头部的蚂蚁向前行进几厘米便会自动转到纵队的尾部。突击小分队前进的方式好像传送带一样,前进的速度可达到每小时20米。一个狩猎分队可有好几米宽,100米长,成员的数量达到20多万只。在短短一天内,行军蚁带回营地的猎物数量可以多达 30 000 个。它们对无脊椎动物和脊椎动物展开无差别攻击，在看到这些武装到牙齿的战士时，对手们无不望风而逃。蚂蚁狩猎分队在丛林中前进的脚步声，猎物四下逃窜所发出的各种喧嚣声相当引人注目，会引来不少其他的垂涎者。据报道，有不少于 300 种动物（主要是鸟类和昆虫），常常守候在行军蚁狩猎队的周围，专门等着猎食那些受到可怕的蚂蚁狩猎分队惊吓而四处逃窜的昆虫和小型脊椎动物等。

行军蚁群交替进行固定地点宿营和游牧宿营。固定地点宿营（静止阶段）平均持续 20 天左右，在这期间大多数蚂蚁都待在宿营地里，只有突击队每两三天外出狩猎一次。在固定地点宿营阶段，蚁后的体重会增加，体长能达到 2.5 厘米，并且会产下不少于 30 万个卵。幼虫们利用这短暂宁静的时期迅速生长和进行蜕变。一旦卵和蛹孵化完毕，行军蚁便会恢复游牧宿营。在游牧宿营期间，整个蚁群每天轰隆隆地不断向前移动，每天行进几百米以寻找新的露营地。在这个阶段，蚂蚁们白天捕食，夜晚搬家，交替进行。蚁群一般会等当天外出的狩猎队返回后，于黄昏时分启程。当最后一缕阳光消失后，蚂蚁们便不再忙于将猎物带回旧营地，而是投身于将幼虫运送到新营地的工作。在 20 点到 22 点之间，天已黑尽，身材显得十分苗条的蚁后便会离开旧营地。现在它的身体只有 1.7 厘米长，腹部也已恢复到正常大小，移动起来更为灵活。一见到蚁后，工蚁们便争先恐后地靠近它，紧紧贴着它，滑到它的脚下，爬到它的背上，有时还用自己的身体把蚁后完全包裹起来。蚁后并不理睬这些满满爱意的表达，还是继续走向新的露营地。整个蚁群的迁徙一直持续到午夜时分才结束，在次日清晨，另一场疯狂远足开始之前，蚂蚁们终于可以尽情享受它们应有的短暂休息。

行军蚁主要通过化学信号、触摸和振动进行沟通交流，因为它们几乎是全盲的。当它们在狩猎小分队中前进时，会释放一种化学物质，并频繁地互相碰触，以免与同伴失联而迷路。然而不幸的是，盲目地追随前方的伙伴往往需要付出代价，这个代价有个很悲壮的名称："死亡螺旋。"一位博物学家在1936年首次对这种现象进行了描述。他报道说，一队正在穿越人行道的行军蚁所标识的化学路径意外地形成了一个死循环，这队蚂蚁被困其中超过了48小时，它们一直不停地原地绕圈，最后全都精疲力竭而亡。他说，尽管天下着雨，雨水冲刷着人行道，但蚂蚁们依然顽固地行走于这死亡之圈。其实类似的悲惨景象已经被好奇的观察者拍摄到过很多次，这种情形仅会发生在人类占主导地位的环境中，通常是在混凝土和柏油路地面上。而在蚂蚁的自然栖息地，只要有任何一个障碍物——哪怕是一根小树枝，都能打破这个地狱般的循环让它们脱离死亡的旋涡。蚂蚁转来转去地绕圈子可绝不是什么好笑的事。你是否参与或见到过金属摇滚音乐会上的"圆圈舞"（circle moshing）或"跑圈儿"（circle pit）？这种舞蹈出现在21世纪初，现场参与者绕着圈奔跑舞蹈。在Downland①音乐节上，金属乐队恶魔司机（Devil Driver）曾在音乐会上鼓励20 000人绕着圈跑！

行军蚁的狩猎突击队行走在堆积着腐烂的树叶、树枝和树干的丛林道路上。路上经常会碰到不同宽度和深度的沟隙，好似我们在路上遇到的坑洞。奇怪的是，行军蚁似乎根本不介意路面凹

---

① 始于2003年，每年6月的第二个周末在英国莱斯特郡多宁顿公园举行。

凸不平，总是保持着高速奔跑。它们是如何做到的呢？在一本关于行军蚁的书中，特奥多·克里斯蒂安·施耐尔拉（Theodore Christian Schneirla）讲述了兵蚁是如何用自己的身体来覆盖狩猎途中地面的沟壑，以使道路变得平整畅通的。它们用的这个办法起到类似于木板的作用，同伴可以踏着它们的身体闭着眼睛全速奔跑。想象一下，当你开车行驶在一条崎岖不平的乡村公路上时，一个朋友下车去躺在土坑里并鼓励你从他身上碾过去……

为了更仔细地研究这一现象，研究人员在狩猎队经过的路途上放置了一块带孔的木板。他们先后使用了不同宽度的木板，上面分布着直径不等的孔。研究人员惊讶地发现，蚁群会丝毫不差地按照洞孔的直径大小来选择前来封堵洞孔的成员。为了揭开谜底，研究人员拍摄了蚂蚁跨越障碍的行为并进行了仔细的分析。当一只蚂蚁自身体形远大于洞孔的直径时，它会轻松地跳过洞孔继续前进。但如果蚂蚁的体形小于洞孔无法直接通过，它便会立即停止奔跑，在障碍附近等待其他同伴的到来。当有一只蚂蚁的身体与洞的直径差不多时，它就会伸长了腿横过洞口躺下来。对于那些体形稍小耐心等待在洞边的同伴来说，这个姿势便是邀请它们通过。研究人员发现，只要身上还有同伴在踩踏，堵住洞口的蚂蚁就会保持不动。如果交通中断超过5秒钟，这只蚂蚁就会起身迅速离开，继续前行。充当活"搭桥板"的蚂蚁使得整个队伍前进的速度得到提高，甚至单位时间内带回巢穴的猎物数量也因此而增加，从而弥补它们自己未能带回食物的缺憾。

有时行军蚁遇到的洞孔过大，单个蚂蚁无法堵住，它们便会相互拉扯搂着形成链条，就好像一座活的桥。科学家们希望了解这些违反重力原则的结构是如何形成的，然而在实验室里饲养行军蚁是不可能的……并且风险极大,因为它们简直就是逃跑大王,达尔顿兄弟(Les Dalton)[①]见了也得甘拜下风。想象一下,当你的同事正在办公室里安安静静地工作时,突然闯进来20万只大颚如刀一般锋利的饥饿的蚂蚁大军!研究人员前往巴拿马的丛林中去进行实验观察。行军蚁的狩猎队很容易就能被发现,因为它们前进途中总是伴随着那些受到猎物气味刺激的鸟儿们兴奋的鸣叫声,只需竖起耳朵好好听就行了。找到行军蚁的狩猎小分队后,科学家们便在队伍当中横放一条高高凸起的塑料道路,想要返回宿营地的行军蚁们不得不从此处借道通过。然而,这条提供的塑料道路并不是平坦的,而是呈"之"字形,并且中间还有个V形槽。刚刚冲上来的蚂蚁们被迫偏离原来的方向。眼见目标就在正前方却不得不改道,这必定是令人沮丧的。当你在机场排蛇形长队的时候,如果前边没有什么人,你是否有过想直接跨过栏杆的念头?高山徒步旅行中,有时虽然距目标路线直线距离仅100多米,却因沟壑相隔而不得不绕行10千米之远。这样的情形是否曾让你深感沮丧?在实验开始时,蚂蚁是温顺的,老老实实地沿着道路走,可随着交通量的增加,出现了越来越多的拥挤和推搡。一些急匆匆走在弯道内侧的蚂蚁,一个不小心被同伴推挤了一下,便发现自己已经盘腿坐在两条路中间的V形凹槽里了。这下子它们立刻就变成了便桥,同伴们毫不犹豫地就踩到它们身上了。很快,这些不幸成为便桥的蚂蚁就会遇到其他被挤下来的倒霉蛋,同病相怜。整个蚂蚁队伍马上就放弃了原来的道路,走上这座直接横切弯道的活体桥。渐渐地,在V形槽内的蚂蚁越聚越多,道

---

① 2004年上映的法国喜剧电影中的主角,电影中文译名为《疯狂的帽子》。

路也因此变得越来越短。这时,那些躺在弯道附近凹槽里的蚂蚁变得毫无用处,于是它们便退出搭桥,继续赶自己的路。前后不过十多分钟,一座连接两段道路的吊桥便出现在人们眼前。

研究人员还发现,即便两段道路被深沟隔开,行军蚁同样能在其间架设桥梁。为了进行此项测试,他们设计了一个巧妙的装置,可以在不干扰狩猎队的情况下以机械的方式改变沟壑的宽度。这个装置有点类似于一座活动桥梁,可以通过移动两端的滑轮来调整桥的长度。在实验开始时,将道路切断一分为二的沟壑宽度为 2 厘米。当第一只蚂蚁走到沟边时,它稍稍迟疑了一下。事实证明即便是像这样轻微的减速也可以是致命的。蚂蚁们并不懂得尊重安全距离,身后全速奔跑的同伴径直将它撞翻在地。跌倒之时,绝望中出于本能,它用后腿的爪子紧紧抓住了深沟的边缘,而身体则挂在空中挣扎扭动着。不自觉间,这只蚂蚁以这种姿势令鸿沟的宽度有所缩短。于是第二只蚂蚁也上前踏过同伴的身体,反身翻倒在空中,同时用前腿极力去抓鸿沟对面的边缘。第一只蚂蚁抓住这个意外的机会紧紧地抱住同伴的腰,以防它爬回路上。两只蚂蚁便以这种方式拥抱在一起,构成了一座桥,其他同伴也迅速加入进来加固这座便桥,使之更好地支撑交通的重量。等蚂蚁构成的便桥稳固下来时,科学家们转动滑轮,将鸿沟的宽度增加了一倍。实验人员施加的大力迫使蚂蚁们松开了手。于是便桥断裂开来变成了挂在空中胡乱蹬腿的蚂蚁串,靠着两三个牢牢抓住的成员的力量依旧挂在沟边。位于链条末端的蚂蚁很快爬到了沟的边缘,原来单薄的链条变成了一大群,并且后边不断有其他想要越过鸿沟的蚂蚁加入进来。不断汇入的蚂蚁洪流逐渐变厚,直到其中一只蚂蚁设法用爪子触摸到沟壑对面的边缘。于是,一眨眼的工夫，桥梁又被重建起来，蚂蚁狩猎小分队恢复了自己的行军路程。随后的实验中，每一次当桥梁结构稳固下来时，研究人员便带着一丝虐待狂的心情转动滑轮增大跨度。通过这种方式，他们证实蚁群所建的桥梁结构可以超过 5 厘米宽、12 厘米长，或者换句话说，大约相当于 10 只蚂蚁身体的宽度和 12 只蚂蚁身体的长度！

奥德蕾·迪叙图尔

大都会

游蚁每天走的路都不尽相同,所以它们从不费心去修建长期的高速公路,而是架设临时的便桥。与之相反,有一些蚂蚁,包括我们先前介绍过的切叶蚁在内,却是年复一年都走着同一条路线——又一个地铁、工作、睡觉的典型例子。为了方便自身的行动,它们会毫不犹豫地投入基础设施的建设。一个切叶蚁巢可以拥有多达 30 条高速公路,每条都超过 200 米长。这些交通大动脉将巢穴连接起来,而巢穴内部的深层走廊可以宽达 50 厘米、高 2~6 厘米,长达 90 米。以人的尺度来说,这相当于 100 米宽、20 千米长的隧道,与得克萨斯州著名的凯蒂高速公路(Katy Freeway)的宽度相等,那是全世界最宽的、有 26 条车道的高速公路。一个蚁群的采集面积可以覆盖其巢穴周围 1 公顷的土地。在高速路上,蚂蚁们来来往往,有的赶往食物的源头,有的则带着收获的食物返回,十分繁忙。

切叶蚁建造一条高速公路大致分为如下几步。首先,蚂蚁会在巢穴和食物来源之间用化学信息标出一条路线。接下来,工蚁们会砍掉挡路的草叶,就像人用砍刀在森林中开路那样。之后,它们会处理所有草根,逐一将其清除,同时拓宽道路。从此刻开始,这条道路已经肉眼可见了,尽管上面还没有一只蚂蚁通行。最后,工蚁们开始清理道路,把所有切下来的植物、石头以及小树枝统统清理干净。据科学家们估算,蚂蚁每天可建造 7 米长的高速公路,一年可建造 2.7 千米。以人的角度看,相当于在一年时间内要建造 500

千米长的高速公路。而阿韦龙地区在 La Mothe 和 Les Molinières 两地间修建的 14 千米长的双车道工程于 2010 年开始，2024 年完工。若以蚂蚁的建设速度，这个项目只需要不到两个月的时间就能完成……还应该指出的是，只有蚂蚁和人类才会主动修建道路以方便自身行动，但显然，在这件事上，这些小昆虫远远超越了人类。

高速公路完工后，工作也并未结束：必须对道路进行长期维护，因为不断有树叶和树枝掉落到路面。为了维护整个公路网，蚂蚁每年需要移除不少于 40 千克的垃圾，这相当于一只蚂蚁 140 000 小时的工作量。幸运的是，每天有 5 000 名养路工在做这项工作，所以对蚁群来说，道路维护实际上只需要 280 个小时的工作。与一条清洁良好的道路所能带来的好处相比，这个成本算是相对较低的。事实上，在没有杂物的道路上蚂蚁移动的速度是在未维护道路上的 3 倍。从收益的角度看，这意味着单位时间内有更多的碎叶片能运抵蚁巢。

黑腹脊红蚁（Myrmicaria opaciventris）也建造高速公路，但使用的技术完全不同：它不是通过清理来得到一条道路，而是直接在地上进行挖掘。黑腹脊红蚁是一种毛发蓬松的蚂蚁。它的腹部总是收起屈在胸口下，让人觉得这种蚂蚁看起来似乎总在自责的样子。黑腹脊红蚁原产于非洲中部，一个蚁群可由超过 20 万个成员构成，它们分布在各自独立的不同巢穴中。最初，它们以一个蚁穴为起点，在食物来源附近修建卫星巢穴，并建立化学小径通往各个新的建设工地。觅食蚁特别喜欢蜡蝉产的蜜汁，这种蚂蚁通常以植物汁液为食。一周后，蚂蚁开始挖掘道路，每只工蚁都沿着道路边缘把放置的土粒堆积起来，逐渐形成墙壁。一个月后，挖出的沟已经有 3 厘米深，相当于蚂蚁身高的 5~6 倍。经过三个月的劳作，这些沟被蚂蚁用唾液浸泡过的土粒封顶，成为真正的地下走廊。这些地下通道十分坚固，就算是几十千克的哺乳动物的重量也能承受。有了这些地下通道，蚂蚁就能避开掠食者以及太阳光进行活动，要知道在非洲中部，气温有时可达到40℃以上。利用这些走廊，觅食蚁能快速到达蜡蝉正在进食的植物上。就这样，黑腹脊红蚁建起了一个交通网络，各处的巢穴通过地下走廊相互连接起来，并与牧场相连。整个交通网络可以覆盖多达30个巢穴，它们之间彼此间隔平均约30米，而其中某些隧道的长度可以达到创纪录的450米。想象一下，建一条300千米长的地下高速公路将你的住处与度假屋连接起来！世界上最长的隧道是瑞士的圣哥达基线（Saint-Gothard）隧道，其长度仅为57千米，耗时8年才最终建成！

这些大型高速公路和隧道的一个显著优势在于：可以防止切叶蚁和脊红蚁在茂密的植被中迷路。对于一个只有几毫米长的觅食蚁来说，要在面积超过一公顷的茂密草地上找到方向是非常困难的。在人的世界里，这就类似于在一片与巴黎迪士尼乐园那么大的云杉林中寻找道路。生态学先驱雅各布·冯·韦克斯库尔（Jakob von Uexküll）很好地解释了不同生物之间的视角差异问题。这位生态学家认为，环境并非单一的，而是十分多元的，必须根据生活在其中的不同生物及其敏感性、感知能力及已有经验来考虑环境问题。冯·韦克斯库尔说：“如果我们在思考与森林的关系时不仅仅局限于以人类为主体，而是将各种动物都考虑进来，那么森林的重要性就会成百倍地增加。"

奥德蕾·迪叙图尔

第6个考验

利用一切可利用之人

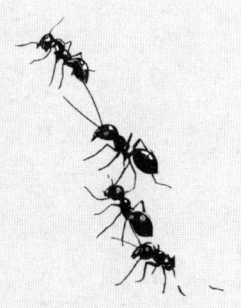

寄生虫

当食物可以轻松方便地偷取到时,又何必劳神费力去狩猎或搞建设呢!这就是拟态蜜罐蚁(Myrmecocystus mimicus)信奉的生活哲学。不要被它们的拉丁名"*mimi*"迷惑,它们并不是人们想象中的"乖咪咪",而是不折不扣的小偷和恶贼。但在揭露它们的斑斑劣迹之前,我们有必要先做一番简单的介绍,因为这些蚂蚁之所以大名远扬并不是因为它们狡诈的个性,而是因其独具一格的食物储存方式。拟态蜜罐蚁生活在北美的沙漠地区,长期缺乏食物和水。为了应对这样困难的生存条件,蚁群中的某些成员会正式地充当水箱,就像一台活冰箱一样。这些蚂蚁挂在蚁巢中某些特定房间的天花板上,像填鹅一样被强行喂食花蜜和昆虫汁液,直到腹部胀得圆鼓鼓的几乎要爆开。它们的外观看起来如同一颗颗饱满多汁的葡萄,所以被人们称为蜜罐蚁。当外部食物匮乏时,这些活水库便会反刍出腹中储存的营养液来喂养蚁群。以这种方式储存食物的好处是永远不用担心食物变质!一旦腹中的储备被掏空,这些不幸的蚂蚁将再也无法恢复到原来的形态,只能死去。此时它的腹部变得干瘪松弛,就像一个可怜的被刺破的气球那样。咳,这样的命运……

虽然蜜罐蚁很喜欢甜食,但它们也需要蛋白质。与其去狩猎并承担相应的一系列不必要的风险,它们更愿意去抢劫邻居。凌晨时分,它们悄悄地接近食谷粒的马里科帕须蚁(Pogonomyrmex maricopa)的巢穴。这种红色沙漠蚂蚁拥有世界上最毒的昆虫毒液——只需10毫克就足以杀死一个人——但只要蜜罐蚁注意保持一定距离，守在巢穴入口处的卫兵就不会主动攻击这些偷食贼。于是这些小偷在马里科帕须蚁巢穴的入口处毫不在意地自由闲荡，等待着觅食蚁归巢，有时得等上好几个小时。当终于等到一只觅食蚁返巢时，蜜罐蚁便会上前阻拦，爬到它的身上，抓挠它的头和大颚。有时会有两只甚至三只蜜罐蚁同时阻拦同一只觅食蚁。如果这只须蚁没有携带食物，或者它带回来的是种子，偷窃者温和而严格地检查一番后就会放它一马，一旦检查完毕，这只须蚁就能带着自己的战利品返回巢穴。另一方面，倘若这只不幸的须蚁大颚之间恰好夹着一个猎物，那它就会遭到蜜罐蚁的凶猛攻击，它们会抢夺战利品然后迅速离开。须蚁带回巢穴的昆虫会因此损失大约 20% 以上。设想你在超市花了几个小时购物后，好不容易终于到了家门口，却在此时被人抢走了所有物品！

有些种类的偷窃蚂蚁更是坏到了家，竟然直接住进了受害者的巢穴。普氏客蚁（Formicoxenus provancheri）就是这样，它的绰号叫"香波蚁"，体形娇小，几乎不到 2 毫米长，靠不全红蚁（Myrmica incompleta）养活，而后者的体形是它的 5 倍大！

香波蚁可以通过追踪寄主的气味信息路径来找到它们的巢穴。一旦到达新家，它们便会小心避开耳目，偷偷地将自己那有 500 个成员的小家庭安顿在寄主蚁巢的墙内。香波蚁特别注意把自己的后代小心隐藏起来，因为房东一旦发现，准会一口就将它们吞吃了。香波蚁藏身之处总共仅有一颗橡子那么大。为什么它们被称为香波蚁呢？这个绰号源于一个非常独特的行为。当接近寄主时，这些不受欢迎的客人会抬起屁股释放出一种带舒缓功能的气体。在这种镇静剂的影响下，寄主便会任由这小侏儒的摆布，而它则会爬到寄主背上大力舔它的头，用触角抚摸它。在这般爱抚下，驯服的寄主便会乖乖地反刍出储存在公共胃中的食物，聪明的寄生蚁便大口将之吞下。但香波蚁的偷窃行为并不仅限于此：它们还直接从孩子的口中夺食。事实上，有时它们会直接去寄主的幼虫那里讨食，压力会让幼虫的肛门中喷出透明的液滴，这些不择手段的寄生虫便会立即将其吞下。这些偷窃者的生存完全依赖于寄主。总之，香波蚁有点像宠物猫：它们把时间花在梳理打扮自己身上，给主人提供爱抚以获得食物，并完全靠主人养活！

奥德蕾·迪叙图尔

斯德哥尔摩综合征

蚂蚁素有为群体利益牺牲自己的美名——它们生下来就是为了给蚁后提供服务，承担着蚁群里包括照顾幼蚁、收集食物和维护巢穴等在内的所有基本任务。但事实果真如此吗？奴役蚁找到了一种办法来将蚁群所有基本任务外包出去：通过奴役其他物种。

每年夏天，通体呈血红色的血红林蚁（Formica sanguinea）都会外出完成一项俘获奴隶的任务，潜入近亲——生性温和的黑山蚁（Formica fusca）的巢穴。首先，一些奴隶主（血红林蚁）会离开巢穴去寻找合适的寄主蚁穴；一旦找到了理想的居所，它们就会立即返回蚁巢告知同伴；几分钟后，血红林蚁组成几个小队，每队有约100只蚂蚁，秩序井然地离开巢穴。这个纵队由上千只蚂蚁组成，队伍逶迤可长达12米。当这些奴隶主到达目标蚁穴时，第一项工作便是扩大巢穴入口以方便大军侵入。原住民黑山蚁措手不及，它们惊慌地沿着主道向上跑，试图在入口处阻止入侵。但经过一番激烈战斗后，黑山蚁很快被敌人的大军淹没，一只接一只地倒下，最后不得不投降。入侵的奴隶主们则将受害者运入巢穴，在那里将它们肢解并吞食，杀害还在那里的蚁后，然后将黑山蚁的幼蚁绑架回去。这些幼蚁将由新的保姆抚养长大，它们对这段被绑架的经历毫无记忆。长大以后，它们将收集食物，保卫蚁群，就如同保卫自己的蚁群一样。例如，如果奴隶主不慎落入食蚁兽的陷阱，奴隶们会毫不犹豫地牺牲自己去救回主人。相反，假如一只奴隶蚁处于同样的境地，不仅奴隶主会对之置不理，其他同伴也一样会完全忽视它，毫不留情地离开，任它落入魔爪，听凭命运的摆布。

有些种类的奴役蚁行事更为恶毒，如亚光盗蚁（Harpagoxenus sublaevis）。它们不仅绑架幼蚁，还在所攻击的蚁巢中制造恐怖和混乱。我们在巴斯克地区的海岸边遇到的这些多毛的蚂蚁会采用化学战。攻击时，它们会释放毒液来操纵对手库特里细胸蚁（Leptothorax kutteri），使得它们像疯子一样发狂，像无头苍蝇一样四下狂奔，由于无法与敌人作战，它们就互相厮打。一旦巢中开始发生混乱，奴役蚁就会攻击那些碍事的原住蚁，将它们直接肢解并偷走它们的孩子。虽然这些野蛮盗蚁的攻击一旦启动后显得特别有效，但其实它们的整个突袭过程却是有史以来最为缓慢的。事实上，袭击任务是一步一步地进行的，前文曾经描述过这种战术。当一个首领盯上了一个潜在的奴隶巢穴，它就会一个一个地把招募到的同伴背过来。每个被招募的工蚁都耐心地躲在暗处等待，直到整个队伍足够强大时再同时发动攻击。如果首领招募的地方比较远，那么埋伏的过程便会显得特别漫长，没完没了的，甚至可能会持续好几天。在新巢中出生的奴隶会被打上化学标记，这对它们返回原来的巢穴构成了极大障碍，因为这些气味会令它们在那边遭到攻击。不过，奴隶们对主人并不总是百依百顺，有时它们会躲在走廊转角处偷偷攻击主人。当然这些攻击仅限于轻咬或拍打，通常不会造成任何伤害。在经历一番情绪波动后，奴隶们又会恢复到顺从的姿态，迅速远离主人。被囚禁的蚂蚁或许更加狡猾，它们会在狱中进行破坏活动。实际上，奴隶们趁主人转过身去没注意到的时候下手杀死主人后代的情况时有发生。所谓以眼还眼，以牙还牙！

至此我们所描述的奴役蚁的做法都是在袭击后绑架幼蚁返回自己的巢穴。这些种类的蚂蚁实际上完全可以不用奴隶，自己就可以完成蚁群生活运转过程中的所有任务。但有些种类的蚂蚁若是离开了奴隶，自己就完全无法生存，因此它们更愿意选择直接把家安在奴隶的巢穴中。亚马孙蚂蚁红牧蚁（Polyergus rufescens）就是这样，它那锋利的大颚像镰刀一样，根本无法照顾自己的后代，因为稍不小心就可能把它们切碎了！巨大的牙齿也是个缺陷，无法在没有帮助的情况下自己进食。总之，亚马孙蚂蚁就好比是蚂蚁界的"剪刀手爱德华"①。

交配后，亚马孙蚁的蚁后会寻找一个合适的地方产下它那珍贵的卵。但与其他蚁后的不同之处在于，亚马孙蚁后所寻找的是那些已经有别的蚁后的蚁巢。由于它几乎没有任何体味，亚马孙蚁后能够毫不引人注目地在宿主的巢穴中活动。如果不小心被宿主撞见了，它便会分泌出一种气味，赶跑巢穴里的原住蚁。它深入蚁巢，直到找到原来蚁群的蚁后。这时，不等对方反应过来，它就迅速将其暴力斩首，然后通过摩擦尸体并在地上打滚来染上受害者身体的气味。这样，篡夺者便取得了蚁群的指挥权。在奴隶大军的支持下，亚马孙蚁后只专注于一项任务：产卵。奴隶蚁们继续维护着蚁巢的运行。出于本能，它们会尽心尽责地照顾新主人产下的卵。但当卵蜕变成幼虫时，保育员们会有所察觉，因为与蚁后不同，幼虫身上的气味与奴隶蚁们不一样。为了避免刚孵化就被斩首的命运，幼虫会通过肛

---

① 1990年上映的美国科幻电影《剪刀手爱德华》中的人物，爱德华是一个机器人，拥有人的心智，却有一双剪刀手，孤独地生活在古堡里。

门排出一种透明液体，吸引并安抚奴隶蚁。新生的奴隶主们只有一个任务需要完成：绑架新仆人。为了达到这个目的，它们会组织有奴隶参与的攻击行动，奴隶们被迫让自己的同伴也过上被奴役的生活。在这些行动中，奴隶主们在进入目标巢穴时会先释放一种气味信息素，这种化学物质在蚁巢中制造恐慌，导致居民们逃离蚁巢。一旦道路畅通，奴隶主们便前去和平接管蚁巢。它们会尽量避免使用暴力造成不必要的死亡，而以这类方式绑架的幼蚁们将充实奴隶队伍。

有时，篡夺王位的女王会更加残暴，此时我们便将目睹一场名副其实的屠杀，或者如系列电视剧《卡梅洛特》（*Kaamelott*）[①]中盖特诺克（Guetenoc）所说那样，是"一首残暴的赞歌，一座野蛮崇拜的祭坛"。栖息在地中海地区的、俗称恶魔蚁的拉乌西切叶蚁（Epimyrma ravouxi）和它那喜欢在凉爽的阿尔卑斯山生活的同样邪恶的表亲斯汤普里切叶蚁（Epimyrma stumperi），称得上是名副其实的精神病患者，与诺曼·贝茨（Norman Bates）[②]和帕特里克·贝特曼（Patrick Bateman）[③]相比有过之而无不及。恶魔蚁会进入切胸蚁（Temnothorax）的巢穴并爱抚它们，而它的表亲斯汤普里切叶蚁则喜欢在受害者蚁穴的附近装死。天生好奇的切胸蚁会走近假尸体并将其带回巢穴，然后继续工作。这时，阴险的蚁后便会悄悄地爬起身，抓住身边遇到的第一只工蚁，用自己的身体摩擦对方，直到沾上它的气味，

[①] 法国中世纪奇幻喜剧电视剧，2005—2009 年在法国电视六台播出。盖特诺克为片中人物。

[②] 美国电影《惊魂记》中人格分裂的连环杀手。

[③] 美国电影《美国精神病人》中的变态杀手。

然后用毒刺杀死对方。一旦被憨厚的主人接受，这对表姐妹就会使用同样的计谋：它们满脸无辜地靠近原主的蚁后，出其不意地将它打翻在地，然后用大颚勒死它。为了能尽可能长时间地沾染受害者的气味，这种勒杀可能持续数天甚至数周，直到浑身瘫痪的蚁后最终死亡。新蚁后随后会生出大量工蚁，不过这些工蚁并不参与蚁巢日常的维护活动，而是专门去抢劫附近其他的切胸蚁巢穴，以增加自家工蚁的供应。它们外出时就像小火车那样排成一列，一个挨着一个相互紧跟着。一旦到达目标蚁巢，它们便会直接蜇死成虫，绑架幼虫。略有不同的是，恶魔蚁对奴隶的来源并不挑剔，会"接纳"几种不同种的切胸蚁进入自己的巢穴，而这些切胸蚁彼此之间常常会发生无休止的争吵；而它那阿尔卑斯山的表亲斯汤普里切叶蚁则对奴隶有所选择，以避免内部冲突。

当然啦，也有不诉诸暴力的奴役蚁。只有 2 毫米长的掠夺切胸蚁（*Temnothorax pilagens*）也被称为忍者蚂蚁，它们会利用隐蔽性去绑架受害者迷糊切胸蚁（*Temnothorax ambiguus*）的幼虫。迷糊切胸蚁生活在橡子中，对于这种体形瘦小的蚂蚁来说，橡子是名副其实的"堡垒"，只需在其上打一个洞作为前厅。偷袭的掠夺切胸蚁将猎取目标限定为 4 个奴隶。它们使用化学面罩，这能让它们从入口处潜入而不被发现。迷糊切胸蚁们呆呆地看着入侵者，听任它们绑架幼蚁、蚁卵，乃至成年蚁！如果有居民恢复意识，搞清楚正在发生什么事情，掠夺切胸蚁就会像忍者一样挥舞着毒刺，在它发出警报之前迅速将它麻痹。为了使被攻击的蚁群能够继续生存并重新成长，奴隶贩子们保持理智，并不会将整个蚁巢掠夺一空。这样，当奴隶不够用的时候，它们便可以再次登门!

  还有一点很重要。要知道，描述蚂蚁的上述奴役行为时其实使用"驯化"一词可能更恰当，因为蚂蚁奴隶和主人虽然在系统发育上是近亲，但并不属于同一物种。事实上，当谈论智人对近亲黑猩猩的征服时，我们特别注意不使用"奴隶"这个字眼……

奥德蕾·迪叙图尔

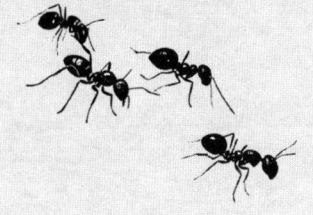

第7个考验

保卫领土

敌人兄弟①

多日一无所获的猎人终于发现了一个猎物丰饶之地。这么好的地方可千万别让他人给糟蹋了！不难理解，哪怕微小如蚂蚁也同样有自己想要保守的小秘密。

我们再一次深入圭亚那热带密林腹地，来看看这些大眼睛的巨目破坏蚁（参见《来自森林的召唤》一章）。它们中的一位独自在丛林中搜寻良久，总算觅到了一只猎物。它小心翼翼地将猎物夹在大颚间，匆匆踏上返巢的归途，它希望此时最好别发生什么不期而遇的事情，然而它偏偏就遇到了另一只巨目破坏蚁。两只蚂蚁在相距几厘米的地方驻足不前，触角朝前，死死地盯着对方，同时侧身以小碎步横着移动，就像竞技场上的角斗士那样。有时对抗可以就此结束，两只蚂蚁相安无事，各自继续走自己的路。可这一次，交锋却有些变味了，准确地说是有了一股蚁酸味儿。两只觅食蚁扑向对方展开了激烈的战斗，一边撕咬对手，一边释放毒液。二者间的战斗是一场贴身肉搏战，它们在地面上的树叶间滚动，丛林中充斥着一种介于醋和氨水之间的呛人气味，几乎让人睁不开眼。几十秒后，搏斗渐渐变得不那么激烈了。两名战士浑身上下被甲酸浸透，最终都停了下来不再动弹。它俩将永远定格在这个纠缠于一起的搏斗姿势：这场殊死搏斗没有获胜者。

显然，这两只蚂蚁行为方式如此决绝，说明它俩虽然属于同

---

① 或译为《近敌》，2018年上映的法国惊悚电影。

第7个考验：保卫领土

一物种：巨目破坏蚁，却来自不同的蚁群。很容易理解为何这些蚂蚁可以无视其他物种的蚂蚁，却偏不能容忍同类。巨目破坏蚁是专业猎手：捕猎时可以依赖良好的视觉，奔跑速度快，甚至还可以高高跳起，能捕到一些大多数其他蚂蚁都捉不到的灵活的小猎物。因此，对它们来讲同类才是主要的竞争对手。这些觅食蚁宁愿不顾生命危险去攻击邻居，说明狩猎领地对蚁群的重要性。这属于"种内"（同一物种内）"跨群"（不同蚁群间）竞争。

还有一个令人费解的现象。当两只属于同一蚁群的巨目蚁在林中相遇时，它们之间的关系也并不总是十分友好。如果此时其中一只的大颚间夹着猎物，另一只蚂蚁很可能会上前驱赶它，猛烈地推搡它，甚至夺走它的猎物然后得意扬扬地逃回蚁穴——而这实际上也是第一只蚂蚁打算去的目的地。现在它成为这番打闹的受害者，显得十分困惑。它徒劳地寻找丢失的猎物，最后不得不掉转方向继续去狩猎。为什么两只工蚁带回猎物与同一蚁群的其他成员分享时，要争夺自己的战利品呢？这样做有什么好处呢？该如何解释这种"群内"竞争？不是说蚂蚁是最擅长相互合作的吗？

1985年，一位前往墨西哥南部圣何塞拉维多利亚热带雨林研究黄节新猛蚁（Neoponera apicalis）的研究人员，为这一悖论提供了可能的解释。黄节新猛蚁身体呈暗黑色，仅触角顶端为黄色。它们的外貌令人印象十分深刻，可谓武装到了牙齿：巨大的眼睛、长长的大颚、腹部带螫针，保证能刺得很痛。与巨目破坏蚁一样，黄节新猛蚁也是单独觅食的。但如果说巨目破坏蚁行动的敏捷和隐蔽常令人联想到卧底的间谍，那么黄节新猛蚁的外貌和行为则更像一支橄榄球队。它们孔武有力，在地面上紧张无序地奔跑，触角快速振动。强烈建议不要有任何赤手去抓它们的企图！

科学家在一棵巨榕硕大的根部发现了三个黄节新猛蚁的巢穴，于是开始进行一项大胆的研究：他们在每只蚂蚁的胸部都粘上一个带编号的小背贴——就像田径比赛的运动员那样，用以识别分属三个蚁巢的所有觅食蚁。请不必担心，一般来说黄节新猛蚁群的成员数量都不太多，顶多也就100多只。此后，研究人员便开始了连续45天的不间断观察，对3个蚁巢中每只蚂蚁每天的出行往来进行跟踪。要在森林中记录蚂蚁的行走路线并非易事，他们当时采用的方法现在有时也仍有人使用。需要准备成千上万个微型小彩旗，追着蚂蚁的脚后跟以固定间隔将彩旗插在地面上。记录一只蚂蚁的一次出行需使用同一种颜色的旗帜，并注意要同时记录相关蚂蚁的编号。而且，黄节新猛蚁起得特别早，天边刚刚出现黎明的第一道曙光，它们便开始了一天的活动。所以，这位勤奋的科学家一连几个月每天早上5点就得起身（更准确地说是俯身弯腰），跟踪他的小蚂蚁，把各色小旗插入森林潮湿的腐殖土中。当一天结束时，地面上插满了几百面五颜六色的小旗，显示出蚂蚁旅行家们这一天所走过的全部路线。当蚂蚁们终于可以放松休息的时候，我们的研究人员还得直起身子继续完成当天的第二项工作：在纸上逐一记录下每一条路线。啊，请别忘了一个重要细节，一个绝不会令研究人员感到舒服的细节：当时正值雨季。我们觉得在向您展示最终的研究结果前，首先应该让您了解研究人员为了获得这些结果而付出的所有艰辛努力，这样，此刻正坐在干爽舒适的沙发上的您必定能更好地欣赏这些成果。

通过上述工作，研究人员最后描绘出的图像十分令人惊叹。

首先，我们得知绝大多数觅食蚁总会返回到自己独有的那个面积约30平方米的小小领地去狩猎。之后，当我们将一个蚁群所有成员的狩猎领地叠加在一起的时候，一幅惊人的图景展现在眼前：这些零碎的小块领地如同马赛克一样互为补充，最终竟形成了一个近乎完整的、以巢穴为中心的圆形。一个堪称完美的分布！这个圆形的半径为20~30米，覆盖了巢穴周围近2 000平方米的区域，相当于10个网球场大小。这是整个蚁群的狩猎觅食区域。

现在的问题是要了解这些黄节新猛蚁在各自单独行动的情况下，是如何完成如此有序的集体安排的。研究人员搜集的数据提供了部分线索。数据显示，领地处于最外围的那些蚂蚁，即那些到离巢穴最远的地方去狩猎的蚂蚁，往往是外出最频繁的猎手，并且往往也是蚁群中收获最丰的猎手。事实上，在离巢穴越远的地方打猎，遇到同伴的概率就越小，这样猎手就有更多机会能独享一块鲜有他人光顾的领地。第二条通往正确答案的线索是，离巢穴越近，就越有可能碰到那些经验不足、尚未建立领地的猎手。它们仍处于探索周围环境的阶段，尚未建立起个人固定的狩猎领地。最后，也是这一机制形成的关键之处，当一只蚂蚁成功地在一个地方找到食物时，它更有可能会返回到该区域；相反，如果猎手在一个地方毫无所获，它便会去其他地方觅食。这就是著名的win-stay，loose-shift策略："赢则留，输则换"。

蚂蚁领地就是这样逐渐组织起来的。只要一个地方有食可获，觅食蚁自然就会发现它，并一而再、再而三地返回此地觅食。这就是所谓的强化策略。一个地方的食物越丰富，觅食蚁对该领地的忠诚度就会越高；反之，如果一个地方食物匮乏或者已经被开发殆尽，那么食物不足就会驱使新来的觅食蚁到其他地方去。这样就逐渐形成了觅食蚁领地的合理分布，正好与巢穴周围潜在食物的分布情况相一致。当然，蚁群的任何一个个体都不能了解这个整体的分布图景。一切皆自然形成，无须计划，无须领导——又一个自组织的例子。

这一结果后来在许多其他单独狩猎的蚂蚁物种中均得到了证实。现在我们或许可以解释先前观察到的同一个蚁群的两只巨目蚁之间发生的争斗：通过阻止群体中的其他成员从自己的个人领地带回猎物，那些有经验的蚂蚁猎人便能确保新来的成员不会把同一个地方当作固定狩猎场地。这个举动相当于说，"去别的地方狩猎吧，孩子，这里不需要两个猎手"。

当然，促使蚂蚁作出此番行为的动机很可能并非如此。我们不能将一个行为中的"进化"因素与同一行为中所包含的"认知"因素或"近因"混淆起来，前者是经过世世代代的遗传形成的，而后两种则是在某一特定时刻发生在蚂蚁头脑中的。就个体而言，无论是昆虫还是包括人类在内的其他动物，一般来说对自身行为所包含的进化因素都毫无意识。例如一头处于发情期的狮子寻求交配的原因是性欲（近因）所使，而非因为"我需要快速繁殖以确保有下一代"（进化原因）。同样，蚂蚁多半也不会认为自己的偷抢行为是为了提高蚁群的收益，发生这一行为的近因必定另有原因。但究竟是什么原因呢？至少有一点是可以肯定的：由于狩猎屡屡成功，有经验的觅食蚁在其固定领地狩猎时会变得更加积极，其热情主动与某个初出茅庐的新手来到一个陌生地方时行为的犹豫不决形成鲜明对比。这位积极主动的觅食蚁下手从害羞的伙伴那里偷抢食物时没有半分犹豫。当然，它也可能只是在释放自己强烈的捕猎欲望：猎物就是猎物，无论它是在同伴的嘴里还是在别处。两只蚂蚁拥有相同的蚁群气味,这能有效地防止暴力升级,不过并不能阻止它们为了一个好东西而发生争斗。局部的小打小闹有利于更好地全面合作。如此,简单的个体成员间的规则便能在更大的社会范围内产生有效的解决方案……而蚂蚁的社会规模往往远超人类社会的规模。

安托万·威斯特拉赫

无蚁之地

刚才提到的那些家族内部的小争吵很快就会被抛在脑后，和所有兄弟姐妹之间的争执斗气一样。现在让我们来说一说发生在澳大利亚的两个蚁群之间的真正的家族间冲突，就好像科萨·诺斯特拉（Cosa Nostra）[①]内部的帮派战争。

在非洲、亚洲和大洋洲热带雨林的树冠中，分布着织叶蚁（Oecophylla）建造的大都市。织叶蚁身材高大，头高高昂起，像芭蕾舞演员一样优雅地沿着树枝往来奔跑。澳大利亚的织叶蚁腹部呈翠绿色，因此也常被称为绿蚁。在世界其他地方，人们常常称它们为纺织蚁，因为它们的巢穴确实是织出来。筑巢一般从折叠树叶开始。这种折纸活动以小组为单位进行，因为对于只有几毫米长的蚂蚁来说，要折叠超过其体形50倍的坚硬树叶是十分困难的。请想象一下折叠一张足球场大小的纸张会有多么不容易。织叶蚁排成长队，每只蚂蚁都紧紧抓住另一只蚂蚁的腰部，奋力地将树叶的边缘拉拢到一起。折好后，它们会用幼虫和产出的丝将树叶边缘粘在一起，就像一台台小缝纫机一样。

在一个蚁群的领地内，织叶蚁可建造100多个足球般大小的巢穴。就像人类修建道路将建筑物彼此连接起来一样，蚂蚁的纯天然植物居所之间也有四通八达的树枝将其连接起来。一个蚁群可有超过50万个成员，散居在20多棵树上，所覆盖的领地面积

---

① 美国最大的黑手党犯罪集团。

可达1 500平方米。在这个庞大的群体中，我们可能会遇到被称为"小个子"的小工蚁，它们主要负责照顾幼虫；也可能遇到被称为"大块头"的大工蚁，它们负责采集食物和保卫蚁群。织叶蚁拥有所有蚂蚁中最复杂的化学信息库，它们能使用不同的信息素表达"我找到食物了""沿着小路走""小心危险""组队！""进攻！""这是我家"等不同信息。

如果您突发奇想用一根棍子去敲打织叶蚁的巢穴，您会立即听见一阵喧闹嘈杂的声音，那是数以千计的织蚁在敲打树叶发出警告。这个信号其实是礼貌地通知您，请赶紧在骑兵队到来之前自行离开。这种树栖生物生性好斗，它们对从树梢一直到森林地面的大片领地寸土不让地进行捍卫。遇到入侵者时，它们会毫不含糊地摆出战斗姿态——腹部笔直抬起，大颚大张，显然它们并不欢迎任何不速之客。科学家报告说，假如遇到的这位外来客是之前就曾经见过的，织叶蚁会变得更有攻击性。事实上，当科学家尝试分别将生活在附近的以及生活在几千米外的其他蚂蚁引入织叶蚁群的领地时，观察后他们发现，那些来自附近的蚂蚁很快就会遭到织叶蚁的暴力驱除甚至直接处死；而远方的陌生人则会受到温柔的爱抚，甚至会得到食物。不妨想象一下这样的一个社会：我们总给邻居吃闭门羹，却热情地给初次来访的客人提供茶水和饼干。实际上，在蚂蚁社会中，更有可能构成潜在威胁的往往是住在附近蚁巢的邻居，而不是那些位于几千米外的、不会成为直接竞争对手的蚁群。织叶蚁一次次与相邻的蚁群成员相遇，会通过分辨气味来更好地识别那些邻近的蚁群并对有可能发生的领地入侵事件进行预测。有时那些捍卫着自己领地的勇敢卫兵会把敌人的尸首带回巢穴，这样那些年轻同伴甚至在首次离巢出征前就能熟悉敌人的气味。这是否会让您联想起某些黑手党的入会仪式……

当织叶蚁首次进入一个新环境时，它们会用腹部末端碰触地面，同时从肛门排出大滴棕色液体。这些分泌物并非单纯的排泄物，里边含有蚁群的气味。织叶蚁能够轻易区分自家蚁群的标记与邻近其他蚁群的标记。通常情况下，这些"禁止入内"的标志令入侵者望而却步。不过，单纯的化学屏障挡不住某些好奇心特别重的蚂蚁，外来入侵的情况时有发生。所以织叶蚁会在领地边缘建立边防哨所，专供大块头工蚁使用。在仔细检查了这些卫星巢穴后，研究人员发现，住在这里的大多是身体有残疾的年老蚂蚁，有的只有4条或5条腿，有的则失去了触角或大颚。这些老蚂蚁在边境哨所附近不断地巡逻，它们唯一的任务就是保护蚁群的领地，防止任何冒冒失失的家伙闯入。一旦发生这种情况，它们会立即与入侵者展开激烈的战斗，通常以后者的死亡告终。如果入侵者个头太大，一只大块头蚂蚁无法将其赶走，它便会立即跑向边防哨所，并且一路在地上留下化学路径标识来为同伴指引方向。遇到同伴的时候，这只蚂蚁会模仿战斗的姿势来激励它们沿着化学路径前进。危险迫在眉睫，这令所有被招募的蚂蚁都兴奋起来，它们纷纷沿着化学路径全速奔跑，前去迎击入侵者。入侵者很快就会被包围起来，被摔倒在地，被肢解，有时会被织叶蚁带回巢穴吞食。在不同织叶蚁群落的边界地带，蚁群间的交锋有时如此激烈，以至于会出现一些禁区，任何蚂蚁都不能踏入，即所谓"无蚁之地"。

奥德蕾·迪叙图尔

搏击俱乐部

同样生活在澳大利亚的紫彩虹臭蚁（Iridomyrmex purpureus）也是一种领地意识很强且极具攻击性的物种。它会以无差别的方式凶猛地攻击进入其领地的小蜥蜴或某个徒步的游客。澳大利亚农民常常利用紫彩虹臭蚁来清除一些动物尸体的残余，还给它们起了个绰号——肉蚂蚁。这是一种紫色的小昆虫，腿很长，身体上泛着彩虹般的紫色光泽。紫彩虹臭蚁的巢穴很容易就能发现，因为通常会是一个直径达 2 米的巨大土丘，上面没有任何植被，仅仅覆盖着一些碎石和树枝。母巢与数个卫星巢之间通过肉眼可见的道路连接起来，共同组成一个可容纳超过数十万只蚂蚁的超级蚁巢，覆盖面积可超过 1 平方千米。

尽管肉蚂蚁以其超强的攻击性而远近闻名，但澳洲本地人却依然对它们青眼有加，因为它们能够杀死有毒的水牛蟾蜍——受到所有澳大利亚人诅咒的入侵物种。通常，水牛蟾蜍的毒素能杀死几乎所有潜在的天敌：蛇、鸟和爬行动物。这种臭名昭著的两栖动物被认为是澳大利亚生物多样性减少的罪魁祸首之一。水牛蟾蜍为躲避捕食者所采用的策略是在遭到攻击时一动不动，耐心等待毒素发挥作用。而神奇的是，肉蚂蚁似乎对水牛蟾蜍的毒素完全免疫，因此它们可以直接撕咬蟾蜍，而后者根本来不及采取任何自卫行动。

肉蚂蚁的领地意识极强，它们会在狩猎场里不断来回巡逻。然而，与织叶蚁不同的是，它们不会让蚁群的成员在每天无休止的战斗中作无谓牺牲。倘若卫兵在巡逻过程中遇到另一只蚂蚁，它会迅速靠近对方，用触角敲打对方的头部，像盲人一样特别专注地辨别对方的脸部轮廓。如果它发现嫌疑对象其实是自己成千上万个姐妹当中的一员，它就会在大约15秒钟后终止触碰。接下来两只蚂蚁都会用前肢上的小梳子反复清洁触角，舔干净爪子，然后各自重新上路。但是如果发现嫌疑对象确是入侵的敌人，触角的敲击就会迅速加快到每秒5次，同时两个对手都会挑衅地张开大颚。在互相敲打对方头部的同时，两位主角跳起了奇怪的舞蹈。它们每秒抬起和放下前腿10次，就像在虚空中划水一样。这个动作追平了美国武术家约翰·奥祖纳（John Ozuna）创造的每秒出拳次数最多的纪录。5秒钟后，两只蚂蚁中的一只放平触角，同时身体前倾表示认输，看上去它似乎拜倒在地。而对手则相反，它用足尖立起，看起来比跪在地上的对手高出一倍，同时它还将大颚张到最大。接着，这只占了上风的蚂蚁突然咬住对手的一只大颚，用力摇晃对方的脑袋好几秒钟，然后双方中断触碰，各自转身继续走自己的路。经常可以看到在战斗刚刚开始时，有的蚂蚁会爬到石头上去，好让自己显得更高大。这是一个取胜的策略，因为通常占据着最高位置的那一方会赢得胜利。

276

在大多数情况下，被打败并遭受羞辱的蚂蚁会夹着腹部回家。然而，总有些比其他蚂蚁更顽强的个体会返回来复仇。它们朝着对手前进，时不时向侧面、向前方或者向后方移动，刺激对手靠近。于是两位主角再一次面对面用后足站立，前腿抬起指向前方，就像两个法国拳击选手一样。它们围着对方转圈，寻找破绽。每次像这样近身肉搏时，肉蚂蚁会以每秒8次的频率用后腿连续击打对方。而比赛结束时，大多数情况下之前的失败者会再次被击败。它一边用力向后仰一边放低身体躲避，尽可能地离对手远一点。而在做这个动作时，蚂蚁常常会失去平衡，仰面朝天地倒下。这一次，这只被打败的蚂蚁彻底离开，永远也不再返回。在一篇描述这种仪式化的拳击比赛的文章中，研究人员说仅仅目睹过一次真正的拳击比赛。在文中他描述了一场异常血腥的搏斗，以双方暴毙身亡结束。大部分情况下，当肉蚂蚁认为自己已没有任何机会获胜时，它们宁愿采取顺从的姿态。同样，对占优势的一方来说，避免不必要的战斗也可减少自己受到伤害的可能性。每一天，在肉蚂蚁领地的边界上都在上演着这样的力量展示，在十来米的距离内，超过1 000只蚂蚁参与其中。人类和蚂蚁一样，都倾向于尽量避免发生冲突，但也都会毫不迟疑地不断通过发射导弹和举行阅兵仪式来展示自己的力量……

奥德蕾·迪叙图尔

第8个考验

抗击敌人

天降杀机

想象一下你生活在一个怪物横行的世界，它们体形巨大又快如闪电，并且都致力于同一个目标：生吞了你。故而生存法则的第一条便是：外出购物前不要忘记穿上全副盔甲，戴上钢盔。巨首蚁（Cephalotes），也就是之前我们介绍过的著名的守门蚁，便是这样做的。这些小昆虫身披棕色盔甲，头部、肩部和腰部都布满了大尖刺，就像被一身黑色铠甲压得行动不便的小骑士。巨首蚁动作迟缓，因此也常被称为"龟蚁"。事实上，这种昆虫选择了与爬行动物相同的策略：宁要保护甲而非速度。捉住一只龟蚁与捉住一只乌龟的区别在于，乌龟绝不会将头猛地向后仰，好将头上的尖刺刺入你的手指。

长期以来，这种蚂蚁的食性一直是个谜。一些研究人员注意到，返回巢穴的觅食蚁会反刍出黄色小球。现在我们知道这些都是花粉球。龟蚁舔食树叶上随风积聚的花粉，将难以消化的外膜吐在巢穴外，然后将里边的花粉带回蚁群中分享。

龟蚁经常为了寻找花粉而不惜深入树冠冒险。博物学家尼尔·韦伯（Neal Weber）于1957年发表的一篇文章中讲述道，自己曾惊奇地发现有些蚂蚁能穿越树叶和藤蔓，从一棵树爬到另一棵树，最远能去离巢穴35米远的地方！据他说，仅一个蚁巢的蚂蚁所探索的区域就超过2 000立方米树冠，相当于一个奥林匹克游泳池那么大！然而不幸的是，对于这些寻找花粉的小小冒险家来说，树冠中遍布着各种饥饿的掠食者。面对如龟蚁这般行动缓慢又极易到手的猎物，吞下带刺外壳所带来的轻微不适完全可以忽略不计。为了应对这类灾难，巨首蚁发展出了第二条生存法则，一个真正的秘密招数：一旦有掠食者靠近，就跃入空中！

这个策略乍一看似乎完全就是绝望的一跳，甚至可以说是纯自杀性的行为。从离地面 30 米高的树枝跳下，这个高度相当于蚂蚁身体长度的 3 000 倍，对人类来说相当于从 5 000 米的高空跳下来，这已经比大多数跳伞的高度还要高了。并且，对龟蚁来说，跳下来时不仅没有降落伞，并且身上还穿着厚重的盔甲。

高坠其实并不是什么大不了的事情——蚂蚁完全能承受落地的冲击，不会有任何问题。不过这之后才是它需要面对的真正麻烦。我们这位小冒险家会发现自己远离了熟悉的领地，真正"掉进"了一个完全陌生的环境：森林的地面。对这位从天而降的小昆虫而言，在地面它是毫无胜算的，这里到处都是饥饿的捕食者；更不必说在地面，之前的第二条生存法则"跳跃"的优势已经没有了。

科学家们想要对巨首蚁万一落在地面上可能会面临的危险进行评估。方法很简单：科学家先爬上树冠去抓一只龟蚁，再爬下来把它放在地上，然后进行观察。结果非常令人震惊：在枯叶中艰难跋涉的巨首蚁大约平均每 5 分钟就会遭到一次猎杀攻击——来自巨型蜘蛛或类似其他动物的攻击！然而命运的讽刺之处在于，这些可怜的蚂蚁平均需要 5 分钟才能爬回树干，并且还是在顺利的情况下。当这些热带森林被洪水淹没时——一年当中热带森林的洪水期可长达 6 个月——蚂蚁便会直接掉入水中，而此时平均每 9 秒钟它就会受到一次来自鱼类的攻击！所以看来从树枝上跳下来这个行为会导致风险增高，生存法则第二条似乎并非一个真正的好办法。

那么，这些蚂蚁又为什么要从树冠上一跃而下呢？研究人员百思不得其解。他们将自己挂在离地面30米高的吊索上，用镊子夹住巨首蚁，然后在半空中松开镊子，观察它们坠落的过程。结果十分神奇。起初，蚂蚁像一块石头一样，身体翻滚着以一条直线向地面坠落。但突然间蚂蚁的身体稳定了下来，好似一架滑翔机般以完美的控制曲线冲向最近的树干。在此我们邀请您去互联网上观看那些以"闪闪发光的蚂蚁"为关键词的视频，非常令人难以置信。85%的情况下，在半空中被释放的龟蚁能够在空中准确地控制方向并最终扑到树干上，下落的高度平均仅10米。研究人员将实验蚂蚁涂成白色，以便在坠落时更容易分辨它们。他们无比惊讶地发现，在被扔出去仅仅10分钟后这些涂成白色的蚂蚁就已经在自己巢穴的附近嬉戏了！

这些没有翅膀的昆虫是如何滑翔的呢？可以想象，要在丛林环境中精确测量一只1厘米长的蚂蚁的自由落体是相当困难的。为了解决这个难题，研究人员设计了一个"蚂蚁垂直风洞"——可以想象其他同行们听到这个事情会感到多么难以置信。其实不过是一个四壁透明的小型垂直通道，里边可产生向上的气流。研究人员需要做的就是把一只蚂蚁扔进通道，然后控制气流强度，蚂蚁就会自动开始滑行，实验者可以放心地从四面八方不同方位进行全方位的拍摄！

像专业跳伞运动员那样，为了在空中保持稳定，蚂蚁会将腿向后伸展开。从空气动力学来讲，这是一种保持身体稳定的姿势，腹部朝向地面，腿朝向天空。猫可以在空中主动进行身体的翻转然后用脚着地，而蚂蚁只需采取这种姿势，借助空气摩擦力翻转身体来自然达到平衡，就像一个小型降落伞一样。一旦稳定下来，蚂蚁就会将腹部向下弯曲以控制飞行路线，这个动作让它向后移动了！对跳伞运动员来说，自由落体时往后边移动似乎很奇怪，但别忘了，蚂蚁的视野有360度。因此，对它们来说，准确瞄准身后的树干完全不成问题。这些热带树木的树干上都覆盖着一层白色的地衣，这令它们在森林深色的背景下呈现出浅色的垂直线条，对蚂蚁来说是一个很方便的视觉参照物。接下来，它们只需用腿作出一些细微的动作，利用摩擦力完成有控转弯。

它们在空中移动的速度和精确度令人惊叹。其中一位研究人员解释说："我曾见过一些蚂蚁向一个明亮的地方滑翔，因为阳光从树叶上反射下来，但（意识到自己的错误后）它们在一瞬间改变方向，飞向（真正的）树干。"最后，着陆的时候，蚂蚁头朝下，将腹部朝上抬起，用腿去抓住树干。这个过程难度非常高，很多蚂蚁都会出现失误，致使它们从树干上猛烈弹起，然后它们会重新控制飞行，再一次进行着陆尝试。我们只能为它们的高超技艺鼓掌喝彩。

为了确认飞行中的蚂蚁的的确确是用视觉导航的，研究人员又进行了两项补充实验。首先，研究人员选择在没有月亮的夜晚从树冠上释放巨首蚁，并在它们身上涂上一小点发光涂料以便观察它们在黑暗中的下落情况。然后，研究人员又在白天从树冠上放下巨首蚁，却用涂料盖住了它们的眼睛。在这两种情况下，眼盲的蚂蚁在下落时虽然都使劲张开了腿来保持空中平衡，却呈直线往地下坠：显然，它们需要看清楚才能找到方向，这是不容置疑的。

这些结果让人想起一个不太合常规的观察实验。用一根线粘在一只蚂蚁胸部将它悬吊起来，蚂蚁便会自发地张开腿，模仿巨首蚁在自由坠落时的姿势。这是滑翔适应吗？而奇怪的是，甚至对生活在沙漠环境中的蚂蚁来说实验的结果也是一样的，即便在沙漠中根本看不到一棵树，也几乎不存在任何坠落的风险。这其实是一种所谓的"跗节反射"：一旦跗节（即腿的最后一节）不再与地面接触，蚂蚁就会采取这种姿势。在许多昆虫和陆地动物中都存在这种反射。其目的是减缓可能的下落速度，在飞行中保持平衡，腹部朝向地面，这便是所谓的"降落伞技术"。把任何一只无翅的小虫子——如蜘蛛，从二楼的窗户扔出去，你就能看到这小动物波澜不惊地控制着自己的坠落。所以，这种源于远古祖先的条件反射一定是深植于蚂蚁之中并一直流传下来的，即使是那些早已不可能再从树上掉下来的沙漠物种也保留了这个反射动作。

只要有这个条件反射的动作，像巨首蚁那样在坠落过程中控制下降方向就不过是进化过程中的一步而已：首先保持平静不要惊慌；然后稍微放低腹部，调整腿以控制方向。另外还需要大脑能够将视觉信息——在下落过程中必定是高速移动的——转化为恰当的运动指令以便能够瞄准一棵树。研究人员已经证明这一可控方向的坠落在不同的蚂蚁物种中至少分别有过三次独立进化。我们能猜想到，每一次进化涉及的都是生活在树冠中的蚂蚁物种。所以，虽然所有蚂蚁在自由落体时似乎都会本能地张开腿来使用"降落伞技术"，但直到更晚近的时候才有一些树栖蚂蚁能将这个技术与控制方向的"指令"结合起来。而其他物种则遗憾地停止在了中间阶段；看起来它们知道在下落过程中应该将身体对准最近的树干，却无法向前移动（其实是后退），因此它们只能笔直地下落，眼睁睁地看着树干从身边飞逝……这当然很令人沮丧，但以这种方式在空中确定方向或许对它们记住落地后要走的方向有所帮助，不过这一点还有待证实。

进化下一阶段的方向会是什么？是真正的飞行吗？一些研究人员确实认为飞行能力源于树栖祖先，它们以与今天我们所见的龟蚁同样的方式进行可控方向的下落。在我们这颗星球上，飞行能力似乎经过了四次独立的进化过程。一次是在哺乳动物中：今天的蝙蝠；两次发生在爬行动物中：已灭绝的翼龙和现在的鸟类（它们其实是恐龙的后代）；还有一次发生在昆虫中：由此产生了我们今天所知的所有有翅昆虫。在上述每一个类别中，都有一些物种与那些会飞的物种是近亲，可以从高高的树冠上进行可控方向的降落。事实上，动物中有许多不为人知的定向自由落体高手：青蛙、蜥蜴、蛇、负鼠和其他会"飞行"的松鼠……更确切地说，是会"滑翔"的松鼠。当然，这些全都是树栖动物。

就昆虫而言，目前与能飞的昆虫祖先最相似的物种似乎是缨尾虫（thysanoures）：这种灵活的无翅小虫身体细长，呈银色，在浴室的角落里常常能见到。这种看起来完全不会飞的小虫很可能会让人大吃一惊，因为事实证明，树栖缨尾虫是真正的可控坠落的高手。科学家从树冠上放了好几只这种昆虫：出乎意外，这些小昆虫瞬间变成了真正的火箭，它们能瞄准树干直飞过去！

今天，一些物种拥有如此奇妙的随心所欲的飞行能力，应该是很好地继承了它们祖先的天赋。距我们今日所见的巨首蚁一亿年之前，它们的祖先就已经率先勇敢地从树冠最高处一跃而下了。

安托万・威斯特拉赫

大地之齿

鲨鱼的牙齿会无限生长，并且不是一颗一颗地再生，而是一排一排地长出来。当一颗牙齿发生脱落时，排在它后面的牙齿会向前移动来填补空缺，就像传送带一样。这是否已经让您目瞪口呆了？别急，请耐心阅读接下来的章节，因为就牙齿而言，陆生动物的故事更会惊掉您的下巴。

昆虫的大颚通过铰链与头骨前部相连接。每只大颚的运动由两块肌肉控制着：一块肌肉拉动大颚使其张开，另一块肌肉向相反方向拉动大颚令其闭合。一般来说，用于闭合的那条肌肉要粗大得多，因为在闭合大颚的时候需要更为有力。这种肌肉是由两种类型的肌纤维组成的：快肌纤维（但较弱）和慢肌纤维（但更有力）。根据物种的具体需要，每种纤维构成的比例不同。例如，啃咬木头的昆虫一般拥有慢而有力的肌纤维，而专门捕捉会飞的猎物的昆虫物种则更多地需要快肌纤维。不管是哪一种情况，我们肯定都同意下面这一点：大颚闭合的最大速度应该受限于快肌纤维的最快收缩速度，对吧？可还真不是这样。被称为"陷阱颚蚁"的大齿猛蚁（Odontomachus）就违反了这一条逻辑：它们大颚咬合的速度可以比理论速度快得多。

为了做到这一点，它们"设计"有非常独特的大颚。首先，有些昆虫的大颚像真正的锯子，而陷阱颚蚁的大颚更像是两根带有粗齿的巨大撬棍，两端向内弯曲，有点像鹿角，以便更好地刺穿猎物——"奶奶，您的牙可真大呀！"用于使这两把重型武器闭合起来的肌肉非常巨大，几乎占满了蚂蚁的整个头部，剩下给大脑的空间非常有限。您现在见到的便是这种蚂蚁在进化过程中所采取的折中方案！不过即便如此，单看这些巨大的肌肉也不足以解释它们大颚闭合时的速度和力量。诀窍还在于一种特殊的机制。用于张开大颚的肌肉收缩可使大颚180度张开，就像人做劈叉动作时分开两条腿那样。当大颚这样大幅度张开时，每条大颚底部的关节都会刚好嵌入头骨的一个特殊位置，像锁扣一样，能让大颚保持180度张开。这样，蚂蚁就可以自动收缩那些使大颚闭合的肌肉，而不会影响到大颚的张开。如此大量的张力在肌肉和肌腱中积聚起来，对大颚甚至是整个头骨的结构形成巨大压力，就好像扣紧了弦的弩一样。如此积累起来的巨大潜能已是一触即发，只等着被释放。准备战斗！

现在我们再来看看释放这种力量的巧妙机制。蚂蚁大颚的内侧遍布着许多细小的绒毛，每一根绒毛都可以起到一个传感器的作用，它们与专为快速传递接触信息的巨大神经元相连。只需轻轻触碰一根毛发，就能触发条件反射：一条细小的肌肉将大颚关节从锁扣中解开，两根巨大的尖锐撬棍以闪电般的速度落下并猛烈地撞击在一起。当然，这种机制还有一个十分巧妙之处，能触发机关的毛发的长度，刚好可以让任何与之接触的物体都会恰好处于能被两边尖锐大颚击中的位置。能逃脱的机会微乎其微：大颚从180度张开到完全闭合用时不超过十万分之一秒，产生的加速度相当于十万"g"[①]，相当于自由落体时加速度的十万倍。通过这种方式，蚂蚁的大颚在千分之一秒的时间内就可以从

---

① g是重力加速度，约为 9.8 m/s^2。

静止加速到230千米，这将使它成为动物世界中运动速度最快的。不过，大齿猛蚁只能得到银牌，因为它以微弱的劣势被迷猛蚁（Mystrium）击败，后者使用大颚的技巧更接近于人类打响指的方式，而不是弓弩。蚂蚁世界里牙齿的创新确实非常丰富。

为了便于比较，我们来看看拳击手。职业拳击手挥出的拳头加速度为10"g"（比大齿猛蚁的大颚小一万倍），撞击时的时速能达到每小时35千米。这一拳的力量可达5 400牛顿，相当于在本项研究中施展这一绝技的拳击手自身体重的6.8倍。在整场比赛中，这位拳击手共击出了215拳，主要分布于其对手的头部，其击打发出的力量累计约为其自身体重的252倍；另一边，大齿猛蚁的打击力相当于其自身体重的500倍，即相当于拳击手在两场拳击比赛中所击出的428拳的总和……而这仅仅是大齿猛蚁在一次咬合中发出的力量。现在，还有谁想与它战斗吗？

如果对手是一只仅5毫米长的小白蚁工蚁——只有大齿猛蚁的一半大小——通常大齿猛蚁会骑在对手身上对它发动全面攻击。在这种情况下，50%的白蚁会被当场杀死，有的直接被大颚刺穿了身体。如果这不幸的猎物还能动弹，大齿猛蚁就会用大颚将它高高举起，然后再用毒刺补上致命一击。如果猎物是一只面包虫，虽然它也有5毫米长，却没有白蚁结实，80%的情况下大颚的攻击便足以致命。最后，对于如2毫米长的白蚁工蚁这样的迷你猎物，这场搏击比赛是完全不公平的，因为对它们来说生存机会为0。有时，小白蚁会被吓得直接四肢瘫软，大齿猛蚁毫不费力就将它抓住了："对手弃赛，胜！"

对于这种性情温和的小型软体对手，大齿猛蚁每次都能轻松获胜。但是，如果对手体形更大、动作更敏捷，同时还有坚固的铠甲保护呢？这就是科学家针对皱大齿猛蚁（Odontomachus ruginodis）的研究。这种蚂蚁长约1厘米，常在佛罗里达州阳光充足的路边地上筑巢，每个蚁群通常只有不到100只蚂蚁。很容易就能分辨一个蚁巢是否属于这种蚂蚁，因为它们的巢穴入口处总有一个卫兵，保持着头朝外、大颚张开180度的姿势等待着任何胆敢进入的入侵者。一旦有昆虫靠近巢穴，卫兵就会将触角伸向对方，以威胁的姿态监视着对方的一举一动。所以，千万不要靠得太近。

研究人员想测试守卫者的能力，便在附近释放了一只无敌红火蚁（Solenopsis invicta，我们曾在前面章节中介绍过）：这是一个披着闪亮橙色铠甲的有毒刺的可怕对手。可是令研究人员沮丧的是，所有被放去与大齿猛蚁卫兵搏斗的红火蚁都立即飞速地向反方向逃跑了。它们可没发疯。科学家们于是选择了一种不那么巧妙却更有效的办法：他们收集了200只红火蚁，然后同时将它们随意地扔到大齿猛蚁巢穴周围，目的就是激怒它们。仅仅过了几秒钟，就有一只红火蚁在争执中来到了巢穴入口处并不小心碰到了卫兵的触角。于是，在不到1/1 130秒的时间里，卫兵一跃而起，将它的大颚武器直接砸向红火蚁的头部。红火蚁被抛向空中十多厘米高——10倍于它身体的长度。请想象一下，一名拳击手向前迈出一步，以闪电般的速度挥出一记上勾拳，将对手打得飞上了15米高空，直接撞向坐在第30排的观众。这绝对是令人惊心动魄的一幕。

高速摄像机显示了撞击瞬间发生的情况：大齿猛蚁大颚末端的两个小齿从两侧与红火蚁圆形的头部表面发生接触，在其滑溜溜的外壳上略微有所滑移，但夹击的巨大力量已足以将红火蚁抛向后方，就像用拇指和食指夹住一块肥皂将其抛出去一样。这力度之大令大齿猛蚁自身也承受到一股向后的推力，类似猎枪射击时产生的后坐力。但是，只要攻击者自己站稳脚跟，倒下的就是对手。当卫兵忙于将两三只红火蚁抛向空中时，其他攻击者趁机从空虚的入口通过，由此引发了一场名副其实的大齿猛蚁踩踏事件！无数红火蚁被抛向空中，而其他一些更不幸的红火蚁则被截了肢。事实上，当猛蚁的大颚攻击的目标是对手头部时，对手只是会被驱逐；但当腿或触角受到大颚攻击的话，那就会被直接切断。接下来，战斗就变成了一场烟花表演，无数的腿、触角和蚂蚁被抛向四面八方。红火蚁很快就被击溃，它们不顾一切地转身逃跑，留下满是断肢的战场。这一局大齿猛蚁得一分。

对任何一种大齿猛蚁进行实验的结果都是一样的。对手命运的悲惨程度视其体形大小而异。若是敌人块头太大、体重太重，无法被大齿猛蚁投掷出去，它们会发现自己的身体被牢牢困住，接着很快会被放倒在地，然后被完全肢解。至于体形较小的对手，大颚的一击足以击碎它们的头骨。可见大齿猛蚁大颚的进化优势是十分明显的。

看到大齿猛蚁战斗力如此之强，研究人员希望进一步了解它们在战斗时所使用到的感官。研究人员首先剃掉了这些蚂蚁大颚上的"触发毛"，这些细毛被认为是诱发大颚闭合反射的原因。结果表明，毛发几乎被剃光的大齿猛蚁战斗起来丝毫不受影响，它们会像平常一样潇洒地用大颚猛击入侵者。可见，这些毛发触发了一种有用但非必要的条件反射，就像人类的睫毛在被意外碰触时会触发眼睛闭合一样，当我们看到有东西射过来的时候，没有什么能阻止我们提前闭上眼。科学家们随后观察了那些既没有毛发也没有触角的大齿猛蚁是如何做的。这些蚂蚁再次展示了自己强大的能力，它们能够跟踪敌人，扑到对方身上，毫不费力地完成经典的双颚夹击。接下来，研究人员在大齿猛蚁的眼睛上涂上了颜料。这时，失去视力的蚂蚁似乎不再能够追踪远处的敌人，但是一旦有不速之客碰到它们，它们就能实施准确又高效的行动和攻击。这在很大程度上要归功于它们的触角。当触角和毛发都被切除同时又失去了视力时，大齿猛蚁不再有进攻能力，但在遭到攻击被咬时仍能通过扭动和闭合大颚进行自卫。如您所见，大齿猛蚁的大颚攻击是复杂的、多感官综合作用的结果，包括对视觉、触觉、嗅觉和本体感觉——即对自己身体的感觉——的综合使用，这使它们能够清楚地认知自己和对手的位置以及运动方向。总之，这绝不是简单的条件反射！

20世纪80年代进行的这项研究相当野蛮，这或许反映了当时人类对昆虫尚缺乏伦理观念。然而不无矛盾的是，正是这些研究向人们揭示了这些小生物具有出乎意料的智慧，从而促使人类对它们的尊重日渐增加。

近来有其他研究人员使用更为温和的方法来研究大齿猛蚁如何应对体形巨大的对手，例如前来蚁巢觅食的哺乳动物。当然，这样的对手太大了，绝不可能被刺穿、抛出或截肢。这时大齿猛蚁使出了绝招，还是用了著名的大颚，不过这次是以一种极不寻常的方式：将自己甩出去！通过用大颚碰触一些坚硬的表面——如岩石或地面——来触发闭合反应，借机将自己的身体弹射入空中，如此跨越的距离竟可与那些用腿的昆虫弹跳高手相媲美。别忘了大齿猛蚁大颚闭合所产生的力量是其身体重量的好几百倍。这一次，由于被攻击的坚硬表面不能退缩，被弹开的便是大齿猛蚁自己。

研究人员使用超高速摄像机对这种行为进行了观察。他们区分了两种自我弹射方式:"防御性弹跳"和"逃逸性弹跳"。在防御性弹跳中,大颚猛蚁用大颚撞击垂直表面,如岩石、树干或掠食者。这一撞击可将蚂蚁向后抛射出 40 厘米远,飞行轨迹的水平高度不超过 6 厘米高。而逃逸性弹跳是通过向下撞击地面来触发大颚闭合的。这能将蚂蚁向上抛出约 10 厘米,就像弹射座椅一样!在这两种情况下,大颚撞击坚硬的表面都会将蚂蚁的头部猛烈地向后推。这相当于被一个职业拳击手一下子在脸上揍了 428 拳,足以对颈椎造成巨大的伤害。然而大颚猛蚁的关节非常坚固,头部遭受到大力打击后不但不会折断颈部,反而会使整个身体向后旋转。被如此抛向空中的蚂蚁在落回地面之前最多可以转 63 圈!我们经常能看到电影中"山口组"用双脚蹬向墙壁进行诸如后空翻之类杂技动作表演。现在请想象一下,他们将自己弹到 10 米高空中,完成 63 个后空翻后,落在 60 米开外的地方——几乎是网球场长度的 3 倍——当然,他们的弹跳还是用下巴完成的。蚂蚁在空中旋转得如此之快,以至于有些蚂蚁跳跃的高度超过了用牛顿定律根据其初始推进力计算出的结果,这不由令人将蚂蚁旋转的身体想象成一架直升机。而就大齿猛蚁的着陆而言,看起来完全不受控制:这只将自己弹射出来的昆虫落在地面上被弹起来好几次后最终毫发无损地站起身来。

人们不禁要问大齿猛蚁面对掠食者时像这样将自己弹射到空中有何意义。有些人认为这只是一种失误,人们使用过于强大的武器时难免会出现失误。试想一下,当配备了如此强大的推进器和超灵敏的毛发传感器时,一不留神擦到墙壁确实有可能让自己腾空而起。然而，放慢的视频清楚地显示，大齿猛蚁在触击坚硬的表面前是进行了精心准备的，说明这确实是一种经过深思熟虑的主动策略。

  大齿猛蚁很可能通过这种自我弹射行为来御敌。您只需去野外采集一窝大齿猛蚁，就会明白这种行为的好处。在故意惊扰下，大量愤怒的大齿猛蚁从巢中涌出，向四面八方喷射出去，像热油锅中的爆米花一样。在这失控的混乱当中，最终会有许多蚂蚁落在您的身上，然后您一定会被蜇伤。如此，将自我弹射的技术与毒刺技术结合起来，就是一个能威慑大型掠食者的非常好的策略，或者至少对研究人员来说是这样……

  大齿猛蚁的大颚虽是以攻击为主的，但这段故事却揭示了其中一些绝妙之处。这些大颚无疑是极其专门化的，但它们同时具有多种令人难以置信的功能：捕捉猎物、弹射敌人，甚至是自我空中弹射。生物进化往往不是凭空创造出新事物，而是通过开发已有事物的新用途和新方式来进行的。本篇便是对生物进化过程的一段精彩而又生动的诠释。

安托万·威斯特拉赫

鬼子来了

为了避免竞争和不必要的战斗，蚂蚁会想尽办法、不择手段地驱赶竞争者。例如前文介绍过的红火蚁（Solenopsis invicta），一旦发现有竞争者过于靠近自己的食物时便会向其喷洒驱虫剂。它们踮起足尖，腹部抬起几乎与地面垂直，螫针朝天，一边喷洒毒液一边振动身体，使喷出的毒液变成无数微小的液滴，好像自动洒水器一样。这时对手便会赶紧后退，拼命在地上摩擦触角，疯狂地清洗自己的身体。在大多数情况下这一招足以让对手空手而归。您也可以试试这个技术，下次走出超市的时候如果遇到有人企图偷走您的购物车，就用胡椒喷雾来喷他！

红火蚁这一套吓退竞争对手的策略虽然很有效，但觅食蚁就不得不时时刻刻都保持着高度警惕。披霜福臭蚁（Forelius pruinosus）使用的技术与此类似但更加有效。这种福臭蚁生活在开阔地带，喜欢在岩石下筑巢。不过在这方面它们其实不挑剔，将家安在您家厨房的橱柜里或是安在沙漠中央对它们来说都一样轻松又简单。福臭蚁是食腐动物，不过也很喜欢甜食，如蚜虫的蜜露或某些树木的分泌物。福臭蚁又被称为"正午蚂蚁"，因为它们能轻松忍受夏天正午的烈日。它们身体呈橙色，体长不超过2毫米，常与蜜罐蚁（Myrmecocystus）共享狩猎领地。蜜罐蚁的体形是臭蚁的4倍，就像我们此前看到的那样，特别喜欢偷吃别人的食物。正午蚂蚁捕捉到猎物后通常会当场将其切碎，然后一块块地运回巢穴。这种行为会使它们暴露在被蜜罐蚁偷走战利品的风险中，因为蜜罐蚁更擅于快速运输更大更重的物品。为了消除竞争危险，当福臭蚁发现猎物时，部分成员会离开群体，去猎物所在地周围巡逻，寻找是否有敌人的巢穴。一旦发现了敌方巢穴，大约30只福臭蚁会接近蚁巢入口。为向对方表示问候，它们露出屁股并向里边喷洒驱虫剂——一种由肛腺合成并通过直肠排出的产物。简单地说，福臭蚁巡逻兵冲着对手的脑袋喷射肠道气体。蜜罐蚁不得不一边后退一边在地上摩擦自己的脑袋，暂时放弃离开巢穴去参加野餐的想法。就这样，正午蚂蚁对战利品周围所有蚁巢的入口进行封锁，轮流在这些巢穴入口处持续释放臭气。当这片区域都安全了，小伙伴们就能安心享用美食了。您也可以用这个办法，为了防止那些心怀不轨的家伙偷走您买的东西，在去超市之前您可以先往他们家门口扔臭弹。

　　双色锥臭蚁（Dorymyrmex bicolor）也害怕蜜罐蚁。如其拉丁名所示，这种蚂蚁的身体有两种颜色：头胸部为鲜艳的橙色，腹部为黑色。双色锥臭蚁体长仅有几毫米，通常生活在中美洲和美国南部。与正午蚂蚁一样，当双色锥臭蚁发现食物时，它们也会在周围进行巡逻，搜索敌方蚁巢。蜜罐蚁的巢穴通常只有一个呈火山口状的开口，周围铺满小石子，入口处有几名卫兵。一旦锥臭蚁确定了对手巢穴的位置，它们便会冲过去围住入口，抓起小石子直接扔到敌人脸上。在突然袭击下惊慌失措的蜜罐蚁卫兵为了躲避石块的打击通常会返回巢中。虽然对手已撤退了，但锥臭蚁并未停止进攻，它们继续向通往巢穴内部的走道里投掷石块。十多分钟后，当蜜罐蚁似乎已经彻底消失在巢穴深处时，大部分锥臭蚁便撤离这个地方，只剩下五六只巡逻兵继续投石块。一只蚂蚁每分钟可投掷大约10块小石头，并可坚持数小时。而这种日复一日的骚扰可能持续两三个月，导致蜜罐蚁的收获直接损失80%！想象一下，当您在超市里悠然购物时，您的家人却在驱赶那些有偷盗嫌疑的人……

另一种更有效、更省力的消除竞争的方法是给对手的巢穴入口上双层保险。科氏新收获蚁（Novomessor cockerelli）是一种身材细长的墨西哥收割蚁，它们需要设法躲避来自红胡须蚁（Pogonomyrmex barbatus）的竞争。墨西哥收割蚁不耐高温，通常会在傍晚时分离开巢穴外出采集种子，大约在上午9点前后返回巢穴，这样它们就能够充分享受夜晚的凉爽。而它们的竞争对手红胡须蚁则是从早上5点日出后开始外出活动，一直到正午时分地面温度接近40℃时才回巢。这样的话，早上5点至9点这段时间便是两种蚂蚁都要外出觅食的时间。为了减小竞争，墨西哥收割蚁会在早上快5点的时候来到对手的巢穴入口，趁着对手还在睡梦中的这一小会儿工夫，用石头和沙子将对手的巢穴入口完全封堵住。

这能给它们带来3个小时的宁静，也就是对手花在清理通道上的时间……

奥德蕾·迪叙图尔

神风特攻队①

根据阿瑟·库斯勒（Arthur Koestler）在《中午的黑暗》一书中所介绍的一种社会价值观，个人是零，必须放弃自我，仅作为整体的一部分而存在，成为"无数个百万分之一当中的一员"。在这样的社会中，个性被消解为众多可互换的单元，每个单元的存在都是为集体服务。这样的社会模式不啻人类自由思想的噩梦，但在某些蚁群中却是实实在在的现实。在许多种类的蚂蚁中，工蚁的行为方式乃至身体的生理适应性都是向着牺牲个体利益而有利于蚁群的方向发展的。

原产于南美洲的小福臭蚁（Forelius pusillus）的工蚁适应了干旱的气候条件。这种橙色蚂蚁的身体不超过 2 毫米长。它们的巢穴入口形状好似一个漏斗，白天很容易发现，因为在入口处总有上百只蚂蚁在不停地忙碌着。每分钟都有 100 多只筑巢蚁从巢中出来，大颚间夹着一粒沙子。从巢穴深处挖掘出来的沙粒通通被扔到离入口几厘米远的地方，逐渐形成一个火山口般的形状。当太阳落山时，如果您不巧中途跑去吃晚饭而中断了观察，那么回来的时候十有八九您就找不到蚁穴的入口了。研究人员对巴西圣保罗州圣西蒙附近蔗田中的几个小福臭蚁蚁穴进行观察，针对这一现象进行了仔细调查。他们发现，蚂蚁的挖掘活动随着太阳落山而迅速停止。工蚁们一个个停下辛勤的劳作，返回巢中去享

---

① 2013 年上映的日本电影，英文片名 *The Eternal Zero*。

受应得的休息。几十分钟后，似乎只剩下三四只蚂蚁仍然逗留在外。科学家们仔细观察后发现，这些蚂蚁竟然正从火山口顶部拾取沙粒去放到巢穴的入口处。想想看，它们的同伴花了一整个白天的时间将这些沙粒从巢穴中取出来，眼下它们的所作所为似乎完全是倒行逆施。大约20分钟后，累积的沙粒将蚁巢的入口几乎彻底堵死了，此时任何进出都已完全不可能。而这才只是它们工作的第一步，因为尽管有小沙堆遮挡，巢穴入口所在仍然清晰可见。为了更好地将蚁巢入口伪装起来，这几只被困在巢外的蚂蚁开始用后腿刮刨地面，扬起细沙来覆盖巢穴入口。就这样又过了50分钟，此刻即使训练有素的眼睛也完全无法看出巢穴入口在哪里。由此可见，这些蚂蚁并非丧失了理智，它们不过是在关家门罢了。可因此被困在巢外的这几只蚂蚁会怎么样呢？黎明时分，在蚁巢重新开门之前，研究人员仔细检查了蚁巢入口周围的区域，寻找幸存者。他们翻开石头，仔细观察每一株灌木和每一片草叶，但一无所获。看来没有一只蚂蚁平安在外度过了夜晚。为了确认这个结论，研究人员决定在下一次蚁巢入口被彻底封闭后跟踪留在巢外的蚂蚁，结果他们很快便发现大部分情况下，蚂蚁要么被风吹走了，要么被天敌吃掉了。只有少数几只蚂蚁离开了巢穴，但它们再也没有返回来。研究人员猜想它们最终迷了路。

为了避免遭到突然袭击，蚂蚁们常常在夜间将巢穴重重设防关闭起来，但以牺牲成员为代价的做法还是非常罕见的！大部分情况下，蚂蚁会从内部封锁巢穴入口，虽然这样做无法避免某些掠食者仍旧可以看到入口。作为预防措施，一个小福臭蚁群以平均每天牺牲3~4只工蚁的代价来隐蔽巢穴入口，让整个蚁群从中获益。一个成熟蚁群的成员可达到10万~20万只，而蚁后每天可产下400多只新蚁。因此,对蚁群来说,从人口增长的角度看每天牺牲3~4只工蚁算不上什么损失。事实上,区区几只蚂蚁为封闭巢穴而自我牺牲,这个代价在整个蚂蚁社会来看几乎可以完全忽略不计。难道您不愿意作出牺牲来保护成千上万的同胞免受凶猛掠食者的攻击吗?

有些蚂蚁会以更加暴力的方式牺牲自己,类似于自杀式任务。平头蚁(Colobopsis)又称爆炸蚁或自杀蚁,原产于东南亚。一个平头蚁群通常有多个巢穴,巢穴之间通过道路相互连接,蚁群的整个领地面积可达2 500平方米。平头蚁的巢穴通常建在树上,工蚁们一般都在树上采集花蜜和捕食昆虫。在平头蚁群中,可以一眼区分两种工蚁:大块头的大工蚁和小个头的小工蚁。虽是一母同胞的姐妹,但大工蚁和小工蚁看上去似乎属于完全不同的物种。大工蚁长着一颗奇特的脑袋,外形看上去像个瓶塞,它们主要从事看门人的工作。由于蚁巢入口只是一个很小的洞口,它们只需将头伸入洞口,就能阻挡住任何企图闯入的入侵者。小工蚁的外表看上去普普通通毫无特色,但它们的性情却异常火暴。尤为奇特的是,在平头蚁群中,大工蚁通常待在巢穴里受到良好保护,而收集食物以及保卫蚁群的重任则通通落在小工蚁的身上。这些承担着保护家族重任的小工蚁有一种独门绝技:当面对敌人攻击的时候它们会爆炸!一位博物学家在20世纪70年代首次提到了这种蚂蚁。他报告说,当自己试图用镊子去捉这些蚂蚁的时候,它们的身体猛然间爆炸开来并喷溅出一种古怪的液体。

在充当自杀炸弹的蚂蚁中,小工蚁有特别发达的颌腺,贯穿于头部和胸部,并一直延伸到腹部末端。这些腺体与一组超大的、贯穿整个身体的颌肌相连。根据爆炸蚁亚种的不同,颌腺内容物的颜色可能是乳白色或亮白色，还可以是黄色、橙色甚至红色。当觅食蚁吃饱后鼓起肚子时，或者当它们因为受到惊扰而抬起腹部的时候，透过它们透明的腹壁就能看到这些液体。这些拥有有色液体物质的蚂蚁让掠食者无法食用，它们很快就学会避开不去吃这些有毒的猎物。

爆炸平头蚁（Colobopsis explodens）的腺液呈亮黄色，而且闻起来有咖喱味！当遭到掠食者攻击或被卷入领地争夺战中时，爆炸蚁会紧紧抓住对手同时猛烈地弯曲下颌肌肉。蚂蚁腹部的薄膜在猛烈的巨大压力作用下裂开，释放出腺体内容物。爆出的黏性液体具有腐蚀性和刺激性，遇到空气会凝固。它能有效地困住对手，让其无法动弹，失去对自己肢体的控制能力并在数秒内死亡。有时，一只爆炸蚁通过炸裂的毒液能同时制服数名攻击者，这样蚁群在战斗中就会占据数量上的优势。不过，偶尔也会有在爆炸中幸存下来的敌人，当它们返回自己巢穴的时候身上不仅全是黏液，还挂着一颗蚁头，因为自杀的爆炸蚁即使在死后也绝不会松口。

312

奥德蕾·迪叙图尔

活死人之夜[1]

很少有野生动物能活到自然终老，寿终正寝。多数情况下，它们会死于病毒、细菌或寄生虫感染等。以大家族模式生活的蚂蚁无疑面临着更大的危险，因为蚂蚁家族成员之间的联系非常紧密，大多数时间它们都在相互爱抚、舔舐和亲吻。口对口喂食或共享食物非常有利于病菌的传播。不难想象一场流行性胃肠炎能对蚂蚁族群造成多么大的破坏。觅食蚁往往是疾病的主要传播者，因为蚁群中只有它们会冒险外出，而外面的世界往往充斥着各种各样的病原体。

在芭切叶蚁属的阿塔蚁（Atta）中，采摘食物的路上经常能见到一些个头非常小的工蚁，也被称为迷你蚁。这些迷你蚁是根本无法切割树叶的，因此看到它们参与采摘树叶的工作不由令人感到好奇。而更古怪的是，这些小不点返回蚁巢时从不会自己走回去，它们总是搭便车——趴在其他同伴搬运的碎叶片上。搬运树叶回巢的阿塔工蚁中平均每三只就有一只除了扛着收获物外还顺便带着1~3只迷你蚁。研究人员对巴拿马巴罗科罗拉多岛上的哥伦比亚芭切叶蚁（Atta colombica）的行为进行了仔细的观察和研究，结果表明，这些搭便车的迷你蚁能保护它们的同伴免遭一种凶恶的敌人——阿托菲尔神裂蚤蝇（Apocephalus attophilus）的侵害，这种寄生蝇的外号叫蚂蚁砍头蝇。

---

① 1968年上映的美国恐怖电影。

阿托菲尔神裂蚤蝇会将自己的卵产在芭切叶蚁的头部。它们专门选择那些正在搬运叶片的切叶蚁下手，正好可以将叶片当作着陆跑道。一旦降落，寄生蝇便向蚂蚁头部靠拢过去，伸出长长的钩状产卵器四处摸索，寻找切叶蚁的嘴。找到之后，它就直接将卵产在宿主的口腔中然后迅速逃离。整套动作用时不到1/10秒，苍蝇需要身手十分敏捷才能完成。这就好比一只鸽子试图将卵产在一辆以时速100千米在高速公路上行驶的小货车的驾驶室里！被放入蚂蚁口中的卵随后会孵化出一条幼虫，它会逐渐长大，最后会占据蚂蚁的整个头腔。这种寄生虫将以宿主的下颌肌肉为食物来源，最开始时它会注意不去伤害神经系统，以免过早杀死宿主。在寄生虫侵入几天后，受感染的工蚁会发现自己的大颚动弹不得，无法继续切割树叶。两周后，宿主的行动彻底被寄生虫控制，蚂蚁像僵尸一样在小路上游荡，口器悬在空中。一个月后，寄生虫完全吞噬了蚂蚁的大脑，并释放出酶来溶解蚂蚁头部的角质层，令其最终脱落。到此这只蚂蚁的磨难才算结束。一旦宿主的头掉落下来，寄生虫就会在这颗被遗弃的头颅中结茧，然后蜕变。待到蜕变完成，一只新的裂蚤蝇便从蚂蚁骷髅头的口中飞出，好像外星生物一样。

搭便车的迷你蚁能大大减少寄生蝇在碎叶片上停留的时间。迷你蚁会毫不犹豫地用腿和触角击打寄生蝇，就像挥着苍蝇拍一样。如果寄生蝇数量过多，遭到攻击的工蚁会用后腿摩擦腹部的突起发出呼救信号，尖锐的"嘶嘶"声会惊动正在附近的迷你蚁，它们会迅速爬到叶片上来赶走入侵者。

研究人员报告说，搭便车的迷你蚁的作用并不局限于抵御寄生蝇，它们还会对叶片进行消毒。在大自然中，植物和土壤都隐藏着大量微生物，对蚁群来说都是极其危险的。其中最具攻击性的一种叫作绿僵菌（Metarhizium），是一种昆虫致病真菌，能令许多昆虫死亡。这种寄生菌非常有效，人类甚至也利用它来对付那些啃噬房屋的白蚁。只需一次简单的接触，这种真菌的孢子便可在寄主身上发芽长出菌丝。接下来，菌丝会分泌出酶来撕开昆虫的角质层，渗透到昆虫体内并四处扩散。它会首先侵入脂肪组织，然后是肌肉，之后是神经系统，最终导致宿主的死亡。当一只蚂蚁死于真菌感染时，它的全身会长出无数绿色的真菌，产生成千上万个孢子，随时可能传染给整个蚁群。现在您明白，将这个杀手阻挡在蚁巢之外至关重要。

在野外观察的研究人员发现，切叶蚁新割下的碎叶片上所携带的微生物数量通常比即将被运入蚁巢入口的碎叶片上的多得多。为了弄清楚这其中的原因，研究人员向实验室里饲养的蚁群提供了沾满绿僵菌孢子的树叶。他们发现有许多迷你蚁爬到同伴搬运的碎叶片上，在到达巢穴之前逐一将叶片上的孢子清除干净。迷你蚁在扮演卫生检查员的角色时非常认真，一丝不苟，在觅食蚁进入巢穴之前也同样会将它们身上清理干净。

不过蚂蚁的卫生检查并非无懈可击，时不时会发生微生物漏网进入蚁群的情况。就像在我们的超市一样，偶尔也会出现沙门氏菌躲过层层监控意外地进入您胃里的情况。一旦家中出现了寄生虫，就必须将其清除。

横纹切胸蚁（Temnothorax unifasciatus）生活在欧洲，它们的身体呈橙色和棕色相间，腹部还有一条黑色纹路。横纹切胸蚁通常生活在小石头下或树皮下面，巢穴比较简陋，仅有一个单室，一般可容纳100~200只蚂蚁。老实说，乍看起来这种懒懒散散的小生物平淡无奇，毫无特别之处。但千万不要被它的外表迷惑。这些小蚂蚁有一种行为相当令人惊叹，像人们经常讲述的大象或猫的类似行为：它们会独自躲起来等待死亡。研究人员揭示，当他们用昆虫致病性真菌绿僵菌的孢子感染蚁群中的部分工蚁时，这些染病的蚂蚁会停止所有的社会活动，离开蚁群数小时甚至数天，独自死在外面，远离所有的视线。蚂蚁这种古怪的行为究竟是为了保护自己的家族而有意为之，还是阴险的真菌为了传播其孢子而操纵了蚂蚁？事实上，蚂蚁很可能像木偶一样被绿僵菌操纵，这种寄生虫非常擅长在背地里使坏。

玩傀儡游戏最出色的是线虫草菌（Ophiocordyceps），它能感染许多种类的蚂蚁并令它们"僵尸化"。觅食蚁在巢穴外采集食物时会接触到这种寄生虫的孢子。在感染过程中，线虫草菌会逐渐改变宿主的行为，迫使蚂蚁离开巢穴。就像蚂蚁体内的操作员，它能直接控制蚂蚁腿部和大颚的肌肉。精神恍惚的觅食蚁走出几米后爬到采摘大道上方的植被中，它一直向上爬到一棵草叶最高的顶端，用大颚紧紧咬住叶子将自己的身体稳稳地挂在上面。这被称为"死亡怀抱"的咬合行为对蚂蚁来说是非同寻常的。觅食蚁好似被鬼魂附身般一直保持着这个姿势，等待真菌从内部一点点地吞噬它的身体。如同恐怖片里的场景，寄生真菌随后会撕裂宿主蚂蚁的角质层，长出一根很长很长的柄，几乎是蚂蚁身长的3倍还多。这东西被称为孢子囊，里面有成千上万个孢子。寄生菌的目的是迫使宿主将其运送到一个最利于它有效传播孢子的战略高地，即蚂蚁们每天必经的路径上方。

对某些寄生虫强大的操纵能力有所了解之后，如何确定那些横纹切胸蚁独自离巢去等候死亡不是在绿僵菌的影响下而有意为之的呢？为了排除这一假设，研究人员决定让蚂蚁再次染病，不过这次没有使用寄生真菌、细菌或微生物，而是用二氧化碳让这些觅食蚁中毒。吸入过量的二氧化碳会缩短生物体的寿命。随后科学家们观察到，与受到病菌感染的蚂蚁一样，中了毒的蚂蚁在死前一周也会离开巢穴，远离同类。这一结果证实了蚂蚁死前自我隔离完全是出于自愿的假设。而且，如果将这些与蚁群隔离、独自等死的蚂蚁重新送回蚁巢，它会再次离开蚁巢，同时严格避免与其他同伴发生任何接触。终止社交是一种可防止疾病传播的简单机制。对于社会规模小、巢穴简单、大量成员聚集的蚂蚁这个物种来说，在死前主动离开巢穴的行为显示出很强的生物适应性。

设想一下，一个关着200个人的面积为100平方米的阁楼里突然闯进来一个冠状病毒携带者，怎么可能保持社交距离……因此，最好的办法就是让患者离开阁楼！

奥德蕾·迪叙图尔

第9个考验

进攻和反攻

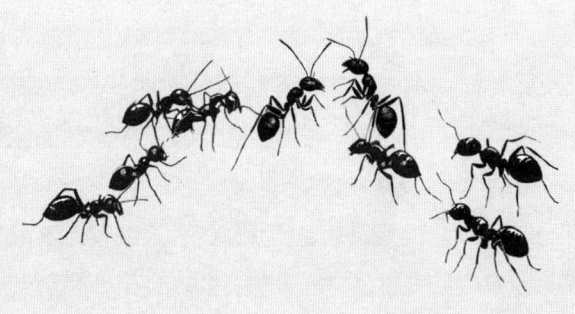

木僵和颤抖

御敌最好的方式之一是进攻！让我们再次回到亚马孙。走在热带森林里让人感到危机四伏，因为里边藏着狼蛛、美洲豹和毒蛇。然而，一些旅游路线入口处的警告牌时常可能让您颇为吃惊：上面压根没有提什么狼蛛、美洲豹或是毒蛇，而是以醒目大字写着"当心子弹蚁"！这条警告指的是子弹近猛蚁（Paraponera clavata），若是与它遭遇必定会让您终生难忘。

如前文所述，贾斯汀·施密特博士曾开发了一个关于昆虫叮咬所引起的疼痛量表。他的方法很简单：每当不幸遭到昆虫叮咬时，他便对疼痛的程度进行评估。您或许会说这样做不够客观，不过这位科学家却反驳说客观性在此完全不适用，因为他的初衷就是主观地评估身体所感受到的疼痛！在其研究生涯中，这位科学家测试了150多种不同物种的毒液，并且为了确保结果的准确性，每种毒液他往往都进行过多次蜇伤测试。施密特的疼痛等级从1级到4级不等，1级为轻微疼痛，而4级是极度剧烈的疼痛，可令人完全丧失行动能力。当然，这里指的仅是没有出现过敏反应的疼痛感，而有些人会因此产生严重的过敏反应。在这个量表上，2级相当于被蜜蜂、普通黄蜂甚至欧洲大胡蜂蜇伤。被欧洲一些花园中的小蚂蚁蜇伤被评为1级，被蚊子叮咬为0级。相对来说3级疼痛较为罕见，不过后果则严重得多，主要涉及一些大型热带胡蜂，如红胡蜂（Polistes canadensis）。1984年，施密特在亚马孙地区的一次散步中不幸遭遇了子弹蚁。这种蚂蚁身长约2厘米，身上黑色的盔甲微微泛着红光，看起来威风凛凛。经历过这次与子弹蚁的遭遇后,施密特感到有必要为疼痛量表设立第四级,因为被子弹蚁蜇伤而引起的疼痛远远超过其他所有等级。施密特形容这种痛感"纯粹、强烈、头晕目眩,就好像走在滚烫的炭火上,脚后跟里还插着一根 10 厘米长的锈铁钉"。在被叮咬的瞬间他感觉好像遭受"左轮手枪子弹射击"或"铁锤猛击",随之而来的疼痛可持续数小时!这位科学家进一步说明:"12 个小时后,尽管冰敷和啤酒起到了些许作用,但我仍不住地颤抖,时不时因为一阵阵袭来的疼痛而叫唤。"许多曾被子弹蚁蜇伤的人都记得他们不幸的经历。例如博物学家史蒂夫·巴克肖(Steve Backshall)是这样描述的:"疼痛席卷全身。你开始颤抖,开始出汗,经历一系列身体反应。疼痛贯穿整个身体,会对神经系统产生实实在在的影响。你的心率会加快。如果遭到多次刺伤,你可能会在有意识和无意识的状态间交替转换。在至少三到四个小时内,你的全部世界除了疼痛还是疼痛。"

得克萨斯州生物学家亚历克斯·怀尔德(Alex Wild)因拍摄蚂蚁的照片而闻名①。似乎他承受子弹蚁蜇伤的能力要略微强一点:"我觉得不那么像是遭到枪击,更像是手臂后被撬棍重击后产生的那种持久钝痛。虽说并非完全不能忍受,但 8 小时后上床睡觉时我仍感觉到疼痛。"

除疼痛外,还可能出现其他症状,如不由自主地颤抖、发热、出冷汗、恶心、呕吐、水肿和心律失常……现在您明白为什么警示牌上要那样写了吧!

---

① 请参见亚历克斯·怀尔德的网站:Https://www.alexanderwild.com/Ants。其上有本书涉及的大部分高清蚂蚁照片。

当地居民都知道这种蚂蚁，并给它起了各种名字，如 Conga、chacha、bala、munuri、cumanagata、siámña、yolosa、tucandeira，翻译过来大致是"伤口很深的蚂蚁"，或者"子弹蚁"，甚至还有"24 小时蚂蚁"——这指的是疼痛持续的时间。好几个亚马孙部落都在不同的仪式中使用子弹蚁，其中最著名的无疑是巴西萨特雷·玛韦部落为年满 12 岁的男孩举行的仪式。他们先用天然镇静剂麻醉子弹蚁，然后将 80 只（没错，整整 80 只！）子弹蚁的毒刺朝内，编入一个树叶手套，形状类似烤箱用的那种隔热手套。等到蚂蚁苏醒后，男孩们轮流戴上手套并保持 5 分钟，同时还得在同伴搀扶下继续跳舞。仪式结束后，这些男孩的手和胳膊会不受控制地不停颤抖，有时会持续一天以上。而类似的考验对于一个称职的战士来说，一生可能得经历多达 20 次！

澳大利亚喜剧演员哈米什（Hamish）曾想在镜头前体验这种仪式。不过他当时基本上完全没有对遭受的痛苦进行任何描述，因为刚一戴上手套他就开始大声尖叫、疯狂地颤抖，大汗淋漓地不停咒骂，最后在地上打滚还放声大哭起来。直到几个小时后在医院里，脸色苍白的他才用虚弱的声音说："太不可思议了……"他认为"这是人类所能体验到的最厉害的疼痛"。这段视频很容易在互联网上找到，但您不妨稍等片刻。

为什么子弹蚁的蜇伤会造成如此厉害的疼痛？了解一下子弹蚁的进化史或许能找到部分答案。丹麦动物学家法比修斯（Johan Christian Fabricius）于 1775 年首次对这种蚂蚁进行了描述，并将其正式命名为子弹蚁（Formica clavata）。

当我们描述一种蚂蚁时，需要列出它在进化树中的位置。简单地说，蚂蚁大家族被分为好几个亚科，亚科又被分为族，然后是属，最后是种。而我们的子弹近猛蚁显然是个分类困难的特例。在1775年到2003年期间，它曾被以6个不同的名称重新分类过5次！原因很简单：近猛蚁确实非常特别。如今，专家们一致认为它是其亚科"近猛蚁"的唯一代表物种。相比之下，我们花园里常见的小黑蚁属于蚁（Formicinae）亚科，该亚科包括11个主要部落的51个属，共计4 000多个物种，遍布全球。显然，仅有一个物种的子弹蚁亚科的成员数量少得可怜！在超过1.2亿年的漫长历史时期里，子弹蚁在进化树上一直独树一帜。直到1994年，昆虫学家总算发现了一个姊妹物种：迪氏近猛蚁（Paraponera dieteri）。不过也大可不必为家族重聚而欢呼：这仅仅是一个在琥珀中发现的古老祖先，已经死亡了1 500万年。现在，子弹蚁依旧保持着忧伤的孤独。

进化上的隔离解释了子弹蚁的独特性，例如其蜇人时带来的剧烈疼痛。研究人员已经从它们的毒液中分离出一种特殊成分猛蚁肽（poneratoxin），造成剧痛的罪魁祸首。子弹蚁的毒液不像大多数昆虫的毒液那样会对细胞产生破坏，而是像某些蛇和蜘蛛的毒液那样会破坏神经传导。这就解释了为什么那位可怜的澳大利亚喜剧演员在尝试这种毒液后手臂立即便发生了抽搐。幸运的是，这类蚂蚁仅此一种。如果地球上有成千上万种"子弹蚁"或其他"24小时蚂蚁"，我们就不可能像现在这样悠闲地在花园里小憩了！

我们还想知道为什么子弹蚁需要这样一种大杀器。大家或许会认为它们超强的毒液是为了用来捕杀体形特别大的猎物的。然而事实并非如此。那些科学文章在描述子弹蚁习性时让人听起来就好像是哄孩子睡觉时讲的田园牧歌般的小故事。子弹蚁爱好和平，常常成群结队地外出享受午后明媚的阳光；它们会轻巧地爬到树梢的花朵上去采集树液和花蜜，喜欢捡拾小树枝、苔藓或彩色花瓣。有时有些蚂蚁会顺便捎带上一只小昆虫，作为素食为主的菜单的一个补充。它们完全没有任何理由需要随身携带一个反坦克火箭筒。

不过当子弹蚁的巢穴遭到外来攻击时，答案就出现了：子弹蚁变得狂躁暴怒，极具攻击性！所以它们的武器不是用来攻击的，而是用来防御的，或者更准确地说，是用来反攻的，假如入侵者不懂得自觉掉头放弃进攻，子弹蚁就会毫不犹豫地冲上去给它一记全世界最痛的刺杀。

在经历了数以千计的各种蜇伤后，贾斯汀·施密特对这一问题进行了思考，并做了非常有趣的解释。他指出，首先，疼痛感知能力的存在是为了保护我们的机体。疼痛是一种报警信号，它提醒我们身体受到了伤害，其好处在于可以让我们立即作出反应。此外，没有疼痛感并非一件幸运的事情。患有先天性无痛感症的人，即那些感觉不到疼痛的人，不会把手从火堆里抽出，也不会把嘴唇从滚烫的杯口移开，等到他们发现受伤时往往为时已晚！通常情况下，如果医生发现孩子身上有许许多多不同的伤口、烧烫伤、各种形式的自残甚至骨折，就可考虑孩子是否患有先天性无痛感症。

古怪的是，当我们被昆虫蜇伤而感到疼痛时，并不一定意味着身体遭到了确实的损害。例如，研究人员最近往疼痛等级表上为4级疼痛的昆虫俱乐部里增加了另一位成员：食蛛鹰蜂（Pepsis grossa），一种来自中美洲的独居黄蜂。这个不起眼的名字翻译自英文Tarentula hawk wasp，意思是"狼蛛鹰蜂"。这种黄蜂身长5

厘米，身上有黑色、蓝色和橙色的金属光泽，仅凭其外表就足以令人肃然起敬，当然也足以令人警觉。通常在正式现身前人们会听见一阵巨大的嗡嗡声，之后身形巨大的食蛛鹰蜂才会出现在围观者惊愕的视线中。顾名思义，这种好像直接从恐怖片中走出来的黄蜂以巨大的狼蛛为捕猎对象，常将它活捉回去喂养幼虫。当不幸被食蛛鹰蜂蜇伤时，施密特这样描述被蜇后的感觉："眼冒金星、猛烈、遭受电击一般、剧痛"，感觉好像"把开着的电吹风扔进浴缸的泡泡中了"。这样剧烈的疼痛会让你误以为自己的手脚可能骨折了。可是疼痛感很快便会消失，5分钟后一切都杳无踪影，没有产生任何严重损伤，只是在皮肤上留下了一个小印记。这完全是个骗局！这种食蛛鹰蜂的毒液压根就是无害的。为何能导致剧痛却未带来任何损伤呢？研究人员解释说，这种毒液对我们身体自动报警系统产生了重大欺骗，让我们误认为有需要恐慌的事情，而事实上并没有什么需要恐慌的。这个高级骗术已经持续了数百万年。许多昆虫都有能让人产生疼痛但相对并无大碍的毒液，另外几乎所有昆虫的毒液都是痛感大于真正的损害。不难理解这些小骗子为什么这样做：大可不必浪费力气去生产代价高昂的有毒物质，只需要注入正确的信号来愚弄敌人的身体系统，让疼痛感发挥作用，从而让敌人在惊恐之下放走昆虫！

  从进化的角度来看，这个欺骗的故事不由让人联想到一些动物的警告色：有些动物有十分艳丽的外表，如红色外壳、蓝色的圆环图案或是黄黑相间的条纹图案等。通常这些艳丽的色彩和图案表示动物有毒或危险。然而，许多物种通过这样显示颜色来虚张声势，节省自己生产毒药的成本。有许多看起来像黄蜂的苍蝇其实完全无害！而又有多少人曾被这些无害的苍蝇成功吓到！然而，要让骗局能够奏效，就必须有一定数量的物种是确实有毒的，否则掠食者很快就会发现这个集体骗局，然后便会毫不犹豫地吞食任何一只黄黑条纹的昆虫。就像玩扑克牌一样，你不能总是虚张声势。昆虫的叮咬也是如此：疼痛会让捕食者相信危险的存在，不过这种危险并不总是真实的。就像动物的警告色一样，只有当某些物种的毒液的确会造成真正的伤害时，这个骗术才能持续下去。研究人员对100多种膜翅目昆虫（即黄蜂、蜜蜂和蚂蚁）的毒液进行了毒性研究。正如我们预计的那样，最令人痛苦的毒液并不一定是毒性最强的。很抱歉地告诉您，如果您被昆虫蜇伤后感到剧烈疼痛，很有可能其实并不要紧，不过也不一定。

或许有一条规则：根据施密特的理论推测，社会性的昆虫物种，如蜜蜂、普通黄蜂或所有蚂蚁，其毒液必须是真正有毒的。与独居的黄蜂和蜜蜂不同，通常群居物种形成的族群规模往往更大，更容易被掠食者发现，更不必说这样规模的族群往往意味着大量的资源，如肥美的幼虫和甜美的蜂蜜。瞧这运气！对于任何懂得如何捕食的掠食者来说，这简直是一顿唾手可得的丰盛大餐。确实有为数不少的哺乳动物在觊觎着蚁群。另外，当人类祖先尚处于以狩猎采集为生的阶段时，昆虫也在他们的菜单上，甚至直到今天在许多人类社会中依然如此。黑猩猩和大多数灵长类动物也是这样。今天在工业化的西方社会中，人们对咀嚼丰满肉虫感到反感和恶心其实才是一种特例现象。面对如此之多的潜在天敌，社会性昆虫别无选择，为了更有效地保卫自己的种群它们必须不断进化。只造成疼痛但完全没有实质性伤害的刺伤会让某些掠食者逐渐学会无视疼痛感，会选择在不用担心遭到实质性伤害的情况下享用目标资源。所以，社会性昆虫是绝不能虚张声势的。

　　研究数据似乎证实了这一理论。通常大多数独居的昆虫其毒液的毒性都很低，但群居的昆虫往往毒液的毒性很高，而且群体规模越大的昆虫，其毒性往往也更强。群体越大，对掠食者来说诱惑就越大，昆虫就越是需要有对抗的本领。

　　今天，一群蜜蜂有本事将一头大象吓跑，而大象的体重比蜜蜂重5亿倍，或者相当于整个蜂群全体蜜蜂重量总和的几百万倍！请想想这是多么了不起的壮举：相当于人类（以平均体重70千克计算）在同等情况下要对付一个重达3 500万吨的掠食者——比哥斯拉还重213倍，因为据影迷们估算，哥斯拉的体重仅为16.4万吨。不过大象见到蜜蜂转身就逃是对的，因为蜂毒确实会造成真正的损伤！蜂毒的"致死量"，即理论上被蜜蜂蜇一下就有50%概率死亡的对手的体重，是57克。如果蜂群中一半的蜜蜂，即大约15 000只蜜蜂同时发动攻击，就足以杀死体重为855千克的捕食者。确实很有效，不是吗？奇怪的是，蜂毒中毒性最强的成分磷脂酶是一种能破坏细胞膜的蛋白质，并不会引起任何疼痛。说到底，疼痛和毒性确实是完全不相干的两码事。

　　现在我们知道，作为社会性昆虫，子弹蚁的毒液也是有毒的。其毒性部分来自臭名昭著的猛蚁肽，其致死量为：蜇一下有50%的概率可杀死286克重的掠食者。这已经足以杀死一只小老鼠。不过对于我们人类来说，相较于它所造成的难以忍受的痛苦，其毒性就显得微不足道了。

　　如此，我们可以更好地理解子弹蚁。作为一种易成为掠食者攻击目标的社会性物种，子弹蚁拥有非常有效的毒素来保护自己的同类：烧灼般的剧烈疼痛可令攻击者立即撤离，而少量的毒性可防止掠食者不顾疼痛继续攻击。然而，依然还有一些令人不解的问题：为什么子弹蚁的祖先会采用这种能令人痛得死去活来的毒液？这种痛苦是否完全不必要，就像用大锤砸一只臭虫一样？难道是为了威慑当时的恐龙或其他大型动物？为什么拥有如此可怕武器的这个物种现在却成了家族树上唯一的成员？似乎谁也无法回答这些问题。

安托万·威斯特拉赫

机械战警①

在许多不同物种的蚁群中都能见到体形比正常蚂蚁大得多的工蚁。这些蚂蚁通常被称为"士兵"——其实称"女兵"更恰当,因为它们都是雌性的。从基因上看,这些超级大个头的蚂蚁与其他体形较小的蚂蚁并无太大差异,只是在成长发育的过程中它们得到了更多的食物。俗话说得好:"要想长得壮,就得多喝汤。"

在地球上现有的13 000多种蚂蚁中,就有1 000多种是大头蚁(Pheidole)属的。大头蚁群有两种不育蚁:一种是被称为小不点的小型工蚁,而另一种是兵蚁,长着与其身体不成比例的巨大的头和颚。它们的昵称"大头蚂蚁"源于一个明显的事实:这种蚂蚁的头比屁股宽得多,看起来显得头重脚轻,好像随时会向前扑倒。蚁群成员95%都是小型工蚁,它们承担着哺育幼蚁、筑巢和采集食物等工作;大个头兵蚁仅占蚁群的5%,它们的主要职责是保卫蚁群,以及将带回巢穴的食物切碎。

奇怪的是,有八种大头蚁群中存在着第三类蚂蚁:"超级兵蚁"。它们的体形比普通兵蚁还要大2倍,头是普通兵蚁的3倍宽。研究人员对大头蚁属的基因组进行了研究,发现远祖时期所有大头蚁群都能生产超级士兵,但随着时间的推移,这个特类逐渐消失了,或许是因为生产这种特殊分类所需的代价太高。在对当代大头蚁不同物种的遗传物质进行检查后,科学家们发现所有大头

---

① Robocop,2014年上映的美国科幻动作电影。

蚁实际上都具有生产超级兵蚁所需的基因，不过它们却没有这样做。

在漫威电影《美国队长》中，史蒂夫·罗杰斯在注射一种血清后成为一名超级战士，这种血清可以令他的体力和抵抗力大大增强，远超普通人。在我们的社会中，创造超级战士只是科幻小说或某些武装力量的幻想，但生物学家却在蚂蚁身上将其变成了现实。他们成功地诱导一些大头蚁产生出了超级战士，而正常情况下这些物种是不会产生超级战士的。为此，科学家们给幼虫注射了大剂量的保幼激素，一种类似于人类生长激素的物质，可以控制胚胎的发育。通过这种方法，科学家们证明了激活基因组中存留的、未使用的遗传机制是完全可能的。在自然界中，我们经常会见到一些痕迹特征，在偶然情况下或在环境压力下会重新出现，这种现象通常被称为"返祖现象"。例如，鲸鱼的后肢，鸡的牙齿，人类的尾巴或多出来的乳头。传说恺撒、拿破仑和亚历山大大帝的战马都有一个共同的返祖特征：它们都有三个脚趾。

生物学家认为，就这八种大头蚁而言，显然是外部环境条件重新激活了某些基因，导致返祖超级兵蚁的产生。他们发现了另一个奇特之处：八种有超级兵蚁的大头蚁中有七种都生活在墨西哥的沙漠地区，而这里也是军团蚁得州内瓦蚁（Neivamyrmex texanus）的领地，这种肉食性的军团蚁几乎完全以蚂蚁为食。每次发起进攻时，数百只军团蚁会形成一个狩猎纵队向大头蚁的巢穴聚集；而一旦进入大头蚁的领地，这些军团蚁就会迅速分散去攻击对手。在这些军团蚁凶猛的反复撕咬和蜇刺下，寡不敌众的大头蚁只能勉力自卫。然而奇怪的是，大头蚁中的超级战士并不会在此刻投入战斗，它们像指挥官一样躲在部队后方，一直退至蚁穴前。您一定会问，如果超级战士如此不堪一击，那为什么还要培养超级战士呢？实际上，这些超级兵蚁有非常重要的任务：它们要保护巢穴的入口，必须不惜一切代价防止军团蚁进入。超级兵蚁像堆乐高积木一样摆好各自的位置，宽大的头部形成一道坚不可摧的墙。这样，不管敌人怎么不断地撕咬和蜇刺，超级兵蚁仍能保持一动不动。看见无法穿透这堵防御墙，军团蚁中的部分成员于是离开蚁穴主入口，去周围其他地方探索，企图寻找蚁穴的第二个入口。当发现对手散开时，超级兵蚁们便突然打开防御墙，从巢穴中跳出来发动反攻。一些超级兵蚁开始追击那些前去侦察的军团蚁，另一些超级兵蚁则低下头、腹部贴地地向军团蚁纵队发起冲击。遭到进攻的军团蚁看上去好像迷失了方向，像无头苍蝇一般四散溃逃。这种很不寻常的行为表明，超级兵蚁之前腹部贴在地上摩擦的行为改变了原来军团蚁狩猎队用于指引方向的信息素轨迹，要么就是抹去了原有的信息素轨迹，要么就是在这些信息素中添加新的化学物质。由于军团蚁的视觉敏锐度极差，它们必须高度依赖这些信息路径才能找到回巢的路，如同跟随阿里阿德涅的线团一样。一旦这条信息路径受到破坏，它们就会彻底迷失方向。大头蚁就这样轮换着进行防御和进攻，一直到军团蚁败退。研究人员因此提出假设，认为正是来自军团蚁的持续压力重新激活了大头蚁群的返祖特征，使它们能够重建一支威力巨大的军队。

科学家们已经证明，一些大头蚂蚁也可以采取长期性防卫策略，不是在士兵的体形大小上下功夫，而是通过提高成员数量来保护族群。苍白大头蚁（Pheidole pallidula）是一个在全欧洲都有广泛分布的物种，法国南方随处可见。苍白大头蚁群的成员数量最多可达20万只，一般野生种群中兵蚁的数量占5%~25%。它们通常不喜欢与邻近的其他蚁群分享领地，哪怕为了争夺一小片剩奶酪也会毫不犹豫地大动干戈。研究人员设计了一项在实验室里的实验，迫使苍白大头蚁在长达8周的时间里每次采集食物都必须穿越另一个蚁群的领地。

为了让觅食蚁既能感知对手同时又不会遭到攻击，研究人员为它们设计了一条用铁丝网建成的隧道，这样它们便能够在完全安全的情况下直接看到、触摸到并且嗅到对手。而对照组的条件则是让蚂蚁在一条塑料隧道中穿过对方领地，由于塑料隧道完全不透明，彻底掩蔽了对手，所以蚂蚁完全不知道竞争对手的存在。研究人员发现，一个月后实验组蚁群中兵蚁的数量增加了一倍，而在对照组中则没有变化。可见，只要大头蚁认为自身安全处于持续性威胁之中时，它们能够主动地增加产出兵蚁的数量。这一结果在野外其他种类的大头蚁身上也得到了证实。研究人员发现，当佛罗里达州的莫氏大头蚁（Pheidole morrisi）蚁群面临来自红火蚁（Solenopsis invicta）的竞争威胁时，其生产的兵蚁数量会增加2倍。不过他们也注意到，大头蚁生产兵蚁时数量的成倍增加是以个头大小为代价的，不可能面面俱到！

奥德蕾·迪叙图尔

食人魔汉尼拔

许多蚂蚁什么都会吃一点，但也有一些种类非常偏食，只吃一种猎物。阿氏林蚁（Formica archboldi）几乎只吃前文介绍过的陷阱颚蚁——大齿猛蚁（Odontomachus trap-jaw）。佛州阿氏林蚁，我们称之为"蓝胡子蚁"，主要分布在美国东南部的佛罗里达州、佐治亚州和亚拉巴马州。该物种于1958年首次被描述，就在这之后不久，科学家们便有了一个可怕的发现：所有被发掘的蓝胡子蚁的巢中都有大齿猛蚁的头颅。而大家都知道大齿猛蚁是极其凶猛的昆虫掠食者，唯一合理的假设是这些蓝胡子蚁占据了大齿猛蚁废弃的巢穴。

然而现实却远比这更为残酷。最近研究人员发现，蓝胡子蚁能完美地模仿大齿猛蚁的气味。所有蚂蚁身上都覆盖着碳氢化合物的角质层，这是一层复杂的化学物质的组合，会形成每个物种或每个族群特有的气味。这种气味使日常外出的觅食蚁能够区分同胞姐妹和陌生人。就个体而言，蚂蚁很少能彼此互相认识。除了它们长得都像两滴水这个原因外，还有一点不应该忘记，就是一个蚁巢可能是几千甚至上百万只蚂蚁共同的家。一个普通人日常能够接触的所有人的数量加起来最多也就几百个，就算这样我们还经常会忘记某个人的名字或面孔……所以一种蚂蚁能够完美地模仿另一种蚂蚁的气味是一件极不寻常的事。然而，蓝胡子蚁不仅能模仿一种蚂蚁（大齿猛蚁）的气味，而且还能模仿三种极其不同的蚂蚁的气味。极有可能，蓝胡子蚁正是借助这种化学模仿能力去接近潜在的受害者并且不会被发现。

研究人员比较了头颅收藏家阿氏林蚁与其近亲浅褐林蚁（Formica pallidefulva）的攻击和防御行为，后者没有任何魔鬼般的血腥仪式。实验中，研究人员将蓝胡子蚁或浅褐林蚁放入一个有大齿猛蚁的角斗场，并观察双方打斗的情况。科学家们用高速视频进行录像（每秒500个图像），结果证明只有蓝胡子蚁能够有效地制服大齿猛蚁这个强大凶狠的对手。它的绝技是：蚁酸攻击。首先，蓝胡子蚁紧紧抓住对方的一条腿，接着它在地上蜷起身子，翘起腹部，对准对手的头部喷射酸液。在遭受如此这番猛烈的攻击之后，大齿猛蚁几乎就已经无法动弹了，它甚至都无法站立起来。接下来，蓝胡子蚁便将瘫软的受害者运回巢穴，在那里将其肢解并斩首。许多蚂蚁在进食后会处理残余的食物垃圾，而蓝胡子蚁却喜欢收藏猎物的头颅……

为了了解蓝胡子蚁的表亲浅褐林蚁为什么无法使大齿猛蚁瘫痪不动，研究人员对两只被测试的蚂蚁的蚁酸腺体进行了解剖（考虑到蚂蚁身长仅4毫米，这个外科手术确实相当有难度）。随后他们将腺体中的内容物倒入小药盒中，再用刷子涂在大齿猛蚁身上。结果显示，无论是蓝胡子蚁还是其表亲浅褐林蚁，它们的酸性物质都能够有效地使大齿猛蚁瘫痪在地不能动弹。但这样的话，只有蓝胡子蚁能够杀死对手就显得很不合理。经过对角斗场地面再次仔细地观察，研究人员注意到两种蚂蚁在搏斗中喷射的酸液的量完全没有任何可比性。如果说蓝胡子蚁喷射蚁酸时好像一个自动喷洒器，那它的表亲浅褐林蚁喷到敌人身上的蚁酸的量顶多只能算是吐了几口唾沫！

奥德蕾·迪叙图尔

第10个考验

选择与优化

阿里阿德涅之线

让我们再来看看沙漠小飞箭撒哈拉箭蚁（Cataglyphis）（参见《沙丘》一章）。有些种类，并不在沙丘上筑巢，而是在撒哈拉的湖泊中筑巢，如强箭蚁（Cataglyphis fortis）就是这样。与其名字恰恰相反，这些沙漠湖泊里早已不再有一滴水，而是一片干旱的盐碱地，四周没有任何地标可有助于辨认方向。无论朝哪个方向看，都是一片绵延不绝的单调的白色荒原。在这里最常见的危险便是温度过高。因此，在外游猎的撒哈拉箭蚁不能在外面耽搁太久，最要紧的是，它们不能乱跑，否则一旦迷路就只能等着被烈日烤成干尸。尽管如此，这些沙漠巡逻兵还是会毫不犹豫地前往很远很远的地方去冒险，抱着能找到一具可口的小虫干塞进嘴里的希望，它们有时会在烈日下奔走超过 1 000 米！高温炙烤下，它们的小身体最后也会不可避免地变得过热，而这些小蚂蚁往往只有几十秒的时间返回自己凉爽的巢穴。可是，它们是如何在一片盐湖的中央准确地找到蚁穴那微小的入口的呢？

一般来说，在缺乏参照地标的情况下，动物往往都需要来来回回地反复搜寻。就好比您在海滩上畅玩一天后，不得不在一大片沙地里苦苦寻找一把丢失的钥匙时的情形。这一幕也发生在一位研究撒哈拉箭蚁的专家身上，她也一整天一整天地在这些盐湖周围逗留。某天早上，一个从沙漠返回的学生说自己不但没有发现任何蚁巢，还把所有的设备遗留在了"那边……某处……"，这位学生用手指着一个方向说。

研究人员们苦寻好几个小时才终于找到了丢失的设备。请别急着责备他们，在如此特殊的环境里人确实很容易迷失方向。可是撒哈拉箭蚁，它们却绝不会失手犯错。它们对自己巢穴的准确位置了如指掌，每当决定返回时，它们便会沿着一条直线毫不犹豫地朝着巢穴微小的入口奔过去，绝不会弄错方向，而且走的是一条最优化路线，令人叹为观止。如前文所述（参见《热舞》一章），20世纪初的那些博物学家们就对撒哈拉箭蚁这一了不起的能力印象深刻，以至于他们中的一些人坚信有一种神秘的力量能将蚂蚁与其巢穴联系在一起，就如同一条无形的阿里阿德涅之线。在确实没有任何参照物的情况下，我们又能如何对这一现象进行解释呢？经过一个多世纪的研究和实验，我们终于发现了这根神秘的线究竟是什么。

20世纪初，动物学家亨利·皮埃隆（Henri Piéron）提供了第一条线索。1905年，他做了一个简单而巧妙的实验。他用一个诱饵捕捉了一只远离巢穴的蚂蚁，然后把它带到离捕捉地点100米远的地方释放了它。刚一被释放，这只蚂蚁便习惯性地立刻奔回巢去。可事实上，它并没有冲向巢穴的方向，而是沿着一条直线飞奔到先前被捕捉的地方——如果没有被人移动的话，它本该在那里。到了那里，蚂蚁开始疯狂地搜索周围的区域——它刚刚以令人难以置信的精确度找到了这个不存在的"巢穴"。

这个最初的实验（后来又被重复了无数次）证实了蚂蚁的定位策略并不是基于对指示巢穴位置的地面标志物的识别。一切迹象表明，蚂蚁能够记住自己走过的路线。从理论上讲，这是可能的，皮埃隆于是谈到了蚂蚁的"肌肉感觉"。现在人们将这种策略称为"路径整合"，而且我们人类也能做到这一点。请做如下这个练习：闭上眼睛，朝一个方向走10步，然后向右转90度，再走5步。现在试着回到起点。如果您记住了自己的路线，您就能做到。不过另一方面，这种方法显然十分不精确，并且路线越长、越复杂，定位就会越不准确，对方向和距离的估算错误会不断累加。

现在请想象一下撒哈拉箭蚁需要记住的外出寻找食物时所走过的路线类型。有时它们一次外出要走超过50 000步！并且所走的路线根本不是直线形的：它们时而在一个地方徘徊，时而朝某一个方向飞奔，时而又奔向另一个方向，一会儿左转，一会儿回头，再接下来又急速右转——它们所有的注意力似乎都集中在寻找猎物上！这样做的结果就是它们走过的路线十分蜿蜒曲折，就像一个被猫咪玩了几个小时的毛线团一样。我们人类的大脑当然是绝不可能记得住这样的路线图的，但撒哈拉箭蚁却可以做到，而且准确度惊人。它们在"路径整合"方面的能力非常出色，很可能是动物界在这一领域里最出类拔萃的。

它们那针头般大小的大脑怎么能记忆如此多的信息呢？瑞士学者费利克斯·桑奇（Felix Santschi）的实验为我们解开了部分谜团。桑奇一生中大部分时间都待在北非研究蚂蚁。他在一只蚂蚁的上方放置了一块木板遮挡住太阳，同时，他又在木板的对面放了一面镜子，这样蚂蚁就能从镜子中看到太阳，但与太阳在天空中正常的位置方向完全相反。蚂蚁立即就对此作出了反应：它马上就停下脚步，犹豫片刻后改变了方向，然后朝着错误的方向前进——这证明它的确是利用太阳来辨别方向的。但实验结果并不完全令人满意，因为在没有太阳的情况下蚂蚁仍然能够保持正确方向，并且事实上只需要留下一小部分蓝天，蚂蚁就能再次调整方向。研究人员的结论是，蚂蚁并不完全依赖太阳定位，天空中一定还有其他一些人类所不知道的线索能帮助它们辨别方向。直到60多年后科学界方能证明桑奇的看法是正确的。20世纪70年代有研究人员发现，蚂蚁利用了光的一种隐藏的特性：偏振。

由于人类无法看到偏振光，所以您很可能不太了解偏振这个概念。为了让您能更好地理解小蚂蚁，请允许我先来解释一下何为偏振现象。光可以被看作一种波，也就是说它会振动。当光波到达人的眼睛时，它可以在不同的方向上振动：上下、左右或对角线方向。这个振动轴就是我们所说的偏振轴。大多数光源，如太阳或您客厅的台灯，发出的光波会在不同方向上振动。相反，当这些光波从汽车挡风玻璃、湖面或地球的大气层中反射出来时，它们都朝同一方向振动。这便是我们所称的"偏振光"。

对于人的眼睛来说这毫无区别，因为我们视网膜上的接收器可以朝向所有方向，并且无论其偏振轴如何都可以以同样的方式感知到光线。但在蚂蚁和许多其他动物物种中，光的偏振对视觉有直接影响。昆虫的眼睛有一个专门的区域是朝向天空的，其中每个面都有朝向特定方向排列的接收器。因此，只有当光线沿特定方向振动时，它们才能感知到光线。换句话说，蚂蚁的眼睛能感知来自天空每个方向的光线的偏振轴。因此，我们眼中看见的不变的蓝天，在蚂蚁眼中显现出的是彩虹般的偏振光。透过昆虫的眼睛看日落一定无比壮丽！

有趣的是，通常人们认为偏振光的发现应归功于18世纪的丹麦数学家伊拉斯谟·巴托里纳斯（Erasmus Bartholinus）。其实维京人很有可能早在800年前就已经懂得利用偏振光的特性，他们能在没有太阳的情况下找到海上航行的方向。维京人利用"太阳石"来看偏振光，那是当时人们在冰岛发现的一种晶体（冰洲石），具有可根据偏振光分离光线的特性。通过这种晶体观察阴云密布的天空，可以推断出太阳的位置，误差仅在几度以内，这样维京水手们便能够在北方灰蒙蒙的海面上辨别方向。

同样，蚂蚁通过检测光的偏振，只需看得见天空的一角就能确定方向，十分可靠。今天人们对偏振光的特性的利用不再是为了在海上寻找方向，而是一些更为大胆的应用，如3D电影。人类为早在1100年前就发现了偏振光而引以为傲，而蚂蚁们每天使用偏振光已有亿年之久。

今天，我们还知道撒哈拉箭蚁在沙漠中的定位并不仅仅局限于对太阳和偏振光的利用。它们还能从天空中获取许许多多其他线索，一条比一条微妙，例如光的亮度和色彩的梯度，我们在此就不一一赘述了。通过综合所有这些来自天空的信息线索，蚂蚁可以获得极为精确的方位概念。可以肯定地说，蚂蚁的眼睛里自带着一个指南针！

我们刚刚已经看到，蚂蚁之所以能够非常精确地辨别前进的方向，部分原因应归功于它们的眼睛。但是要实现"路径整合"，光有指南针是不够的，还得知道自己走过了多少距离。在这一个问题上，小蚂蚁再次给我们带来了惊喜。我们知道，蜜蜂在飞行过程中通过从前向后不断飞逝的视觉流来估算距离。我们坐汽车的时候同样也可以通过观察窗外景物掠过的速度来估计汽车行驶过的距离。但对蚂蚁来说，它们很少依靠视觉流来估算外出游猎时走过的距离，它们使用的是另外的技术。

在过去的十多年里，在如何估算距离这方面，人类的认识有了长足进步。研究人员曾设想，蚂蚁难道不能通过简单计算所走的步数来估量距离吗？他们用来验证这一假设的方法非常离奇。

研究人员来到撒哈拉沙漠找到箭蚁，为它们安装了用猪毛制成的高跷。这一景象确实太不寻常，因为箭蚁的腿本来就很长，踩上高跷后它们行走起来也毫无困难。有了这个特殊装备，它们的步子迈得更大了：平均步幅达到 1.8 厘米，而不是通常的 1.3 厘米，增加了约 40%。科学家们在离巢穴 10 米远的地方放置食物等待箭蚁前来发现，然后为它们安上高跷并观察它们返回巢穴的情况。结果一目了然。没有装高跷的箭蚁全都完美精确地估算出了自己与巢穴之间这 10 米的距离，而被装上了高跷的箭蚁则多估了距离，它们在往回走了 14~15 米后才开始寻找巢穴。换句话说，这些蚂蚁走了到蚁巢所需的正常的步数，但它们没有考虑到由于腿上有高跷，自己的步幅大大增加了。研究人员还发现，如果在去程和回程中箭蚁腿上都装着高跷，那么在回程估算距离时它们就不会出错。由此看来，蚂蚁的确是根据所走的步数来估算距离的！只要蚂蚁去程和回程时的平均步幅大致相同，这种策略就能奏效。考虑到蚂蚁装备 6 条猪毛高跷的情况十分罕见，这似乎是一个相当可靠的策略。

不过千万不要以为蚂蚁会像我们一样数着"一、二、三……"来"计算"自己所走过的步数。那样做纯属拟人化，实际情况比这复杂得多。为了进一步深入研究，科学家们为撒哈拉箭蚁建造了一个小型过山车环形道路。在去程时，箭蚁被迫沿着这条忽上忽下的陡峭小路前进，而返回时走的则是平坦的路。而这段设计的小路距离要长得多，因此在去程时蚂蚁所走的步数要比回程时多得多。您或许会以为蚂蚁会过多估算回程的距离。事实上并没有，在这种情况下，它们完全能够正确地估算距离。这些小小的马拉松选手不仅对左右拐弯的路线有充分认识，对上坡和下坡也同样能纳入考量，因而能轻松推算出到巢穴的实际距离。它们能完美再现行走过的路线，而且还是3D的！

最后一项实验稍显残忍。研究人员让沙漠箭蚁在起伏非常大的路面上奔跑，以破坏它们的步态。撒哈拉箭蚁奔跑的速度惊人，每秒最多可跑40步（每条腿！）。因此，跑的时候它们根本没有时间关注自己的"脚"落在哪里。实验很成功。蚂蚁们一路不停跌跌撞撞，踏进凹坑，或撞上凸起物，倒地打滚，然后又摔入下一个凹坑。试试在这种情况下怎么数步数！然而，它们再一次完美地估算出回程的距离。说实话，我们还远未能弄明白这些小越野选手是怎样具备这样的能力的。

总之，蚂蚁在估算所走过的距离时所采用的方法与其步数有关，却并非简单地计算步数。这涉及一个"本体感觉"问题，即对自己身体在空间中所处位置的感觉。为了达到如此高超的效果，蚂蚁的大脑结合了源自数百个身体感受器的信息。一些感受器能探测到肌肉的伸展；另一些感受器位于躯壳甲板之间，能测量关节弯曲的角度；还有一些感受器则能通过绒毛感知到地球引力场的方向；等等。当然了，别忘了还需数十万个大脑神经元来整合处理所有这些信息。

可以肯定的是，要想在机器人身上实现上述功能还有很长的路要走。不过有一条规则需要记住：那就是为了避免走错路，蚂蚁并不依赖于单一的信息线索，而是会综合多种信息线索。这似乎是生物界广为熟知的一条黄金规则："不要把所有鸡蛋放在一个篮子里。"无论是在天空中，还是在自身体内，抑或是在地面的地标上（如果有的话），每只蚂蚁都在不停地提取、对照、组合并记忆着无数的信息。最终结果就好像是用无数不同来源的信息

第10个考验：选择与优化

纤维织成的一条无形的阿里阿德涅之线，能帮助远离巢穴的蚂蚁不会迷失方向。结果的确令人惊叹——无论是在广袤的沙漠中还是在茂密的原始雨林中，无论是在正午的阳光下抑或在夜晚的雨水中，这条无形的阿里阿德涅之线都能发挥巨大功效。这便是令许多自然学家为之倾倒的那种将昆虫与其巢穴联系在一起的"神秘力量"。

安托万·威斯特拉赫

再次上路[1]

俗话说："没有什么比另一只蚂蚁更像蚂蚁了。"您只需多练习几遍在昆虫身体上绘画，就会明白这个说法完全站不住脚。一旦能通过几个小色斑辨认出不同的个体，您就会发现这些小动物每一只都独具个性，而且和人类一样，智慧往往源于经验的积累。

让我们再一次回到澳大利亚的爱丽斯泉，去看看巴氏嗜热负蜜蚁（Melophorus bagoti）。这些奔跑在橙色沙地上的优雅蚂蚁，有时会不幸被突如其来的阵风刮走（参见《随风而逝》一章）。科学家们对这些觅食蚁的日常活动路线进行了追踪，并且在它们身上都做了标记，能够单独识别出每一只蚂蚁。为了达到实验目的，他们采用了一种低成本的巧妙方法：用数百枚钉子和 200 米长的厨用线在地上绷出一个网格，将巢穴周围的区域变成了如棋盘般的一个个小方块。然后，他们在一张纸上将这个网格地图打印出来，格数与实际完全一致。这样，当看到一只蚂蚁离开巢穴时，研究人员就可以用铅笔在图上描绘出它所走的路径，并且每一条新的路线都用一张新的方格纸标注出来。对这些澳大利亚小蚂蚁进行实验观察的妙处在于，它们彻底无视您和您的方格纸的存在。蚂蚁们像平常一样在灌木丛中来回奔跑上几十米，全然不顾一个"怪叔叔"（研究员）正亦步亦趋地跟踪着它们，一边还在笔记本上涂涂画画。

---

[1] 美国电影《阿甘正传》插曲。

在完成了对十余只蚂蚁的上百次外出路线的记录后，科学家们对数据进行了初步整理，将每只蚂蚁的路线轨迹进行了分组归类。一个令人惊讶的现象浮现出来。一些蚂蚁的路线轨迹看上去似乎是完全偶然、毫无规律的，每次外出走的路线都不相同；但另一些蚂蚁的路线轨迹则非常有规律，它们好像一直顺着一条相同路线一次次地来来回回，误差在1厘米之内。每只蚂蚁都可以有自己的专属路线，有些蚂蚁一天内可以通过专属路线在蚁群和食物源之间往返50余次。可不是吗，假如你生活在一个人口众多的大家庭里，确实得经常去超市购物。我们不得不钦佩这些蚂蚁能一直保持如此高昂的积极性。不过，这种习惯又是如何养成的呢？

习惯都不是一天养成的。研究人员尝试故意移动这些觅食蚁。当巴氏负蜜蚁带着珍贵的可口食物即将抵达蚁巢入口时，研究人员便捉住它们重新放回食物来源地的位置，也就是说让它们再次回到返程的起点处。毫无疑问，这对蚂蚁来说是一次令人沮丧的经历。试想一下，当您购物结束拎着大包小包的东西终于来到了家门口，正要掏出钥匙时，却被瞬间传送回超市门口。不过小蚂蚁们并不气馁，它们会立即再次出发，踏上继续返回的路途。这个实验表明，这些蚂蚁并不完全依赖于路线整合。我们在上一章中曾看到，这种基于步数和天体参照物的策略能够让蚂蚁记住走过的路线。但是如果将昆虫带离的是外部力量——如一阵风或一个可恶的研究员，此时想返回巢穴就不能再用路径整合的办法了。为了弥补路径整合的这个重大缺陷，在日常活动中这些蚂蚁往往依靠一种更安全的策略，能够经得起被外力移动的考验。您大概已经猜到：和你我一样，它们使用熟悉的视觉参照物。随着经验的积累，蚂蚁会通过记忆沿途的视觉形象来记住路线。生活在平坦、单调的盐湖上的沙漠箭蚁主要依靠路线整合，那是因为它们别无选择，周围没有任何可供参照的物体。而在视觉丰富的环境中，如森林、城市、山地或澳大利亚灌木丛中，使用地面参照物无疑是一种更为可靠的策略。

那么您或许会认为，对于有幸生活在这些视觉信息丰富的环境中的蚂蚁来说，路径整合已是一个过时不用的办法。而事实上，它依旧是必不可少的。就像我们修建更高大坚固的建筑时需要先搭建木制脚手架一样，路径整合是蚂蚁出巢时学习舞蹈的第一步（参见《热舞》一章）。更重要的是，一旦发现了新超市（食物来源），蚂蚁不仅能够利用这一策略直线返回蚁巢，而且还能预先根据路径整合记住它所在位置的坐标，在它那个小脑袋里对新地点与蚁巢的相对位置进行记忆。这样，在下一次外出觅食时，年轻的工蚁就可以利用路径整合以及天空中的参照信息，直接返回这个食物丰饶的新地点。

所以，路径整合能让初出茅庐的蚂蚁将其在年轻时发现的各个有意义的地点之间画上直线，从而确保自己对视觉参照物的习得尽可能都是沿着最直接的路线来进行。当它在这些路线上来回反复穿梭时，越来越熟悉的路线便会越来越深刻地印入其视觉记忆里，只需几天后它就会完全依赖于已经记住的视觉地标，而不再需要进行路径整合。同理，当我们第一次到一个新的地方时地图很有用，它可以帮助我们找到前往一个特定地点的路线。但当我们一旦记住了这条路线，就不再需要看地图了——一切都是熟门熟路！

这些经验丰富的蚂蚁的日常路径无疑是将食物运回巢穴的最

快捷有效的方式！只要外部环境不发生变化，有些蚂蚁甚至一分钟就能往返数次带回好几块小饼干。不过当原来熟悉的食物来源枯竭了，或者视觉景象发生了变化需要重新学习新的路线时，这些有经验的蚂蚁就会感到困难重重，它们学习的效率甚至会远远低于一些新手工蚁。它们的大脑早已基于过去的经验进行了优化，现在被无用的记忆塞得满满的，无法应对新的学习。它们于是变成了"过去时"。快给年轻人让路吧！

　　这不也正是我们每个人成长过程的绝妙隐喻吗？年轻时，我们尚未定型，喜欢冒险，不断探索各种新的领域。之后，通过学习和不断重复，我们的世界逐渐固化，习惯开始养成，无论是运动、语言还是思想，渐渐形成了一种不那么轻快但更为有效的行为方式。就像一只反复重复相同路线的老蚂蚁一样，随着年龄的增长，我们越来越难以适应环境的变化。这就是一切优化行为的可悲之处：我们或许更好地适应了今天生活的世界，但对明日世界的适应能力却不可救药地降低了。

安托万·威斯特拉赫

双车道沥青路[1]

那些循着化学路径前进的蚂蚁通常很少会去记忆蚁穴与果酱瓶之间的路线。如果你轻轻捉住一只正沿着同伴标记的路线忙碌奔跑的蚂蚁，然后像前文描述的箭蚁那样，把它转移到100米外的地方，这只蚂蚁就会像丢了魂一样在那儿游荡几个小时……同样，假如你用海绵把厨房桌布上的一小段化学路径擦拭掉，你会发现那些正疯狂奔跑着的蚂蚁们突然间停下了脚步，好像前面的路塌方了。它们疯狂地寻找正确路线，却不敢贸然踏上陌生之地。还记得童话里当小拇指发现自己用来标记回家路线的面包屑被鸟儿啄食了时的沮丧吗？所以，想偷懒不愿动脑筋去记忆周围的环境是很危险的。为了降低风险，使用化学路径追踪的蚂蚁需要遵循三条基本规则。第一条很简单：绝不单独出门；第二条，绝不乱走，严格按照同伴标出的路线前进；第三条，不断强化同伴留下的足迹，以免它像拇指汤姆的面包屑一样消失不见。如此，你便能看见无数蚂蚁在蚁穴和果酱瓶之间一条无形的道路上来回穿梭。

每当见到蚂蚁沿着它们的道路全速奔跑时，我们总忍不住会自我代入，会联想到城市拥挤人行道上时不时发生的混乱，或是那些噩梦般困扰交通的大塞车。这一景象长久以来一直令自然学家们惊叹不已。早在公元前4世纪，亚里士多德就曾在他的《动

---

[1] 1971年上映的美国极速飞车电影。

物史》中写道："它们（蚂蚁）以一条笔直的路线返回巢穴，并且一路上绝不会互相妨碍。"公元 1 世纪，普鲁塔克（Plutarque）更进一步写道："我们不可能详细介绍蚂蚁的食品供给和库存管理的方法，但如果完全不提及它们，恐怕亦是一种缺憾。自然界中没有任何其他事物能如蚂蚁那般微不足道，但同时却最能彰显出伟大和美德；就好似一滴清澈的水滴一样，人们可以在它们身上看到一切美德的形象。……我们都熟知蚂蚁的行为方式，比如，在相遇时它们会彼此示好——那些空着手的，会给拿着东西的让路……"

蚂蚁真的比我们更善于处理交通堵塞吗？它们的交通是否像看上去那样总是流畅又有序？蚂蚁之间真的存在优先路权规则吗？多年来，本书作者一直在研究这些问题。最初，研究人员们用于实验的是黑褐毛山蚁（Lasius niger），即黑色花园蚂蚁。在法国几乎任何地方都能找到这种蚂蚁，无论是树林、开阔地还是城市环境中它们都能生存，可以在地上、石头底下或你的花盆里筑巢。一个成熟蚁群的成员数量可达 1 万只。

在第一个实验中，蚂蚁们需要通过一座塑料桥前往一个甜甜的食物源。这座桥宽 1 厘米，相当于人类的双向双车道路。一旦桥架设完毕就可以通行，"开启"这个词话音还没落地，蚂蚁们就已经疯狂地冲上桥奔向食物源。显然，它们根本不需要时间去熟悉任何新的基础设施！一旦到达桥的那一头，蚂蚁们立即狼吞虎咽地吞下糖浆，然后返身全速冲回巢穴。奔跑的途中每隔一段距离它们就垂下腹部，沿途在地面留下一道化学气味痕迹。受到这些气味的吸引，更多蚂蚁前去寻找食物，短短几分钟后，在蚁巢和糖源之间就形成了来来往往穿梭的蚁流。研究人员很快就决定改用视频录像来记录实验,因为已根本无法实时统计通过小桥的蚂蚁数量。接下来研究人员在电视屏幕前花了好几个小时来数有多少只蚂蚁在桥上奔跑。当别人询问"你是做什么工作的"时,如果回答"我数塑料小桥上有多少只蚂蚁",是不是很难让人觉得这是认真的。经过好几个小时的记录,结论很清楚:蚂蚁的交通是完全混乱无序的,不过却并没有发生任何交通堵塞。与高速公路上的车辆不同,小桥上蚂蚁的交通并没有通过区分行驶方向来加以组织。研究人员还发现,蚂蚁相互间发生碰撞的情况其实并不少见,但奇怪的是,蚂蚁似乎并未刻意去避免碰撞的发生。1厘米宽的小桥每分钟可有160只蚂蚁通过。相较而言,在法国一条四车道公路每分钟的车流量若达到140辆,就必定会让交通完全堵塞。

于是,研究人员决定继续放大招,进一步缩小桥的宽度,让蚂蚁通过时难以互相避让。现在,这座桥就像一条乡间小路,会车的时候不得不占用路边的绿化带,还得冒着掉进路边沟里的危险。在这样的道路上,如果每分钟行驶的车辆超过50辆,就必定会发生交通拥堵。令人惊讶的是,经过几个小时的观察,研究人员发现蚂蚁的流量再次达到了每分钟160只。尽管桥面变窄了,但觅食蚁们依然保持着全速前进,丝毫不受交通堵塞的影响。简直太不可思议了!不过,与之前的实验略有不同的是,在通过这座非常狭窄的桥时,蚂蚁们排成了"一"字队列。这样,它们就避免了正面相撞,因为每发生一次碰撞,就会损失半秒钟的时间。似乎它们互相轻触触角便能迅速达成一致判断。

然而,在没有红绿灯来指示优先次序的情况下,蚂蚁是如何对桥上的交通进行组织的呢?很简单,它们要等到车道空出来的时候才几个一组地列队进入小桥。这一"礼让"规则在小桥的两端都能观察到，如此一个轮流交替的系统便自动形成，就像一个定时翻转的沙漏。一列列队伍依次向一个方向移动，然后再向另一个方向移动。这种方式自动限制了可能造成减速的碰撞次数，有利于保持高流量的通过。非常巧妙，是不是？

未能成功制造交通堵塞的研究人员备受打击，于是决定更换蚂蚁物种，希望通过规模更大的蚁群来增加交通密度。他们很自然地选择了外来入侵的小细臭蚁（Linepithema humile），俗称阿根廷蚁。这个物种的蚂蚁所形成的可不是普通蚁群，而是超级大蚁群。与大多数蚂蚁物种不同的是，阿根廷蚁的准蚁后没有翅膀，它们躲在蚁巢里完成婚配，所以不用担心受到任何外来伤害。一旦完成受精，准蚁后就会带着一队工蚁徒步外出，去附近找个地方安家落户。用我们的行话说，这叫"开枝散叶"。这些新生群会与母群保持密切联系，相互间会交换食物和劳动力等。只需几年，整个超级蚁群的范围便可扩展到几公里以外，有数千只蚁后和数亿只工蚁。就个体而言，阿根廷蚁没有任何出众之处。它瘦小羸弱，貌不惊人，看起来没有任何危险性。但是这种生物通过低成本的繁衍，依靠数量优势来形成对外部环境的主宰。它们采用的这种策略已被证实是有效的。自 20 世纪 20 年代人们首次在南欧发现了阿根廷蚁以来，欧洲的超级蚁群现在已经发展成为拥有数十亿只蚂蚁的世界最大"超级有机体"，由数百万个相互连接的蚁巢组成的超级网络覆盖了横跨 6 000 多千米、从意大利北部到法国南部，沿着西班牙和葡萄牙整个海岸线的辽阔领土。对研究人员来说，这种"小害虫"入侵了图卢兹第三大学的校园也算得上是一种幸运。

目前，我们实验室的每一层楼都已经被阿根廷蚁侵入了。我们不知道生活在墙内的蚁群的确切规模有多大。某个星期一的早晨人们惊恐地发现，在一个周末的时间里，几千只蚂蚁聚集起来对实验室的蝗虫、黄粉虫和蟑螂养殖场进行了袭击。我们对此束手无策，只能眼睁睁地看着这可怕的场面：阿根廷蚁扛着那些可怜昆虫的最后一条腿、头、胸和腹，沿着一条大路冲入了实验室大楼的地下室。一些同事目睹了自己辛苦饲养的整窝蚂蚁在一夜之间被这些凶猛贪婪的家伙消灭了……它们可绝不是好惹的。

话说回来，将它们捉回来做实验相对来说还是比较容易的——只需提供食宿，它们就会高高兴兴地搬进你准备好的塑料盒里。不过捕获之后最困难的事情是如何让这些蚂蚁老老实实地待在预制的蚁巢里不逃出去。阿根廷蚁能够在极其湿滑的地面上来去自如，我们通常用来防逃的聚四氟乙烯涂层对它们丝毫不起作用。这些越狱高手迫使我们把饲养箱放在装满肥皂水的大盆子里，因为，不消说，这些小坏蛋还能自己组成筏子渡水。

集体运动有一个普遍特征：随着密度——即单位面积上的个体数量——的增加，运动速度会降低。一旦密度超过临界值，在相互推挤或迎面碰撞等各种行为的作用下，所有人最终都会停滞下来，无法前进。高峰时段的地铁通道里或开展促销活动的人行道上经常会出现这类现象。为了验证蚂蚁是否也对密度敏感，研究人员带领学生们开展了一项长期实验。为了对密度进行有效控制，他们将连接蚁巢和食物的小桥设计为可调节宽度的，范围为5~20毫米；实验蚂蚁的数量则从400只到25 000多只不等。如此下来，他们最后获取到了几百个小时的胶片。为了计算桥上蚂蚁的密度和前进速度，他们花了整整一年的时间来观看和分析这些视频：一项无比艰巨的任务。在整个实验期间，研究人员每晚若不在脑海里数着蚂蚁便都无法入睡……

分析结果显示蚂蚁有两种令人惊讶的策略。当密度增加到接近每平方厘米 8 只蚂蚁时，觅食蚁的速度非但没有减慢，反而加快了，这大概是为了弥补因相互碰撞而消耗的时间。相反，当单位面积上的蚂蚁数量超过每平方厘米 8 只时，它们的速度会稍稍减慢，并开始注意避免碰撞以节省时间。研究证明，在密度达到每平方厘米 20 只时，蚂蚁仍可以每秒 0.5 厘米的速度奔跑。按人类的比例换算过来，这相当于每平方米有 5 个人并以每小时 10 千米的速度奔跑。试想把 5 个人塞进 1 平方米的正方形中，然后再想象一下让这些人以每小时 10 千米的速度挤在一起跑步！这完全办不到。在人类世界里，当每平方米超过两个人时，运动速度就会急剧下降。例如，在马拉松比赛刚出发时，每平方米有 2 名选手，在分散跑开前他们的速度仅为每小时 3.5 千米，尽管所有运动员都是朝着一个方向跑的！

在实验中研究小组还观察到，当密度达到每厘米 20 只时，蚂蚁便会断然拒绝进入小桥，它们在巢穴中耐心等待，一直到交通密度降低。与蚂蚁的做法恰恰相反，开车的人在明知高速公路已饱和的情况下仍会选择在入口处等待。最终，尽管研究小组绞尽脑汁想了各种办法，始终没能成功地让阿根廷蚁形成交通拥堵。

就像西西弗斯一样，研究人员并未放弃，而是改用芭切叶蚁来做实验。如我们之前所见，切叶蚁会修建高速公路。与黑色花园蚁或阿根廷蚁不同，切叶蚁的收获物并不是放在公共胃里带回去的，而是举在头顶搬回去的。这些用来养蘑菇的碎叶片又大又沉，蚂蚁在搬运时不得不使劲把头向上仰起以保持平衡，而这样前进时根本就没法看见脚下的路。设想一下你在跑步的同时还需要一直保持仰头望着天花板。另外，因为头上顶着比自己重 8 倍的重物，工蚁走路的时候还不得不尽量张开腿，这就让它们行进的速度大大减慢了。更为不易的是，这个碎叶片的挡风面也很大。为了让您对此有个基本概念，这就好比头上顶着一张帆。因此，这些蚂蚁就好像那些在高速公路上的半拖车一样容易造成交通堵塞，哪怕这并非它们的本意。

研究小组于是在切叶蚁群和食物源之间架设起了宽窄不一的桥。在观看了所有影片后，研究人员欣喜地发现，5 厘米的宽桥上蚂蚁的流量为每分钟 120 只，而 0.5 厘米的窄桥上蚂蚁的流量仅为每分钟 60 只！也就是说，如果交通流量太大，很可能会不利于切叶蚁的收获。不过，这种喜悦是短暂的。离开巢穴的芭切叶蚁很多，但载着碎叶片返巢的蚂蚁却比较少。在野外，高达 80% 的芭切叶蚁会空手而归！确实也有一些蚂蚁忙于清扫道路，但通常这部分成员仅占觅食蚁的 5%。那么，这些空手而归的蚂蚁在路上干什么呢？是为了防备可能发生的攻击吗？它们的公共胃里是不是装满了汁液？抑或它们只是外出活动一下腿脚？目前，这仍然是一个巨大的未解之谜。

研究小组将目光专注于那些带着碎叶片回巢的蚂蚁。他们发现，当觅食蚁经过窄桥去采集食物时，每分钟有 24 片树叶被带回蚁巢；而当它们通过宽桥去采集食物时，每分钟只有 12 片树叶被带回蚁巢。结论是：切叶蚁在拥挤的乡间小路上，要比在高速公路上自由通过时效率更高。这实在太神奇了！通过观察窄桥上的交通组织，研究人员发现，与阿根廷蚁一样，切叶蚁也是随机排列成队，轮流顺畅地通过小桥。奇怪的是朝着蚁巢方向走的

第 10 个考验：选择与优化

蚂蚁过桥排队的时候常常由三四只搬运食物的蚂蚁领头，十来只空手蚂蚁却在后边跟着。这很令人惊讶，因为通常空着手的蚂蚁行进的速度是那些头上顶着食物的同伴的两倍。如果你有机会超越一辆半挂车，你会一直乖乖地被它堵在后面吗？为了搞清楚这个奇怪的现象，科学家们对蚂蚁之间发生正面碰撞的情况进行了研究，这通常是导致速度减慢的原因。于是他们发现切叶蚁的交通遵守着一条规则：如果一只返回巢穴的蚂蚁遇到一只外出觅食的同伴，当返巢的这只蚂蚁携带着食物时就有优先通过权；否则，它就必须为同伴让路——或许这是对它没有完成采摘任务的惩罚。难道那些离开蚁巢的蚂蚁明白，同伴所携带的树叶碎片对蚁群来说十分重要，而那些空着手的是在闲逛？不不，其实是因为那些顶着食物的蚂蚁过于笨重，行动非常迟缓，而它们的同伴正因为缺乏耐心才会迅速让出一条通畅的道路来。

每当一只蚂蚁在与同伴迎面相遇后因没有优先通过权而给对方让路，它就会损失半秒钟的时间。由于在小道上相遇的频率很高，空手返回的蚂蚁如果不停地让路，行程时间很容易就会翻倍。不过，研究人员在观察中发现，一只空手的蚂蚁可以跟着一位运货的同伴，紧贴在它身后，悄悄地蹭用它的优先通行权。在路上我们也常常能看到这种策略，一些汽车会紧跟在救护车后面……与预想的不同，空手的蚂蚁这样躲在半挂车的后面反而可以节省时间。

这些优先规则解释了切叶蚁没有形成交通堵塞的原因，但不能解释为何走窄桥时有更多携带食物返回的蚂蚁。在对视频进行了无数次反复研究后，研究人员注意到，每当一只觅食蚁与另一只搬运着食物的觅食蚁相遇时，它都会略微停顿一下，用触角顶端去检查一下树叶碎片,再继续前行。在窄桥上,蚂蚁之间面对面的接触远比在宽桥上频繁得多。会不会是这些沿途与食物的反复接触起到了激励作用,产生了在社会学中被称为"社会促进"①的现象?有时我们也会遇到这样的情况,比如走在街上时,迎面遇到一个人手里拿着一个甜筒冰激凌,然后是第二个、第三个。突然间我们会产生购买甜筒冰激凌的欲望,并且强烈得几乎不可抑制。

为了验证这一假设,研究人员决定人为操纵蚂蚁在桥上碰撞的次数。为了增加碰撞的机会,他们将电线连接在轨道系统的电机上,然后把碎叶片挂在线上,悬在连接巢穴和食物源的小桥上方几厘米处。这些叶片以蚂蚁行进的速度移动着,叶片的高度刚好可以触到从桥上经过的觅食蚁的触角和头部,却不会妨碍到它们的行动。就这样,好像回转寿司店里顾客眼前传送带上的寿司一样,碎叶片在桥上方不停地来回移动。科学家们很为自己设计的巧妙装置感到自豪,于是开始了第一次实验。在蚂蚁准备经过桥梁时,他们打开了设计巧妙的传送带。然而令人失望的是,实验彻底失败了。蚂蚁们非常不喜欢被这样轻轻触碰,它们凶猛地紧紧抓住叶片不放手。在不知所措的科学家们注视下,大部分觅食蚁就这样抓着树叶飞过了桥,在飞越途中还撞倒了一些同伴。接下来场面一片混乱,飞过桥面的不再是一串串碎叶片,而是无数切叶蚁。从远处看起来就好像蚂蚁们在乘坐吊缆!

遭到如此大的挫败,研究人员决定改变思路,不再故意制造

---

① 也被称作"社会助长",指当有他人在场或与他人一起工作时,个体行为效率有提高的倾向。

蚂蚁间的接触，而是避免发生接触。为此他们架设了两座桥，将前往食物源的觅食蚁和从食物源返回的工蚁分开。可是要想让蚂蚁走不同的路线往返是一件非常困难的事。当然也不是不可以让它们学习认识路牌，但这需要花费大量时间，而且交通规则还必须逐一慢慢地教。而我们知道切叶蚁群的成员数以万计。为了让它们在过桥时单向行进，研究人员用了一个幼稚的小把戏：在每座桥的桥头都放了涂有氟龙（一种超滑涂层）的滑滑梯。在这个实验中，一只从巢中出来的蚂蚁必须爬上第一座桥前去采集食物。当它走到桥的尽头时，必须从小滑梯上滑下来才能前往食物源。这之后，它就没法原路爬回桥上了，要想返回蚁巢的唯一办法就是走旁边另一座容易走的小桥。当抵达巢穴这一头时，所有蚂蚁必须像刚才一样再坐一次滑梯。虽然蚂蚁在第一次滑行时十分犹豫，甚至有些纯属偶然，但往返几次之后，觅食蚁们很快就习惯了这个实验装置。最后，研究人员终于看到了像高速公路双向车道上一样井然有序的交通景象。在这个实验中，从食物源返回的蚂蚁不会在途中与反方向的同伴迎面相遇。几分钟后，科学家们注意到，带回巢穴的碎叶片的数量急剧下降。这一结果表明，与搬运食物的蚂蚁同伴的接触是让觅食蚁前去采集食物的必要刺激。换句话说，离开巢穴的蚂蚁需要同伴不断提醒它们自己的使命！您是否也曾有过这样的经历：刚迈出办公室的门来到走廊上就忘了自己是为什么事情出来的？

　　蚂蚁的交通与行人和车辆的交通确实有许多相似之处，但也存在本质性的区别。在外骨骼的保护下，蚂蚁根本不怕撞击，所以它们可以快速前进，而人类则更愿意保持一定的安全距离。另外，蚂蚁在外出时有一个共同的目标：采集食物；而马路上的人则各有各的目标：接孩子放学、下班回家、与朋友聚会、购物等等。

  蚂蚁似乎不会陷入交通堵塞的陷阱，因为它们的优先权规则是局部的，而且会根据情况不断调整：例如，当十字路口空无一人时，蚂蚁就绝不会在红灯前停下来。

奥德蕾·迪叙图尔

光荣之路①

那些独裁者和专制者肯定不会赞成我的观点,但民主政体确实比专制政体更为有效。我们早就知道,相较于一个人单独做决定,一大群人共同决策时作出正确决定的可能性往往更大。电视节目《谁想成为百万富翁》就是这方面最佳的例证——当参赛者询问观众的意见时,大多数情况下得到的答案都是正确的。

在亚里士多德于公元前335年至公元前323年出版的著作《政治学》中就提出了"众人之智优于一人之智"的观点。后来,18世纪的玛丽·让·安托万·尼古拉斯·德·卡里塔特(Marie Jean Antoine Nicolas de Caritat,又称孔多塞侯爵)也认可了"众人智慧高于个人"的观点。孔多塞的陪审团定理表明,如果一个刑事陪审团内每个成员给出正确答案的概率都超过1/2,那么陪审员的人数越多,陪审团通过多数集体决定的方式对"被告是否有罪"这个问题作出正确判断的概率就越大。例如,假设单个陪审员有60%的机会作出正确的决定,那么一个由17人组成的陪审团对被告罪行作出公正判决的概率就将有80%;倘若陪审团的人数达到45人,则正确的概率可达到90%。与电影《十二怒汉》②一样,孔多塞侯爵在此所说的陪审员们彼此观点并不一致,他们都是通过各自的独立判断来作出最终的投票决定。

---

① 1986年上映的美国电影。
② 1957年上映的美国电影。

达尔文的表亲弗朗西斯·高尔顿（Francis Galton）是最早用实验证明群众智慧的人之一。1906年，在参观一年一度的普利茅斯农业展时，他参加了一场猜牛的重量的比赛，获胜者可以将牛作为奖品带回家。高尔顿向787个观众收集了他们的估值，最后他发现，这些观众预估的平均数为543千克，与牛实际的重量543.4千克基本相符（误差仅400克）。英国布里斯托尔大学的物理学家伦·费舍尔（Len Fisher）在一家酒吧重现了这一实验，他请酒吧的顾客们猜测一个糖罐中有多少个甘草糖果卷，并且禁止客人们在猜测过程中相互讨论。所有人猜测完后得到的平均数字是60卷，而实际数字是61卷。费舍尔注意到其实答错的人很多，估计的数字从41到93不等。一周后，他决定重复这个实验，但这一次允许参与者彼此交流意见。他惊讶地发现，这一次众人给出的答案彼此间更为接近，数值从97到112不等，但平均数却与正确的数量147相去甚远。可见拥有正确答案的人并不一定是擅长说服别人的那个……由此得出的结论是：当禁止参与者之间进行交流的情况下，集体的表现总是优于大多数成员的个体表现，仅此而已。

蚂蚁也为我们提供了关于集体智慧的完美例证。但奇怪的是，它们的原则恰恰相反：当群体成员能够互动和交换信息时，蚁群就更有可能作出更接近最优方案的决策！

当你出门购物时，你需要提前选好目的地。而你对超市的选择主要基于两个重要因素：离你家的距离和所售商品的质量。当蚂蚁离开巢穴外出寻找食物时也会面临类似的两难抉择。其中的主要区别在于，就人类而言，拿主意的往往是其中某一位家庭成员，所以有时我们离家出门前要经历家庭成员间的激烈交锋；与

第10个考验：选择与优化

此相反，蚁群总是在离家后集体作选择。在狩猎过程中，许多物种的蚂蚁都会利用化学路径来确定方向，招募同伴。研究人员发现，前几章介绍过的黑色花园蚁（Lasius niger）和阿根廷蚁（Linepithema humile）等物种会利用自身行动的地面作为媒介，间接地与同伴交流有关路线的各种信息。

在实验室进行的一项初步实验中，研究人员向蚂蚁提供了两个完全相同的食物源，并且两个食物源所在点与蚁巢的距离相等。他们用一座Y形桥提供了两条长度完全相同的路线，每条路线都通向同样的糖水。实验人员刚把这个奇怪的装置放入蚁巢，天性好奇的蚂蚁就迅速爬上了这个陌生的物体。到达岔路口后，它们迅速地随机选择其中一个方向，顺利地找到糖水喝下，然后返回巢穴招募同伴。很快，小桥就被在蚁巢和食物源之间来回穿梭的蚂蚁挤满了。然而，科学家们发现，大约15分钟后，大多数蚂蚁都走了右边的道路，仅有一边的食物源得到了充分利用。科学家们决定重复一次实验。15分钟后，出现了同样的结果：觅食蚁只选择走一条路线，只不过这次走的是左边的那条。显然，蚂蚁并没有记住从前一个实验到后一个实验的方向，否则它们就会再次选择右边的线路。在重复实验了20多次后，研究人员发现，觅食蚁要么走右边岔道，要么走左边岔道，但几乎从未同时使用两条路线。这到底有什么古怪之处呢？

研究人员决定仔细观察蚂蚁的行为以了解这种集体选择是如何产生的。为了方便起见，请让我们把注意力集中在最先离开巢穴的5只觅食蚁身上，姑且将它们分别称为凯特妮丝、特里妮蒂、蕾伊、丽莎贝丝和芙瑞莎。实验开始后，凯特妮丝和特里妮蒂率先来到岔路口并在两条路中随机选择了一条：凯特妮丝走了右边的道，而特里妮蒂走了左边的道。到达食物源后，凯特妮丝和特里妮蒂都使劲地吞食糖水，随后返回巢穴，并且沿途释放出气味信息素来招募和引导同伴们。在新鲜的化学路径的刺激下，蕾伊走出蚁巢，上桥来到岔路口。面对两条都有标记的道路，它随机选择了左边的路，到达食物源吃了糖水，并在返回时沿途对化学路径进行了加强。因此，在蕾伊经过之后，左侧道路上气味信息素的数量是右侧道路上的两倍。当丽莎贝丝也在化学气味的诱惑下来到岔路口时，它会感觉到左边小路上的气味信息素更强烈，自然它会决定走左边的路。而吃完糖水返回巢穴时，丽莎贝丝和其他同伴也会一路做化学路径标记。就这样，不知不觉中两边道路的化学气味信息的差异变得越来越大。因此，当芙瑞莎到达岔路口时，它毫不犹豫地选择了左边的道，因为这边的气味信息素几乎是右边的3倍。

研究显示，第一批蚂蚁所做的决定会对后来蚂蚁的选择产生影响。这种"滚雪球"效应的结果是大多数蚂蚁最终都选择了同一条路径。偶然性在产生集体决定的过程中发挥了重要作用，因为在一开始并没有任何东西可以让蚂蚁们对某条路线产生任何偏好。这种行为看似并非最优方案：为何不对两个食物源同时加以利用呢？很简单，过于野心勃勃反而有可能什么都得不到。在自然界中，每个灌木丛的拐角处都可能出现掠食者和竞争者。因此，蚁群成员行动时最好不要过于分散才能更好地保护身边的伙伴和食物。另外，那些使用气味信息素进行追踪的蚂蚁几乎都看不见自己触角尖以外的地方。对它们来说，不想迷路的话最好严格地顺着同伴指示的方向走。

在第二个实验中，科学家们决定在Y形桥的两端分别放置两种不同浓度的糖水，其中一种比另一种更香甜更诱人。大约15分钟后，他们发现蚂蚁更愿意走通往更甜食物源的那条路。之后研究人员又重复进行了几次实验，轮换浓糖水的位置，结果发现，觅食蚁总能集体作出正确的选择。乍一看，这样的结果很容易让人得出如下结论：蚂蚁们品尝了两种糖水，识别出了更好的食物源并记住了其位置。然而，在给蚂蚁的腹部涂上颜色点后，研究人员发现，有很多蚂蚁在整个实验过程中只去了最甜的那个食物源。也就是说，觅食蚁能够在并不了解选项的情况下选择了正确的选项。

为了了解蚂蚁决策的过程，科学家们再次仔细地研究了蚂蚁的个体行为。让我们再次想象：两只觅食蚁——凯特妮丝和特里妮蒂，来到一个岔路口。凯特妮丝走右边的小道，很幸运地发现了更甜的糖水。它对自己的发现十分满意，吃饱喝足后返回时一路仔细地进行了路径标识；特里妮蒂选择了左边的小路并遇到了不那么甜的食物。它用大颚尖尝了尝这淡而无味的甜水，对这次的发现颇感失望，转身返回蚁穴时一路上留下的气味信息素很少或者几乎就完全没有留下标识。当凯特妮丝和特里妮蒂返回后，通往更香甜可口的食物源的那条路线比通往味道寡淡的甜水的路线标记得好得多。从巢穴里出来的其他觅食蚁很快就进一步扩大了这两条路上气味标记的差异。大约15分钟后，几乎就不再有工蚁选择通往不好的食物源的路线了。蚂蚁其实和人一样：当我们对食物感到满意时，就想让所有人都知道。在外出就餐时，我们通常会查阅专门的网站来寻找那些客流量最大、评价最好的餐馆。这样我们就不必尝遍城里的每一家餐厅才能找到其中最好的一家！

在第三个实验中，研究人员让蚂蚁在通往相同食物的两条不同长度的路线中进行选择。他们使用了一个不对称的 Y 形桥，其中一个分支比另一个分支长 3 倍。结果发现，蚂蚁在大多数实验中都选择了较短的那条路。以人类中心主义的角度看，我们或许会认为觅食蚁懂得计算路程的方法并且记住了最短的路线。然而，研究人员再次给蚂蚁用颜色标记后发现，大多数蚂蚁在实验中只走了最短的那条路线。在先前研究结果的启发下，科学家们对蚂蚁的路径标识行为进行了重点关注和研究，但并没有发现沉积的化学信息素与行进距离的变化有何不同。

实际上，决策过程非常简单。请再次想象凯特妮丝和特里妮蒂走出巢穴，来到岔路口。在没有任何路标的情况下，它们分别随机选择了两条路中的一条。凯特妮丝选择了较短的那条路线，而特里妮蒂则选择了较长的那条路线。在分别大快朵颐饱餐糖水后，它们各自启程返回巢穴，并且都小心仔细地标出了路径。只不过凯特妮丝走的路更短，于是它比特里妮蒂更早回到巢穴。现在设想一下，在凯特妮丝回来之后而特里妮蒂还未离开食物源之前，芙瑞莎就离开了巢穴。到达岔路口时，芙瑞莎面前有两条可供选择的路：一条是有标记的，另一条是没有标记的。很明显，它选择了第一条路，并在返回时再次对之做了路径标记。这样就会激励更多同伴也选择走同一条路线。渐渐地，通过放大效应，蚁群便会自动选择这条更短的路线。

在这些发现之后，理论家们将这些决策规则以数学公式的形式表达出来，从而产生了蚂蚁算法。这些理论工具的灵感直接源于蚂蚁这种社会性昆虫的行为，可用来解决许多人类无法解决的优化问题。旅行商问题便是其中最经典的一个例子。1859 年，威廉·罗文·汉密尔顿（William Rowan Hamilton）首次以游戏的形式提出了这个问题，他将其称为"环游世界游戏"（Icosian Game）："一个旅行的商人必须访问一定数量的城镇，而且每一个城镇只能访问一次，最后返回出发点。请找出访问城市的顺序，使其旅行的总距离最小。"要想理解这道题的难度，需要知道通往 X 个城市的可能路径数等于 X–1 的阶乘除以 2。例如，要连接巴黎、波尔多、图卢兹、马赛和里昂，可能的路线数为 12 条。如果再加上雷恩、里尔、斯特拉斯堡、蒙彼利埃和利摩日，可能的线路数就变成了 181 440 条。如果是 20 个城市，可能的路线数量简直是个天文数字：60 822 550 204 416 000 条，即超过 6 000 万亿。就 60 个城市而言，可能性就像宇宙中的原子一样多……

要从无数可能的组合中找到最佳解决方案，必须检查每条路线，计算距离，然后选择其中最短的路线。假设你现在有一台标准计算机，能够在一微秒内估算出连接所有城镇的路线长度。那么找到 5 个城镇之间的最短路线需要 12 微秒；找到 10 个城镇之间的最短路线需要 0.18 秒。但是，通过计算所有可能的路线方案来确定连接 20 个城镇的最短路线则需要 1928 年。最后，如果是 25 个城市，你需要让计算机运行 100 多亿年才能找出最优路线……1962 年，IBM 的美国数学家证明，将旅行商问题分解成子问题并迭代解决，可以大大节省计算时间。他们证明，在计算机上计算 25 个城市的最优路线"仅仅"需要 68 年。

在 20 世纪 90 年代，理论家们就证明，使用蚂蚁算法可以更高效、快速地解决旅行商难题。首先，需要解决的问题被形象化为一个网络（或图像），其中每个节点代表一个城市，每条线代表连接两个城市的路线，所有存在的城市对都由一条路径连接起来。然后，他们将一些虚拟的人造蚂蚁引入网络。当蚂蚁在图中移动时，它会留下虚拟路径信息素。例如，最初所有蚂蚁都从图卢兹开始，访问完所有其他城市后必须返回图卢兹。当一只蚂蚁离开一个城市时，它必须前往一个尚未去过的城市，并选择路径信息素浓度最高的路线。如果一条路线没有得到反复加强，这些虚拟路径信息素就会像自然信息素一样蒸发消失。计算机专家们对虚拟蚂蚁进行了改进，使它们在旅程结束时能够根据路径的总长度来调整之前留下的路径信息素，从而给较短的路径更多的权重。研究人员已经证明，这种蚂蚁算法可以在10分钟内找出连接25个城市的最佳解决路线方案。

这类问题可有大量潜在的实际应用。假如你像圣诞老人一样，需要把一大堆包裹送到不同的地址，或者假如你在货运部门工作，又或是你需要规划电信网络等，蚂蚁算法都可以为你节省大量时间。下一次如果看到蚂蚁在你的桌布上奔跑时，不妨想想吧。

奥德蕾·迪叙图尔

第11个考验

救援和救治

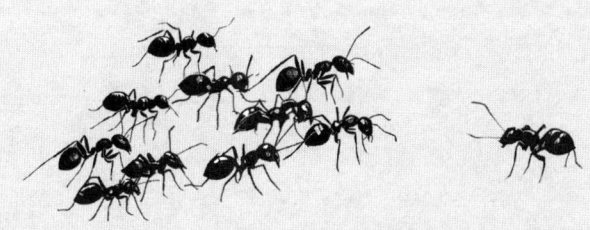

海滩救护队[1]

还有什么能比冒着生命危险去营救他人更为高尚的呢？长久以来这种行为一直被认为是对人性的最大彰显，也是最受好莱坞系列大片和各类电影青睐的题材。如今，我们再也不能无视这样一个事实：其他物种也会帮助自己的同类。在互联网上，有关动物互助的视频比比皆是。大部分视频的内容是某个动物为解救同伴而去主动冒犯掠食者。人们会看到一只正在逃跑的角马突然转身冲回来猛地用头撞向正抓住自己配偶的母狮；一只疣猪为解救自己的幼崽勇敢地挑战鳄鱼；甚至一只壁虎向一条缠住自己伴侣的蛇发起攻击——这让人印象更加深刻，因为主角甚至连哺乳动物都不是。在大多数情况下，救助者的见义勇为会招来凶恶的掠食者的反攻，这说明救援确实是有生命危险的！这是一种不折不扣的利他的举动。

科学文献中最早的一则动物救援逸事可以追溯到1956年。一次水下爆炸后，一只海豚开始在水里不停打转，身体向一侧倾斜45°，它很可能是被震晕了。另外两只成年海豚几乎同时冲向受害者，用头顶着晕过去的同伴的胸鳍，将它带向水面，显然是在尽力帮助它呼吸。海豚在遇到水下爆炸时通常都会立即逃离。但这一次，这群海豚中的其他成员都在现场附近等待，直到那只被震晕的海豚恢复过来后，它们才一起离开。

直到1950年，方能见到有关动物救助行为的正式描述，人

---

[1] 1989年开播的美国系列电视剧。

类文化中长期的人类中心主义由此可见一斑。虽然如此，总有一些走在时代前列的人，托马斯·贝尔特（Thomas Belt）就是其中的一位。他于1832年出生于英格兰，20岁起便开始周游世界，是一位地质学家和博物学家。最初对金矿研究的关注，逐渐使他对大自然产生了浓厚的兴趣，并将自己的观察结果进行发表。《尼加拉瓜的博物学家》一书的出版比我们刚才讲的海豚故事还要早100年。托马斯·贝尔特并不满足于讲述奇闻逸事，他还对动物间的救助行为进行了真实的实验，尤为令人吃惊的是，他所谈论的并非哺乳动物，而是昆虫！以下便是他的描述：

有一天，在观察一小群蚂蚁（军团蚁，前文曾描述过）时，我在其中一只蚂蚁身上放了一块小石头，让它无法动弹。另一只蚂蚁走过来，当它发现囚犯的处境时，它立刻慌张地向回跑，把信息传递给了其他蚂蚁。随后好几只蚂蚁赶过来开展营救，有的咬住石头试图移动它，有的抓住囚犯的腿用力地往外拉——那么用力我都担心会把小犯人的腿给扯断了。蚂蚁们一直坚持救援，直到囚犯最终脱困。接下来，我又用一小块黏土盖住另一只蚂蚁，这次只剩触角尖露在外面。这只蚂蚁很快就被同伴发现，它们立刻开始进行救援工作，用大颚不断撕下一块块黏土，很快把它解救出来。另一次，我发现一条小路上每隔一阵就有几只蚂蚁经过。我用一小块黏土困住一只蚂蚁，把它放在离小路边稍远的地方，只露出头在外面。一开始有几只蚂蚁从旁经过毫无察觉，后来终于有一只蚂蚁发现了被困的同伴并试图把它拉出来，但未能成功。于是这只蚂蚁迅速地离开了。我以为它抛弃了被困的同伴，而实际上它是搬救兵去了。片刻过后，十几只蚂蚁急匆匆地赶来，它们显然已经了解情况，一到达便立即开始动手帮助被困的同伴，并很快将它解救出来。我看不出这种行为怎么会是出于动物的本能。这种重情重义、互施援手的行为，好像只能出现在高等哺乳动物中，在人与人之间才能有的。蚂蚁们努力拯救同伴时所表现出的那种激情和坚韧，就算换作是人类也不会更加强烈。况且它们所面临的是极其罕见的危险。

令人印象深刻，不是吗？最近，巴黎第十三大学的研究人员也发布了类似的实验结果。科学家们没有使用军团蚁，而是使用了箭蚁（Cataglyphis cursor），这多半是出于实用的考虑。这种蚂蚁身长约7毫米，黑色外壳闪闪发亮，通常栖息在法国地中海沿岸的沙质土壤中。箭蚁非常温顺，对实验室的生活非常适应。研究人员采取了一种简单有效的方法来困住小受害者：用细尼龙线缠在它的腰上——蚂蚁胸部和腹部之间著名的"蜂腰"——将其固定在一张纸上。实验的目的是让其他蚂蚁（理论上）无法解救被困的蚂蚁，以便测量营救者的顽强程度。他们将被固定在纸片上的小俘虏埋入沙石中，只将身体前半部分露在外边。剩下要做的就和130年前托马斯·贝尔特一样，只需静候其他蚂蚁经过，然后看看会发生什么。互联网上的那些视频证明那位博物学家并没有夸大其词。

刚开始什么也没发生，受害者孤零零地被困在那里。但很快就有一位小伙伴走了过来，用触角轻轻拍了拍受害者，然后就开始动手施救。其他蚂蚁也很快加入了它的行列，齐心协力地开展救助工作。一些救援者用大颚把大块的石头移开,另一些则像狗挖洞那样用前爪把沙子向后刨。也有一些蚂蚁尝试拉受困者的腿,但它们很快就停下了——大概它们发现这行不通。最后,也是此事最关键之处,当受害者及其陷阱上面的沙石被完全移开之后,固定装置被暴露出来,救援者们便开始啃咬固定受害者身体的那条尼龙线,甚至还有些尝试去攻击位于纸张下的绳结!尽管研究人员百般阻挠,仍有好几次蚂蚁们都成功地解救了它们的姐妹!

这一行为到底意味着什么?首先,蚂蚁之间确实有信息交流存在。如果说人会开口大声呼救或者挥舞手臂来引起注意,那么我们有理由认为,被困的蚂蚁也发出了一种化学呼救信号——这是这些昆虫的主要交流方式,比如压力信息素。是否如同托马斯·贝尔特所说的那样,前来救援的蚂蚁通过感知这些信号而对被困的伙伴产生了同情?在当今这个许多人甚至都不屑于讨论类人猿是否有同情心的时代,把这个词用在蚂蚁身上必定会招致学术界嘲笑。诚然,如此直接将人类的情感套用到昆虫身上确实有些草率。这些实验还不足以确定蚂蚁是否设身处地地感受到了受害者的痛苦从而产生了帮助他者的意愿,抑或它们仅仅是简单地受到求救信号的刺激而产生出解救被困者的冲动。

但这项研究证明,蚂蚁的救助行为并非简单的条件反射。正如研究人员所解释的那样,我们很容易想象求救信号可能会触发一些营救的自动行为,比如去拉受害者的腿或在它周围挖掘,但那些施救的蚂蚁准确地针对尼龙线发起攻击又该如何解释呢?它们甚至还会从纸张下面去咬尼龙线。恰恰相反,蚂蚁这些灵活的行为表明,它们心中确实有一个明确的目标:解救囚犯,并且为了达到这个目的它们能够根据情况作出各种不同的决定。另外，科学家们的研究表明，每只救援蚂蚁的行为都十分灵活，它们会根据自己先前的行动进行综合考虑，这意味着它们在此番行动中动用了记忆能力，同时还掌握了形势的变化发展。此外，蚂蚁的行为还存在个体差异。有些蚂蚁是非常优秀的救援者，随时准备提供帮助；而另一些则有些经验不足，不一定会对求救信号作出回应。最后，更多的实验表明，蚂蚁只会救助自己蚁群的成员！对陌生的被困者它们视而不见，任其自生自灭，根本不在乎它们是不是自己的同类。可见蚂蚁的利他主义也是有其局限性的。上述观察结果显示蚂蚁的救助行为远不是一种条件反射，它具有如下几个特点：个体差异、明确的目标、记忆能力、学习能力和灵活性。相当复杂，是吧？

不过，还远不能说驱使蚂蚁实施救助的原因类似于我们所说的共情。托马斯·贝尔特则毫不犹豫地发表了如下的激烈言辞："只要我们能学会它们（蚂蚁）的奇妙语言，或许我们就会发现，甚至就精神状态（更不用说行为了）而言，它们也与人类不相上下。"遗憾的是，要想了解咱们这些可爱小蚂蚁内心的真实感受是异常困难甚至是完全不可能的。我们不可避免地会透过人类自己的理解去解读，难以摆脱我们作为人的视角。

不过，还有另一种方法可以进一步深挖、探究这种行为的起源，那就是进化论的角度。研究人员发现，在好几种蚂蚁中存在着救援行为，但并非所有物种都有。这似乎取决于物种的生态情况，即它们所在自然栖息地的环境条件。擅长救援的蚂蚁通常生活在土壤疏松、多沙的地区，在这样的地方它们随时都面临着巢中通道坍塌的风险。想象一下，若是巴黎一半的建筑随时都在倒塌，会怎么样？不难看出懂得营救亲人在进化中所具有的优势。这直接关系到种群的生死存亡。

此外，有好几种会施救的蚂蚁的生活环境中似乎都有一种特别可怕的天敌——蚁狮。顾名思义，对蚂蚁来说蚁狮是名副其实的狮子，只不过它的外表完全谈不上有什么威严之处。蚁狮是一种昆虫的幼体，身体柔软，长着两只小爪子和两个巨大的、布满獠牙的颚。必须承认，这是一种可怕的生物。具有讽刺意味的是，其成虫却是一种类似蜻蜓的美丽飞虫。幼虫时期的蚁狮会把自己埋在沙子里，挖出一个有斜坡的坑洞……一个陷阱。蚁狮蜷缩在坑底，让所有前来冒犯者都落向自己。《星球大战》的粉丝们一定能看出这一幕与巨型怪物沙拉克（Sarlac）所生活的卡库恩巨坑之间的联系，英雄们总是会被扔进巨坑里。而现实中的情况更糟，因为当一只蚂蚁从斜坡沙道上向下滑落时，从坑底就会冒出蚁狮张开的大颚，同时它还会用两只爪子抓起沙子扔过去击打蚂蚁，让猎物滚落下去直接掉到它嘴边。如果下次你见到一个这种小怪物居住的小洞，你可以试试用一根小树枝模仿蚂蚁经过来触发它扔沙子的行为。做了这个小实验后，你就会发现蚁狮扔沙子的准头非常好！但让我们再一次回到严酷的现实中。蚂蚁一旦被蚁狮咬住，就只能半截身子埋在沙子里挣扎，与我们上面做过的实验情况非常相似……被蚁狮困住的蚂蚁会释放出化学求救信息，常常能看见一队蚂蚁赶过来实施营救！营救者的行为再一次展现出某种适应性：一些营救者拉着同伴用力把它拖出来，但同时也要注意将后腿稳稳地扎在沙坑外边，以免把自己也陷进去。也有一些蚂蚁表现得更加大胆，它们直接跳进沙坑，亮出毒刺向敌人发起攻击。简直就是好莱坞大片的情景!

早在人类或者好莱坞出现之前的几千万年里,在我们美丽的星球上就已经上演了互助和利他主义的微型情景剧,无数蚂蚁女英雄们曾冒着生命危险从可怕怪物的口中营救出自己的同伴。

安托万·威斯特拉赫

帕纳萨斯博士的奇幻剧院[①]

1925年，一位比利时医生报告说，当他将一只巨猛蚁（Megaponera）属的蚂蚁埋在距离狩猎分队约50厘米的沙土中后，听到了微弱的鸣叫声，就好像是在呼救。几分钟后，他发现许多蚂蚁从狩猎小分队跑过来迅速地挖出了受害者。这则逸事表明，和上文描述的箭蚁一样，巨猛蚁也不会把一位在采集食物时遇险的同伴丢在路边不管。但它们的英勇事迹不仅仅限于救援活动。

巨猛蚁是生活在撒哈拉以南非洲的一种蚂蚁，也被称为"马塔贝勒蚂蚁"（Matabele），其渊源要追溯到津巴布韦的马塔贝勒人（或恩德贝勒人）。19世纪初，居住在津巴布韦西部马塔贝勒的勇士曾向南边发动武装征讨，其他的部落族群或是被一举歼灭，或是被招降。而马塔贝勒蚁则专门针对白蚁群落发动一次又一次的袭击。前文曾提到的生活在喀麦隆北部的中非民族莫夫人把"巨猛蚁"称为"古拉"（Gula），他们相信这种蚂蚁会令时间加速流逝。若是一个人杀死了一只古拉，那么这一天便会更快地过去，劳作也就不会那么辛苦了。《莫夫人和他们的昆虫》（Les Mofu et leurs insectes）一书的作者告诉我们，莫夫人不喜欢古拉蚁，因为这些蚂蚁经常在人们收获之前就抢先将人们设下的白蚁陷阱洗劫一空。

在马塔贝勒蚁群组成狩猎突击队之前，一只侦察蚁会事先独自离巢去周围领地内寻找潜在的猎物。为了搜寻猎物它可以离开

[①] 2009年上映的加拿大电影。

巢穴50米之远。不过它往往不是那么有耐心，如果搜寻一个小时依然一无所获，它便会毫不迟疑地空手而归。假如侦察蚁幸运地发现正在忙着修建隧道的白蚁，它便会像火箭一样迅速冲回蚁巢通知大部队。几分钟后，这只侦察蚁再一次出发，身后跟着200~600名饥肠辘辘的蚂蚁士兵。侦察兵带领下的猛蚁狩猎队的蚂蚁大合唱在几米外就能听到，就像士兵们出征时会唱歌给自己壮胆一样！狩猎队里既有身长仅半厘米的小型蚁，也有长达2厘米的大型蚁。猛蚁猎人们抵达白蚁的建筑工地后，大型蚁会先将白蚁辛苦修建的地道捣碎，打开缺口，小型蚁随后便会冲进去杀死白蚁，然后送出它们的尸体由大型蚁运回巢穴。

不过，对我们这些猛蚁猎人来说，战斗并非总是一帆风顺。白蚁可不会乖乖地束手就擒。恰恰相反，它们通常都武装到了牙齿，会毫不留情地撕咬对手。猛蚁在白蚁的反攻下丢失一条或两条腿的情况并不少见。如果猛蚁能将咬住自己腿脚的白蚁杀死，就可免去被截肢之苦，不过它们就得任由白蚁死尸一直挂在自己身上，因为白蚁就算死了也绝不会松口。当一只猛蚁受伤时，它会释放出一种报警信息素，这个求救信号会被附近同伴的触角接收到。同伴便会迅速赶到这只受伤蚂蚁的身边，用触角尖对它进行医疗检查。而被检查的伤蚁这时候便会摆出胎儿的姿势——将双腿蜷缩在身体下面任由对方摆布。随后救援者便会抱起这只可怜的残疾士兵，将它搬回巢穴。

研究人员讲述了这样一个故事：有一天，在科特迪瓦科莫埃国家公园他们意外碾压到了一队蚂蚁，随后他们发现施救的蚂蚁对所有伤者都进行了检查，但最后只将那些似乎仍有生存机会的伤者送回巢穴。看到这一奇怪的现象，科学家们于是决定将一些蚂蚁截去 2~5 条腿，然后将它们放到战场附近。他们注意到轻伤的蚂蚁被运回了巢穴，而严重残肢的蚂蚁则被留在了原地。经过仔细观察蚂蚁间的互动，科学家们发现救援者最初试图对所有倒下的同伴实施救助，无一例外。但只失去了两条腿的蚂蚁会站起身来呼唤帮助，并主动蜷缩起身体做好被同伴搬运的准备。相反，那些失去了 5 条腿的蚂蚁躺在地上一动不动，甚至在救援者靠近时剧烈地挣扎抗拒对方的救援。这种不合作的行为很快会让救援者失去耐心而放弃救助，任其自生自灭。

当蚂蚁失去了两条腿或身上挂着白蚁尸体又不得不自己走回巢穴时，它们有 1/3 的概率会在路上死去。失去两条腿的蚂蚁总是跌跌撞撞，企图寻找已经不在的幻肢的支撑；而被白蚁咬伤的蚂蚁背着死尸走得十分艰难。科学家们观察到一些受伤的蚂蚁会演戏，当有同类在面前时，它们会跛得更加明显。如果对方不理会它们的哀叹而迅速走开，这位小演员就会加快脚步以免掉队。尽管如此，由于狩猎队总是全速前进，最终那些受伤的蚂蚁还是会远远地落在后面，通常情况下，它们的命运不是被蜘蛛吃掉就是累死。

在实地观察之后，研究人员将蚁群转移到实验室中，以便进一步研究伤蚁在蚁巢内接受治疗的情况。他们发现，断了一条腿的蚂蚁很快就会得到同伴的照顾。它们像护士一样检查伤口，用唾液对伤口进行严格消毒。担任护士的同伴还会将挂在同伴腿上的白蚁尸体清除掉至少 90%。一番治疗后，经过几个小时或几天的休养，10 只蚂蚁中有 9 只能再次投入工作，参与下一次狩猎活动。更重要的是，他们注意到，那些失去两条腿的蚂蚁在短短 24 小时后就能像健康蚂蚁一样跑得飞快。为了评估蚂蚁治疗的效果，研究人员把一些伤残蚂蚁放入蚁巢，或是与同伴在一起，或者单独放在一个小的无菌室里隔离。24 小时后，研究人员发现，在蚁巢中失去照料的蚂蚁死亡的概率为 4/5，而在无菌室中死亡的概率为 1/5。

海豚和黑猩猩会不顾危险毫不犹豫地拯救同伴。与它们一样，马塔贝勒蚂蚁的蚁群相对较小（因为出生率很低，每天只有 13 个新生命诞生），故而每个成员对群体来说都很重要。因此，看到蚂蚁救助同伴并不奇怪。

可是在美洲收割蚁佩氏真收获蚁（Veromessor pergandei）身上居然也观察到了这种行为，要知道这种收割蚁群规模庞大，每天的出生率高达 650 只，而它们竟然愿意冒着巨大的风险去拯救同伴。看到救援者不惜一切代价去拯救那些其实完全可以被牺牲的同胞，这不免令人感到有些疑惑。佩氏真收获蚁生活在北美洲的沙漠中，其不寻常的地方在于，这种蚂蚁虽然生活在这样的环境，却不怎么耐热，所以工蚁每天只在清晨外出 2 小时觅食。它们沿着 50 米长的大路快速移动，一直走到道路尽头去采集种子并运回巢穴，然后又立即再次出发。收割蚁并不是唯一生活在这种恶劣环境中的物种。太阳一升起，被称为"假黑寡妇"的肥腹蛛（Stetoda）和阿赛蛛（Asagena）等蜘蛛就会从巢穴中出来，在收割蚁经过道路旁的草木上结网，有时甚至直接就将蛛网张挂在佩氏真收获蚁巢穴的入口处。离开蚁穴外出觅食的工蚁一不留神便会被蛛丝缠住，随后转眼间就发现自己已经被悬挂在了小道上方的半空中。一旦发现有蚂蚁落网，蜘蛛就会立即冲过去用蛛丝把它缠起来，并且特别注意把蚂蚁的腿捆住。将蚂蚁如此处理过后，蜘蛛会慢慢分次将猎物吃掉，待它结束饕餮大餐后便会把残余部分扔到下面的小路上。有时，蜘蛛抓到猎物后并不立即将其吃掉，而是用蛛丝把猎物捆绑起来使其无法动弹，留作之后的点心。这些悲惨遭遇听起来好像直接来自科幻小说家的想象，可却是蚂蚁的日常生活。还记得《指环王》中弗罗多被谢洛布裹在襁褓里的那神奇一幕吗？

当一只蚂蚁发现自己被困在高速路上方的蛛网中时，它会立即释放出一种求救的报警信息素，同伴们便会冒着生命危险前来营救，有6%的救援者其实会反被蜘蛛捕获而成为新的牺牲品，通常这些好心的同伴是那些不负责搬运种子的大型工蚁。当看到有同伴被困，它们会跳上蜘蛛网，张开大颚，腿向前伸出，像忍者一样勾住，身体向后倒挂起来。它们的头悬在半空中，抓住下方路上的同伴，鼓励它们一起加入救援。然后蚂蚁们开始集体拆除蜘蛛网。每个救援者伸出大颚抓住粘在道路两旁植被上的蛛丝，一边向后退一边用力拉，直到蛛丝断开或从固定点脱落。蛛丝掉落在地面上缠绕堆积，沾上了灰尘和碎屑而失去黏附力。一般蚂蚁平均需要一个小时才能将受害者从蛛网上解救出来。

在这种收割蚁中，每天外出参与收割活动的有25 000只蚂蚁，而每只蚂蚁的职业生涯不超过18天。蚁后每年要生产23万只觅食蚁！因此，救援者为了救出区区几个落入敌手的同伴而冒如此大的风险，实在令人惊讶。尤其是蜘蛛每天最多会捕捉10只工蚁……不过，一只觅食蚁每天都会带两粒种子回巢穴。因此，在其短短的一生中，它可为蚁群带回36粒种子。考虑到蚂蚁没有星期天和节假日，每天失去10个觅食蚁就意味着每年要放弃131 400粒种子。总之，冒着失去一只蚂蚁的风险去救援一只蚂蚁或许也是值得的。

奥德蕾·迪叙图尔

终极考验

死亡

西北偏北[①]

蚂蚁对亡者的敬重一直让许多博物学家感到好奇。希腊斯多葛派哲学家克里安特（Cléanthe）曾经讲过他观察到的蚂蚁用敌人尸体来交换猎物的故事。他还说这种交换是双方经过艰苦的谈判之后才最终达成的，所以他认为蚂蚁十分看重同伴的尸体。2000年后，法国昆虫学家欧内斯特·安德烈（Ernest André）于1885年这样写道：

> 无论乍看起来多么不可思议，事实上大多数物种——如果不说是所有物种——都有真正的墓地。这一点千真万确，那些由最可靠的博物学家所做的大量认真观察也早已证实了此事。这些墓地通常离蚁穴有一小段距离，是一个专门为此目的而保留的地方。死去蚂蚁的尸体被运到这里存放，有时整齐地码成小堆，有时则是不那么对称的几排或几列。值得注意的是，蚂蚁只会给自己死去的同胞下葬，恭恭敬敬地将它们的遗体运到安息之地，不令其遭到任何侮辱；但它们对待那些在单独或集体遭遇战中被杀死的敌人的尸体的态度却截然不同。战争阵亡者只会被胜利者遗弃或像垃圾一样扔掉，有时甚至会被对方开膛破肚、大卸八块后饮血啖肉。在大快朵颐之后，胜利者会把余下的尸体残骸扔到大街上。蚂蚁此般做法不由让人联想到食人族，胜利的部落将那些不幸的战俘当牲口一般宰杀烹食。大餐结束后，宾客们血腥盛宴余下

---

① 1959年希区柯克执导的悬疑影片。

的半截战俘的残骸被随意地抛到风中。

现在我们知道,蚂蚁把死尸堆在离蚁巢尽可能远的地方并非出于对死尸的尊重,而是出于卫生的考虑。这是为防止疾病或感染传播而采取的一种卫生措施,因为死去的蚂蚁很有可能会携带不同的病原体。

可蚂蚁是怎么知道某位同伴过世了呢?在实验室里,当一只觅食蚁在蚁巢外死去时,它头朝下倒在地上,四脚朝天。身旁的同伴们一开始似乎完全没有注意到这具尸体,依旧来来去去忙碌着,并无任何异常举动。但死亡一两天后,尸体释放出了某种化学信号,周围蚂蚁们的行为便完全不同了。先前被看作无害、无生命的物体突然间变成地面上亟待清理的废物。一只蚂蚁抓起尸体,迅速把它搬到垃圾堆——新旧尸体和猎物残骸在此混在一起。著名的蚂蚁专家威尔逊已分析出几种对蚂蚁来说意味着"我死了"的化学物质。他在一个美国的电台节目中曾说:"我想如果有合适的化学材料,说不定我能制造出一具人造尸体。"他接着解释说,他使用了粪便中的一种成分——粪臭素、鱼类腐烂后产生的一种香精——三甲胺,以及几种会产生人体臭味的脂肪酸。他还透露说,他的实验室里好几个星期都充斥着下水道、垃圾堆和运动员更衣室的混合气味。最终爱德华·威尔逊发现,对蚂蚁来说,代表"死亡"的化合物是油酸。为了证明这一点,他将油酸涂抹在一只正返回巢穴的工蚁身上。这个不幸的家伙很快便被一个同伴猛地抓起来扔进了垃圾堆,让它与一大堆别的蚂蚁尸体为伴。这只惊呆了的觅食蚁爬起身来几度试图返回巢穴,却是白费力气。每次它都会被同伴抓住,无情地扔进垃圾场。之后它花了足足两个小时进行彻底的自我清洁，才终于摆脱了身上的腐臭味，得以平安返回蚁穴。在蚂蚁的世界里，死亡不是被看到的，而是被闻出来的。

在野外，蚁后一般能活几十年，而普通雌性工蚁的寿命则只有短短几个月。但是，若是这些工蚁像蚁后一样受到保护，远离一切危险，它们的寿命能有多长呢？在过去几年里，我一直在实验室里试图找出适合蚁群生存的最优食谱。我用各种不同的粉末研制出一系列糕点，其中糖和蛋白质的含量各不相同，并在实验室里不同种类的蚂蚁身上进行了试验。花园蚁（Lasius niger）充当了第一批小白鼠。在正式开始实验之前，和所有科研人员一样，本着认真负责的态度，我对有关花园蚁寿命的科学研究文献进行了简短回顾。文献显示，野生花园蚁中觅食蚁的寿命一般不超过两个月。考虑到在随后的两三个月内所有实验的蚂蚁都将接连死去，于是我决定扩大实验规模，同时在200个蚁群（每群200只蚂蚁）里对不同食物配方进行测试。严谨是科学研究的最高信条，所以我决定每天清晨（包括周末）都到实验室来检查所有参加实验的40 000只蚂蚁的健康状况，以便准确记录它们死亡的确切日期。

在实验的头两个月里，那些像健身运动员一样被喂食高蛋白食物的蚂蚁全都先后死亡了，而被喂食高糖低蛋白小糕点的蚂蚁却坚持存活了400多天，研究人员不得不陪着它们度过了"五一"劳动节、国庆节、两个圣诞节和两个除夕……我几乎都要憎恨那只活得最久的蚂蚁了，因为它的年龄达到了创纪录的418天。在那些星期天清早的实验室探访中，我曾不止一次地有过想要终结它的生命的念头。这个实验说明，首先，如果想从事科学研究，就必须有自我牺牲的精神；其次，必须避免吃太多蛋白粉，这对健康有害；最后，如果生活环境中完全没有风险，觅食蚁的寿命可以相当长！目前研究团队已对大约 10 种不同的蚂蚁进行了测试，实验数据证实了这一点。在实验室里，觅食蚁的寿命可以延长 10 或 20 倍。

在野外，很少有蚂蚁能自然老死。结束劳动生涯后，蚁巢里可没有金色的退休生活等着这些觅食蚁。大多数工蚁都死得很悲惨。返巢的路途过长、在巢外耽搁太久，或者在途中不幸迷路，往往都会令它们死于饥渴；它们还可能会死于被敌人的毒刺刺伤，被贪婪的鸟儿吞食，因花农喷洒的农药中毒，被恐怖片中出来的真菌寄生，被掠食者屠杀，被牛群践踏，被热衷于实验的孩子用放大镜在阳光下烤熟，被偏激的园丁放水淹死，或为蚁群而牺牲，等等。面对无处不在的死亡威胁，很少有觅食蚁能活过一个月。它们的生命或许非常短暂，但其间充满了各种超乎想象的奇遇和冒险。为了养活家人，这些小昆虫甘愿冒着巨大的风险。它们无休无止地来回奔波不仅让蚁群得以生存，还让许多植物得以存活，让土壤得以呼吸，让某些动物得以逃脱灭绝的命运。当你踩死一只蚂蚁时，你会在无意间终结了一段无与伦比的、史诗般的征途。而蚁群则会像什么都没发生过似的继续它们的正常运转，每天都会不断地有新的觅食蚁出生，而那只不幸被你踩死的小动物则会被彻底遗忘。蚂蚁虽然会修建墓地，但并不会举行任何悼念仪式来纪念那些永远不再返巢的成员。而你的鞋底下躺着的却是一个无惧无畏的冒险家、一个英勇坚强的战士、一个忠贞不贰的女儿、一个乐于奉献的姐妹，总之……一个超级女英雄。

奥德蕾·迪叙图尔

结　论

1873年，在《物种起源》一书的结尾处，达尔文写下了这样一句话：

> 当我们的星球按照固定的引力法则持续运行之时，无数最美丽与最奇异的类型，即是从如此简单的开端演化而来、并依然在演化之中；生命如是之观，何等壮丽恢宏！[1]

对如此丰富、浩若烟海的生物多样性，本书只介绍了其中微不足道的一小部分。在地球上进化出的数百万种生物当中，我们仅关注了动物；在数百万种动物中，我们仅涉及了昆虫；在占动物物种总数85%的昆虫中，我们仅涉及了蚂蚁这一个物种；在已有记录的13 800种蚂蚁中，我们仅选择了区区75种；而在这个极小的样本范围内，我们还只讨论了其中仅占蚁群成员总数10%的觅食蚁。而关于觅食蚁，我们所讨论的也不过是它们日常生活的一些片段而已。

然而，这短短、微小的一瞥，已经足以让我们窥探到生命那令人难以置信的多样性，无论是形态、大小、颜色还是生活方式乃至内心世界，无一例外。想想看，同为觅食蚁，巨目破坏蚁和行军蚁眼中的世界有多么不同。巨目破坏蚁孤身在林中奔跑跳跃，视觉敏锐，天性谨慎，对最细微的风吹草动心怀警惕，对行走的

---

[1] 《物种起源》，达尔文著，苗德岁译，译林出版社，2016。

路线和周边环境铭记在心；而天生眼盲的行军蚁每日与成千上万的同伴并肩前进，没有一刻喘息或犹豫，它们嗅觉灵敏，一边专心辨别同伴的气味，一边也释放气味信息素引导群体。即便在同一种蚂蚁同一个蚁群，每个个体也都是独一无二的，年轻的新兵害羞而天真，老到的工蚁脑子里积累了无数过往的经验。显然，在"蚂蚁"这个简简单单的名词背后隐藏着无限丰富的维度。

　　遗憾的是，对这些小动物丰富多彩的内心世界，目前我们还只能想象。我们尚无法摆脱人类自身的认知维度和感知方式所带来的种种局限。本书所介绍的研究对了解这些迷你小生命的丰富感觉将有所裨益。这些研究让我们学会谦逊和对生物的深深敬意。

　　因此，我们要感谢所有的科学家和博物学家，正是他们的研究和著作拉近了人类与这些小远亲的距离。然而不幸的是，这一切正渐渐消失。当今科学研究变得越来越分子化、越来越远离自然，可与此同时，我们所生存的环境却正在逐渐消失。随着森林砍伐、城市化、人口爆炸和集约农业的无节制发展，不知有多少史诗般的远征以及它们所有的神秘和传奇都将如过眼云烟一般永远地离我们而去了！

奥德蕾·迪叙图尔　安托万·威斯特拉赫

参考书目

ADAMS, B. J., HOOPER-BÙI, L. M., & STRECKER, R. M. (2011). Raft formation by the red imported fire ant, Solenopsis invicta. *Journal of Insect Science*, 11(1).

ADAMS, E. S. (1990). Interaction between the ants Zacryptocerus maculatus and Azteca trigona : interspecific parasitization of information. *Biotropica*, 200-206.

ADIS, J. (1982). Eco-Entomological observations from the Amazon : III. How do leafcutting ants of inundation forests survive flooding ?. *Acta Amazonica*, 12(4), 839-840.

ALI, T. M., URBANI, C. B., & BILLEN, J. (1992). Multiple jumping behaviors in the antHarpegnathos saltator. *Naturwissenschaften*, 79(8), 374-376.

ALLIES, A. B., BOURKE, A. F., & FRANKS, N. R. (1986). Propaganda substances in the cuckoo ant Leptothorax kutteri and the slave-makerHarpagoxenus sublaevis. *Journal of chemical ecology*, 12(6), 1285-1293.

ANDRÉ, E. (1885). *Les Fourmis*. France, Hachette.

ATHA, J., YEADON, M. R., SANDOVER, J., & PARSONS, K. C. (1985). The damaging punch. Br Med J (Clin Res Ed), 291(6511), 1756-1757.

BANKS, C. J. (1962). Effects of the ant Lasius niger (L.) on insects preying on small populations of Aphis fabae Scop. on bean plants. Annals of Applied Biology, 50(4), 669-679.

BBC. The infinite monkey cage. Ep11. Fierce creature.

BECCARI, O. (1904). Wanderings in the great forests of Borneo. From the English translation published by Archibald Constable & Co. Ltd, London, reprinted in 1986.

BECKERS, R., DENEUBOURG, J. L., & GOSS, S. (1992). Trail laying behaviour during food recruitment in the antLasius niger (L.). Insectes Sociaux, 39(1), 59-72.

BECKERS, R., DENEUBOURG, J. L., & GOSS, S. (1992). Trails and U-turns in the selection of a path by the ant Lasius niger. *Journal of theoretical biology*, 159(4), 397-415.

BECKERS, R., DENEUBOURG, J. L., & GOSS, S. (1993). Modulation of trail laying in the antLasius niger (Hymenoptera : Formicidae) and its role in the collective selection of a food source. *Journal of Insect Behavior*, 6(6), 751-759.

BELT, T. (1874). The naturalist in Nicaragua. Chapitre II. Reasoning in ants. p 27-28.

BEUGNON, G., & MACQUART, D. (2016). Sequential learning of relative size by the Neotropical ant Gigantiops destructor. *Journal of Comparative Physiology* A, 202(4), 287-296.

BOLTON, B. (2003). Synopsis and classification of Formicidae. Memoirs of the American Entomological institute, 71, 1-370.

BONHOMME, V., GOUNAND, I., ALAUX, C., JOUSSELIN, E., BARTHÉLÉMY, D., & GAUME, L. (2011). The plant-ant Camponotus schmitzi helps its carnivorous host-plant Nepenthes bicalcarata to catch its prey. *Journal of Tropical Ecology*, 27(1), 15-24.

BOUCHEBTI, S., FERRERE, S., VITTORI, K., LATIL, G., DUSSUTOUR, A., & FOURCASSIÉ, V. (2015). Contact rate modulates foraging efficiency in leaf cutting ants. Scientific reports, 5(1), 1-5.

BOUCHEBTI, S., TRAVAGLINI, R. V., FORTI, L. C., & FOURCASSIÉ, V. (2019). Dynamics of physical trail construction and of trail usage in the leaf-cutting ant Atta laevigata. *Ethology Ecology & Evolution*, 31(2), 105-120.

BUEHLMANN, C., GRAHAM, P., HANSSON, B. S., & KNADEN, M. (2014). Desert ants locate food by combining high sensitivity to food odors with extensive crosswind runs. *Current Biology*, 24(9), 960-964.

BUISSON, X. (2015). BARAQUEVILLE. Contournement : un avant-goût de délivrance. *La dépêche*.

BURBIDGE, F. W. (1880). The Gardens of the Sun ; Or, A Naturalist's Journal on the Mountains and in the Forests and Swamps of Borneo and the Sulu Archipelago. J. Murray.

BUSCHINGER, A. (1989). Evolution, speciation, and inbreeding in the parasitic ant genus Epimyrma (Hymenoptera, Formicidae). *Journal of Evolutionary Biology*, 2(4), 265-283.

BUSCHINGER, A., EHRHARDT, W., & WINTER, U. (1980). The organization of slave raids in dulotic ants—a comparative study (Hymenoptera ; Formicidae). Zeitschrift für Tierpsychologie, 53(3), 245-264.

CAMAZINE, S., DENEUBOURG, J. L., FRANKS, N. R., SNEYD, J., THERAULA, G., & BONABEAU, E. (2020). Self-organization in biological systems. Princeton university press.

CARLIN, N. F., & GLADSTEIN, D. S. (1989). The » bouncer » defense of Odontomachus ruginodis and other odontomachine ants (Hymenoptera : Formicidae). Psyche, 96(1-2), 1-19.

CHOMICKI, G., & RENNER, S. S. (2016). Obligate plant farming by a specialized ant. Nature Plants, 2(12), 1-4.

CHOMICKI, G., & RENNER, S. S. (2016). Obligate plant farming by a specialized ant. Nature Plants, 2(12), 1-4.

CHOMICKI, G., KADEREIT, G., RENNER, S. S., & KIERS, E. T. (2020). Tradeoffs in the evolution of plant farming by ants. Proceedings of the National Academy of Sciences, 117(5), 2535-2543.

CLARKE, C. M., & KITCHING, R. L. (1995). Swimming ants and pitcher plants : a unique ant-plant interaction from Borneo. Journal of Tropical Ecology, 11(4), 589-602.

CRONE, R. A. (1992). The history of stereoscopy. Documenta ophthalmologica, 81(1), 1-16.

CROZIER, R. H., NEWEY, P. S., SCHLUENS, E. A., & ROBSON, S. K. (2010). A masterpiece of evolution–Oecophylla weaver ants (Hymenoptera : Formicidae). Myrmecological News, 13(5).

CZECHOWSKI, W., & GODZIŃSKA, E. J. (2015). Enslaved ants : not as helpless as they were thought to be. Insectes sociaux, 62(1), 9-22.

CZECHOWSKI, W., GODZIŃSKA, E. J., & KOZŁOWSKI, M. (2002). Rescue behaviour shown by workers of Formica sanguinea Latr., F. fusca L. and F. cinerea Mayr (Hymenoptera : Formicidae) in response to their nestmates caught by an ant lion larva. In Annales Zoologici. Fundacja Natura optima dux. 52, 423–431

D'ETTORRE, P., & HEINZE, J. (2001). Sociobiology of slave-making ants. Acta ethologica, 3(2), 67-82.

DARWIN, C., & VOGT, C. (1881). La descendance de l'homme et la sélection sexuelle. C. Reinwald.

DEJEAN, A., & BASHINGWA, E. P. (1985). La prédation chez Odontomachus troglodytes Santschi (Formicidae-Ponerinae). Insectes sociaux, 32(1), 23-42.

DEJEAN, A., CORBARA, B., & OLIVA-RIVERA, J. (1990). Mise en évidence d'une forme d'apprentissage dans le comportement de capture des proies chez Pachycondyla (= Neoponera) villosa (Formicidae, Ponerinae). *Behaviour*, 175-187.

DEJEAN, A., LEROY, C., CORBARA, B., ROUX, O., CÉRÉGHINO, R., ORIVEL, J., & BOULAY, R. (2010). Arboreal ants use the "Velcro® principle" to capture very large prey. PLoS One, 5(6), e11331.

DEJEAN, A., SOLANO, P. J., AYROLES, J., CORBARA, B., & ORIVEL, J. (2005). Arboreal ants build traps to capture prey. *Nature*, 434(7036), 973-973.

DENEUBOURG, J. L., & GOSS, S. (1989). Collective patterns and decision-making. *Ethology Ecology & Evolution*, 1(4), 295-311.

DORIGO, M., & GAMBARDELL, L.M. (1997) Ant colony system : a cooperative learning approach to the traveling salesman problem. IEEE Transactions on evolutionary computation 1 (1), 53-66.

DUBOIS, M. B., & JANDER, R. (1985). Leg coordination and swimming in an ant, Camponotus americanus. Physiological entomology, 10(3), 267-270.

DUDLEY, R., BYRNES, G., YANOVIAK, S. P., BORRELL, B., BROWN, R. M., & McGUIRE, J. A. (2007). Gliding and the functional origins of flight : biomechanical novelty or necessity ?. *Annu. Rev. Ecol. Evol. Syst.*, 38, 179-201.

DUHOO, T., DURAND, J. L., HOLLIS, K. L., & NOWBAHARI, E. (2017). Organization of rescue behaviour sequences in ants, Cataglyphis cursor, reflects goal-directedness, plasticity and

DUSSUTOUR, A., BESHERS, S., DENEUBOURG, J. L., & FOURCASSIE, V. (2007). Crowding increases foraging efficiency in the leaf-cutting ant Atta colombica. *Insectes sociaux*, 54(2), 158-165.

DUSSUTOUR, A., BESHERS, S., DENEUBOURG, J. L., & FOURCASSIÉ, V. (2009). Priority rules govern the organization of traffic on foraging trails under crowding conditions in the leaf-cutting ant Atta colombica. *Journal of Experimental Biology*, 212(4), 499-505.

DUSSUTOUR, A., DENEUBOURG, J. L., & FOURCASSIÉ, V. (2005). Temporal organization of bi-directional traffic in the ant Lasius niger (L.). *Journal of Experimental Biology*, 208(15), 2903-2912.

DUSSUTOUR, A., FOURCASSIÉ, V., HELBING, D., & DENEUBOURG, J. L. (2004). Optimal traffic organization in ants under crowded conditions. *Nature*, 428(6978), 70-73.

EDWARDS, J. P., & BAKER, L. F. (1981). Distribution and importance of the Pharaoh's ant Monomorium pharaonis (L) in National Health Service Hospitals in England. *Journal of Hospital Infection*, 2, 249-254.

ERRARD, C., FRESNEAU, D., HEINZE, J., FRANCOEUR, A., & LENOIR, A. (1997). Social Organization in the Guest-ant Formicoxenus provancheri. *Ethology*, 103(2), 149-159.

ETTERSHANK, G., & ETTERSHANK, J. A. (1982). Ritualised fighting in the meat ant Iridomyrmex purpureus (Smith)(Hymenoptera : Formicidae). *Australian Journal of Entomology*, 21(2), 97-102.

FABRE, J. H. (1900). Souvenirs entomologiques : 3ème série. Ch. Delagrave.

FABRICIUS, J.C. (1775). Systema Entomologiae, Sistens Insectorum Classes, Ordines, Genera, Species, Adiectis Synonymis, Locis, Descriptionibus, Observationibus. Flensburgi et Lipsiae : Libraria Kortii. p. 395.

FARAH, M. J. (2004). Visual agnosia. MIT press.

FEENER, D. H., & MOSS, K. A. (1990). Defense against parasites by hitchhikers in leaf-cutting ants : a quantitative assessment. Behavioral ecology and sociobiology, 26(1), 17-29.

FEINERMAN, O., PINKOVIEZKY, I., GELBLUM, A., FONIO, E., & GOV, N. S. (2018). The physics of cooperative transport in groups of ants. *Nature Physics*, 14(7), 683-693.

FISCHER, M. K., HOFFMANN, K. H., & VÖLKL, W. (2001). Competition for mutualists in an ant–homopteran interaction mediated by hierarchies of ant attendance. Oikos, 92(3), 531-541.

FISHER, L. (2009). The perfect swarm : The science of complexity in everyday life. Basic Books.

FONIO, E., HEYMAN, Y., BOCZKOWSKI, L., GELBLUM, A., KOSOWSKI, A., KORMAN, A., & FEINERMAN, O. (2016). A locally-blazed ant trail achieves efficient collective navigation despite limited information. Elife, 5, e20185.

FOREL, A. (1921). Le monde social des fourmis comparé à celui de l'homme. Tome Ier. Genèse, formes, anatomie, classification, géographie, fossiles. Geneva : Kundig.

FOSTER, P. C., MLOT, N. J., LIN, A., & HU, D. L. (2014). Fire ants actively control spacing and orientation within self-assemblages. *Journal of Experimental Biology*, 217(12), 2089-2100.

FRANK, E. T., SCHMITT, T., HOVESTADT, T., MITESSER, O., STIEGLER, J., & LINSENMAIR, K. E. (2017). Saving the injured : Rescue behavior in the termite-hunting ant Megaponera analis. *Science advances*, 3(4), e1602187.

FRANK, E. T., WEHRHAHN, M., & LINSENMAIR, K. E. (2018). Wound treatment and selective help in a termite-hunting ant. Proceedings of the Royal Society B : Biological Sciences, 285(1872), 20172457.

FRANKLIN, E. L. (2014). The journey of tandem running : the twists, turns and what we have learned. *Insectes sociaux*, 61(1), 1-8.

FRESNEAU, D. (1985). Individual foraging and path fidelity in a ponerine ant. *Insectes sociaux*, 32(2), 109-116.

GALTON, F. (1907c). Letters to the Editor : The ballot-box. *Nature* 75 509–510. (March 28, 1907.)

GALTON, F. « Vox populi. » (1907) *Nature* 75 : 450-451.

GEHRING, W. J., & WEHNER, R. (1995). Heat shock protein synthesis and thermotolerance in Cataglyphis, an ant from the Sahara desert. Proceedings of the National Academy of Sciences, 92(7), 2994-2998.

GELBLUM, A., PINKOVIEZKY, I., FONIO, E., GHOSH, A., GOV, N., & FEINERMAN, O. (2015). Ant groups optimally amplify the effect of transiently informed individuals. Nature communications, 6(1), 1-9.

GELBLUM, A., PINKOVIEZKY, I., FONIO, E., GHOSH, A., GOV, N., & FEINERMAN, O. (2015). Ant groups optimally amplify the effect of transiently informed individuals. Nature communications, 6(1), 1-9.

GELBLUM, A., PINKOVIEZKY, I., FONIO, E., GOV, N. S., & FEINERMAN, O. (2016). Emergent oscillations assist obstacle negotiation during ant cooperative transport. Proceedings of the National Academy of Sciences, 113(51), 14615-14620.

GILES, J. (2005). Internet Encyclopaedias Go Head to Head, in *Nature*, 438.

GILL, K. P., VAN WILGENBURG, E., TAYLOR, P., & ELGAR, M. A. (2012). Collective retention and transmission of chemical signals in a social insect. *Naturwissenschaften*, 99(3), 245-248.

GOBIN, B., PEETERS, C., BILLEN, J., & MORGAN, E. D. (1998). Interspecific trail following and commensalism between the ponerine ant Gnamptogenys menadensis and the formicine ant Polyrhachis rufipes. *Journal of Insect Behavior*, 11(3), 361-369.
GONZÁLEZ-TEUBER, M., KALTENPOTH, M., & BOLAND, W. (2014). Mutualistic ants as an indirect defence against leaf pathogens. *New Phytologist*, 202(2), 640-650.
GORA, E. M., GRIPSHOVER, N., & YANOVIAK, S. P. (2016). Orientation at the water surface by the carpenter ant Camponotus pennsylvanicus (De Geer, 1773)(Hymenoptera : Formicidae). Myrmecol. News, 23, 33-39.
GORDON, D. M. (1988). Nest-plugging : interference competition in desert ants (Novomessor cockerelli and Pogonomyrmex barbatus). *Oecologia*, 75(1), 114-118.
GOSS, S., ARON, S., DENEUBOURG, J. L., & PASTEELS, J. M. (1989). Self-organized shortcuts in the Argentine ant. *Naturwissenschaften*, 76(12), 579-581.
GOTWALD (1984) Death on the march : army ants in action. Rotunda, 17(3), 37-41.
GOTWALD JR, W. (1982). Army ants. Social insects, 4, 157-254.
GOTWALD JR, W. H. (1995). Army ants : the biology of social predation. Cornell University Press.
GRAH, G., WEHNER, R., & RONACHER, B. (2005). Path integration in a three-dimensional maze : ground distance estimation keeps desert ants Cataglyphis fortis on course. *Journal of experimental biology*, 208(21), 4005-4011.
GRIFFITHS, H. M., & HUGHES, W. O. (2010). Hitchhiking and the removal of microbial contaminants by the leaf-cutting ant Atta colombica. *Ecological Entomology*, 35(4), 529-537.
GRIPSHOVER, N. D., YANOVIAK, S. P., & GORA, E. M. (2018). A Functional Comparison of Swimming Behavior in Two Temperate Forest Ants (Camponotus pennsylvanicus and Formica subsericea)(Hymenoptera : Formicidae). Annals of the Entomological Society of America, 111(6), 319-325.
GRONENBERG, W. (1995). The fast mandible strike in the trap-jaw ant Odontomachus. *Journal of Comparative Physiology* A, 176(3),

399-408.
GRONENBERG, W., TAUTZ, J., & HÖLLDOBLER, B. (1993). Fast trap jaws and giant neurons in the ant Odontomachus. *Science*, 262(5133), 561-563.
GUÉNARD, B., & SILVERMAN, J. (2011). Tandem carrying, a new foraging strategy in ants : description, function, and adaptive significance relative to other described foraging strategies. *Naturwissenschaften*, 98(8), 651-659.
HABENSTEIN, J., AMINI, E., GRÜBEL, K., El JUNDI, B., & RÖSSLER, W. (2020). The brain of Cataglyphis ants : neuronal organization and visual projections. *Journal of Comparative Neurology*, 528(18), 3479-3506.
HASKINS, C. P., & HASKINS, E. F. (1950). Notes on the biology and social behavior of the archaic ponerine ants of the genera Myrmecia and Promyrmecia. Annals of the Entomological Society of America, 43(4), 461-491.
HEIL, M., BARAJAS-BARRON, A., ORONA-TAMAYO, D., WIELSCH, N., & SVATOS, A. (2014). Partner manipulation stabilises a horizontally transmitted mutualism. *Ecology letters*, 17(2), 185-192.
HEIL, M., BAUMANN, B., KRÜGER, R., & LINSENMAIR, K. E. (2004). Main nutrient compounds in food bodies of Mexican Acacia ant-plants. *Chemoecology*, 14(1), 45-52.
HEIL, M., RATTKE, J., & BOLAND, W. (2005). Postsecretory hydrolysis of nectar sucrose and specialization in ant/plant mutualism. *Science*, 308(5721), 560-563.
HEINZE, J., & WALTER, B. (2010). Moribund ants leave their nests to die in social isolation. *Current Biology*, 20(3), 249-252.
HÉMEZ, R. (2017). Corée Du Sud, la Septième Armée Du Monde ?. Institut français des relations internationales.
HERZ, H., HÖLLDOBLER, B., & ROCES, F. (2008). Delayed rejection in a leaf-cutting ant after foraging on plants unsuitable for the symbiotic fungus. *Behavioral Ecology*, 19(3), 575-582.
HÖLLDOBLER, B. (1971). Recruitment behavior in camponotus socius (hym. formicidae). Zeitschrift für vergleichende *Physiologie*, 75(2), 123-142.
HÖLLDOBLER, B. (1982). Interference strategy of Iridomyrmex

pruinosum (Hymenoptera : Formicidae) during foraging. *Oecologia*, 52(2), 208-213.
HOLLDOBLER, B. (1983). Territorial behavior in the green tree ant (Oecophylla smaragdina). *Biotropica*, 241-250.
HÖLLDOBLER, B. (1986). Food robbing in ants, a form of interference competition. *Oecologia*, 69(1), 12-15.
HÖLLDOBLER, B. and WILSON, E. O., 1977. Weaver ants. Sci. Am. 237 (6) : 146–154
HÖLLDOBLER, B., & KWAPICH, C. L. (2017). Amphotis marginata (Coleoptera : Nitidulidae) a highwayman of the ant Lasius fuliginosus. PloS one, 12(8).
HÖLLDOBLER, B., & WILSON, E. O. (1978). The multiple recruitment systems of the African weaver ant Oecophylla longinoda (Latreille) (Hymenoptera : Formicidae). *Behavioral Ecology and Sociobiology*, 3(1), 19-60.
HÖLLDOBLER, B., & WILSON, E. O. (1990). The ants. Harvard University Press.
HÖLLDOBLER, B., & WILSON, E. O. (2010). The leafcutter ants : civilization by instinct. WW Norton & Company.
HOLLIS, K. L. (2017). Ants and antlions : The impact of ecology, coevolution and learning on an insect predator-prey relationship. Behavioural processes, 139, 4-11.
HOLLIS, K. L., & NOWBAHARI, E. (2013). A comparative analysis of precision rescue behaviour in sand-dwelling ants. *Animal Behaviour*, 85(3), 537-544.
HOLLIS, K. L., & NOWBAHARI, E. (2013). Toward a behavioral ecology of rescue behavior. *Evolutionary Psychology*, 11(3), 147470491301100311.
HOWARD, J. J. (2001). Costs of trail construction and maintenance in the leaf-cutting ant Atta columbica. *Behavioral Ecology and Sociobiology*, 49(5), 348-356.
HUANG, M. H. (2010). Multi-phase defense by the big-headed ant, Pheidole obtusospinosa, against raiding army ants. *Journal of Insect Science*, 10(1), 1.
HUBER, R., & KNADEN, M. (2018). Desert ants possess distinct

memories for food and nest odors. Proceedings of the National Academy of Sciences, 115(41), 10470-10474.

JACKSON, D. E., & CHÂLINE, N. (2007). Modulation of pheromone trail strength with food quality in Pharaoh's ant, Monomorium pharaonis. *Animal behaviour*, 74(3), 463-470.

JANZEN, DANIEL H. « Coevolution of mutualism between ants and acacias in Central America. » Evolution 20, no. 3 (1966) : 249-275.

JEANSON, R., RATNIEKS, F. L., & DENEUBOURG, J. L. (2003). Pheromone trail decay rates on different substrates in the Pharaoh's ant, Monomorium pharaonis. *Physiological Entomology*, 28(3), 192-198.

JERDON, T. C. (1851). Ichthyological gleanings in Madras. *Madras Journal of Literature and Science*, 17, 128-151.

KENNE, M., & DEJEAN, A. (1999). Spatial distribution, size and density of nests of Myrmicaria opaciventris Emery (Formicidae, Myrmicinae). *Insectes sociaux*, 46(2), 179-185.

KOHLER, M., & WEHNER, R. (2005). Idiosyncratic route-based memories in desert ants, Melophorus bagoti : how do they interact with path-integration vectors ?. Neurobiology of learning and memory, 83(1), 1-12.

KRONAUER, D. J. (2020). Army Ants. Harvard University Press.

KWAPICH, C. L., & HÖLLDOBLER, B. (2019). Destruction of spiderwebs and rescue of ensnared nestmates by a granivorous desert ant (Veromessor pergandei). *The American Naturalist*, 194(3), 395-404.

LACINY, A., ZETTEL, H., KOPCHINSKIY, A., PRETZER, C., PAL, A., SALIM, K. A.,... & DRUZHININA, I. S. (2018). Colobopsis explodens sp. n., model species for studies on "exploding ants"(Hymenoptera, Formicidae), with biological notes and first illustrations of males of the Colobopsis cylindrica group. *ZooKeys*, (751), 1.

LENOIR, A., D'ETTORRE, P., ERRARD, C., & HEFETZ, A. (2001). Chemical ecology and social parasitism in ants. *Annual review of entomology*, 46(1), 573-599.

LENOIR, A., DETRAIN, C., & BARBAZANGES, N. (1992). Host trail following by the guest antFormicoxenus provancheri. *Experientia*, 48(1), 94-97.

LENOIR, A., ERRARD, C., FRANCOEUR, A., & LOISELLE, R. (1992). Relations entre la fourmi parasiteFormicoxenus provancheri et son hôteMyrmica incompleta. Données biologiques et éthologiques (Hym. Formicidae). *Insectes sociaux*, 39(1), 81-97.

LIVINGSTONE, D., & LIVINGSTONE, C. (1866). Explorations du Zambèse et de ses affluents et découverte des lacs Chiroua et Nyassa : 1858-1864. Hachette.

MAÁK, I., LŐRINCZI, G., LE QUINQUIS, P., MÓDRA, G., BOVET, D., CALL, J., & D'ETTORRE, P. (2017). Tool selection during foraging in two species of funnel ants. Animal Behaviour, 123, 207-216.

MCCREERY, H. F., & BREED, M. D. (2014). Cooperative transport in ants : a review of proximate mechanisms. *Insectes sociaux*, 61(2), 99-110.

MERBACH, M. A., ZIZKA, G., FIALA, B., MERBACH, D., BOOTH, W. E., & MASCHWITZ, U. (2007). Why a carnivorous plant cooperates with an ant-selective defense against pitcher-destroying weevils in the myrmecophytic pitcher plant Nepenthes bicalcarata Hook. f. *Ecotropica*, 13, 45-56.

MLOT, N. J., TOVEY, C. A., & HU, D. L. (2011). Fire ants self-assemble into waterproof rafts to survive floods. Proceedings of the National Academy of Sciences, 108(19), 7669-7673.

MOFFETT, M. W. (2010). Adventures among ants : a global safari with a cast of trillions. Univ of California Press.

MÖGLICH, M. H., & ALPERT, G. D. (1979). Stone dropping by Conomyrma bicolor (Hymenoptera : Formicidae) : a new technique of interference competition. *Behavioral Ecology and sociobiology*, 105-113.

MORAIS, H. C. (1994). Coordinated group ambush : A new predatory behavior inAzteca ants (Dolichoderinae). *Insectes sociaux*, 41(3), 339-342.

MORRILL, W. L. (1972). Tool using behavior of Pogonomyrmex badius (Hymenoptera : Formicidae). *Florida Entomologist*, 59-60.

NARENDRA, A., GOURMAUD, S., & ZEIL, J. (2013). Mapping the navigational knowledge of individually foraging ants, Myrmecia croslandi. Proceedings of the Royal Society B : Biological Sciences, 280(1765), 20130683.

NESS, J. H., MORIN, D. F., & GILADI, I. (2009). Uncommon specialization in a mutualism between a temperate herbaceous plant guild and an ant : are Aphaenogaster ants keystone mutualists ?. *Oikos*, 118(12), 1793-1804.

NITYANANDA, V., TARAWNEH, G., ROSNER, R., NICOLAS, J., CRICHTON, S., & READ, J. (2016). Insect stereopsis demonstrated using a 3D insect cinema. Scientific reports, 6(1), 1-9.

NOWBAHARI, E., SCOHIER, A., DURAND, J. L., & HOLLIS, K. L. (2009). Ants, Cataglyphis cursor, use precisely directed rescue behavior to free entrapped relatives. *PloS one*, 4(8), e6573.

OBIN, M. S., & VANDER MEER, R. K. (1985). Gaster flagging by fire ants (Solenopsis spp.) : functional significance of venom dispersal behavior. *Journal of chemical ecology*, 11(12), 1757-1768.

OLIVER, T. H., MASHANOVA, A., LEATHER, S. R., COOK, J. M., & JANSEN, V. A. (2007). Ant semiochemicals limit apterous aphid dispersal. Proceedings of the Royal Society B : Biological Sciences, 274(1629), 3127-3131.

PASSERA, L., RONCIN, E., KAUFMANN, B., & KELLER, L. (1996). Increased soldier production in ant colonies exposed to intraspecific competition. *Nature*, 379(6566), 630-631.

PATEK, S. N., BAIO, J. E., FISHER, B. L., & SUAREZ, A. V. (2006). Multifunctionality and mechanical origins : ballistic jaw propulsion in trap-jaw ants. Proceedings of the National Academy of Sciences, 103(34), 12787-12792.

PEETERS, C., & DE GREEF, S. (2015). Predation on large millipedes and self-assembling chains in Leptogenys ants from Cambodia. *Insectes sociaux*, 62(4), 471-477.

PFEFFER, S. E., WAHL, V. L., WITTLINGER, M., & WOLF, H. (2019). High-speed locomotion in the Saharan silver ant, Cataglyphis bombycina. *Journal of Experimental Biology*, 222(20), jeb198705.

PFEIFFER, M., HUTTENLOCHER, H., & AYASSE, M. (2010). Myrmecochorous plants use chemical mimicry to cheat seed-dispersing ants. *Functional Ecology*, 24(3), 545-555.

PHILLIPS, A., & LAMB, A. (1996). Pitcher-plants of Borneo. Malaysian *Journal of Science*, 17(1), 63-63.

PHONEKEO, S., MLOT, N., MONAENKOVA, D., HU, D. L., & TOVEY, C.

(2017). Fire ants perpetually rebuild sinking towers. *Royal Society open science*, 4(7), 170475.

PIERCE, J. D., REINBOLD, K. A., LYNGARD, B. C., GOLDMAN, R. J., & PASTORE, C. M. (2006). Direct measurement of punch force during six professional boxing matches. *Journal of Quantitative Analysis in Sports*, 2(2).

Plutarque Extrait de « L'intelligence des Animaux » (46-120 ap J-C)

POISSONNIER, L. A., MOTSCH, S., GAUTRAIS, J., BUHL, J., & DUSSUTOUR, A. (2019). Experimental investigation of ant traffic under crowded conditions. *eLife*, 8, e48945.

POWELL, S. (2008). Ecological specialization and the evolution of a specialized caste in Cephalotes ants. *Functional Ecology*, 22(5), 902-911.

POWELL, S., & FRANKS, N. R. (2007). How a few help all : living pothole plugs speed prey delivery in the army ant Eciton burchellii. *Animal Behaviour*, 73(6), 1067-1076.

RAJAKUMAR, R., SAN MAURO, D., DIJKSTRA, M. B., HUANG, M. H., WHEELER, D. E., HIOU-TIM, F.,... & ABOUHEIF, E. (2012). Ancestral developmental potential facilitates parallel evolution in ants. *Science*, 335(6064), 79-82.

RAVARY, F., LECOUTEY, E., KAMINSKI, G., CHÂLINE, N., & JAISSON, P. (2007). Individual experience alone can generate lasting division of labor in ants. *Current Biology*, 17(15), 1308-1312.

REID, C. R., LUTZ, M. J., POWELL, S., KAO, A. B., COUZIN, I. D., & GARNIER, S. (2015). Army ants dynamically adjust living bridges in response to a cost–benefit trade-off. Proceedings of the National Academy of Sciences, 112(49), 15113-15118.

RICHARD, F. J., FABRE, A., & DEJEAN, A. (2001). Predatory behavior in dominant arboreal ant species : the case of Crematogaster sp.(Hymenoptera : Formicidae). *Journal of insect behavior*, 14(2), 271-282.

RICHARDSON, T. O., SLEEMAN, P. A., MCNAMARA, J. M., HOUSTON, A. I., & FRANKS, N. R. (2007). Teaching with evaluation in ants. *Current biology*, 17(17), 1520-1526.

RICKSON, F. R. (1979). Absorption of animal tissue breakdown products into a plant stem—the feeding of a plant by ants. *American Journal of Botany*, 66(1), 87-90.

Robinson, E. J., Jackson, D. E., Holcombe, M., & Ratnieks, F. L. (2005). Insect communication :'no entry'signal in ant foraging. *Nature*, 438(7067), 442.

Roces, F., & Hölldobler, B. (1995). Vibrational communication between hitchhikers and foragers in leaf-cutting ants (Atta cephalotes). *Behavioral Ecology and Sociobiology*, 37(5), 297-302.

Rodriguez-Cabal, M. A., Stuble, K. L., Guénard, B., Dunn, R. R., & Sanders, N. J. (2012). Disruption of ant-seed dispersal mutualisms by the invasive Asian needle ant (Pachycondyla chinensis). *Biological Invasions*, 14(3), 557-565.

Ropars, G., Lakshminarayanan, V., & Le Floch, A. (2014). The sunstone and polarised skylight : ancient Viking navigational tools ?. *Contemporary Physics*, 55(4), 302-317.

Ross, G. N. (1966). Life-history studies on Mexican butterflies. IV. The ecology and ethology of Anatole rossi, a myrmecophilous metalmark (Lepidoptera : Riodinidae). Annals of the entomological Society of America, 59(5), 985-1004.

Sakata, H. (1994). How an ant decides to prey on or to attend aphids. Researches on Population Ecology, 36(1), 45-51.

Sakata, H. (1995). Density-dependent predation of the antLasius niger (Hymenoptera : Formicidae) on two attended aphidsLachnus tropicalis andMyzocallis kuricola (Homoptera : Aphididae). Researches on Population Ecology, 37(2), 159-164.

Sánchez-Peña, S. R., Patrock, R. J., & Gilbert, L. A. (2005). The red imported fire ant is now in Mexico : documentation of its wide distribution along the Texas-Mexico border. *Entomological News*, 116(5), 363.

Santamaría, C., Armbrecht, I., & Lachaud, J. P. (2009). Nest distribution and food preferences of Ectatomma ruidum (Hymenoptera : Formicidae) in shaded and open cattle pastures of Colombia. *Sociobiology*, 53(2B), 517-541.

Saverschek, N., Herz, H., Wagner, M., & Roces, F. (2010). Avoiding plants unsuitable for the symbiotic fungus : learning and long-term memory in leaf-cutting ants. Animal Behaviour, 79(3), 689-698.

SCHATZ, B., & WCISLO, W. T. (1999). Ambush predation by the ponerine ant Ectatomma ruidum Roger (Formicidae) on a sweat bee Lasioglossum umbripenne (Halictidae), in Panama. *Journal of Insect Behavior*, 12(5), 641-663.

SCHATZ, B., LACHAUD, J. P., & BEUGNON, G. (1997). Graded recruitment and hunting strategies linked to prey weight and size in the ponerine ant Ectatomma ruidum. *Behavioral Ecology and Sociobiology*, 40(6), 337-349.

SCHMIDT, J. O. (2014). Evolutionary responses of solitary and social Hymenoptera to predation by primates and overwhelmingly powerful vertebrate predators. *Journal of human evolution*, 71, 12-19.

SCHMIDT, J. O. (2016). The sting of the wild. JHU Press.

SCHMIDT, J. O. (2018). Clinical consequences of toxic envenomations by Hymenoptera. Toxicon, 150, 96-104.

SCHMIDT, J. O. (2019). Pain and Lethality Induced by Insect Stings : An Exploratory and Correlational Study. Toxins, 11(7), 427.

SCHMIDT, M., & DEJEAN, A. (2018). A dolichoderine ant that constructs traps to ambush prey collectively : convergent evolution with a myrmicine genus. *Biological Journal of the Linnean Society*, 124(1), 41-46.

SEGRE, P. S., & TAYLOR, E. D. (2019). Large ants do not carry their fair share : maximal load-carrying performance of leaf-cutter ants (Atta cephalotes). *Journal of Experimental Biology*, 222(12), jeb199240.

SEIGNOBOS, C., DEGUINE, J. P., & ABERLENC, H. P. (1996). Les Mofu et leurs insectes. *Journal d'agriculture traditionnelle et de botanique appliquée*, 38(2), 125-187.

SHI, N. N., TSAI, C. C., CAMINO, F., BERNARD, G. D., YU, N., & WEHNER, R. (2015). Keeping cool : Enhanced optical reflection and radiative heat dissipation in Saharan silver ants. *Science*, 349(6245), 298-301.

SMITH, A. A. (2019). Prey specialization and chemical mimicry between Formica archboldi and Odontomachus ants. *Insectes sociaux*, 66(2), 211-222.

STECK, K., WITTLINGER, M., & WOLF, H. (2009). Estimation of

homing distance in desert ants, Cataglyphis fortis, remains unaffected by disturbance of walking behaviour. *Journal of Experimental Biology*, 212(18), 2893-2901.
STIEB, S. M., KELBER, C., WEHNER, R., & RÖSSLER, W. (2011). Antennal-lobe organization in desert ants of the genus Cataglyphis. *Brain, behavior and evolution*, 77(3), 136-146.
SUDD, J. H. (1965). The transport of prey by ants. *Behaviour*, 25(3-4), 234-271.
THOMPSON, J. N. (1981). Reversed animal-plant interactions : the evolution of insectivorous and ant-fed plants. *Biological Journal of the Linnean Society*, 16(2), 147-155.
THORNHAM, D. G., SMITH, J. M., ULMAR GRAFE, T., & FEDERLE, W. (2012). Setting the trap : cleaning behaviour of Camponotus schmitzi ants increases long-term capture efficiency of their pitcher plant host, Nepenthes bicalcarata. *Functional Ecology*, 26(1), 11-19.
TOFILSKI, A., COUVILLON, M. J., EVISON, S. E., HELANTERÄ, H., ROBINSON, E. J., & RATNIEKS, F. L. (2008). Preemptive defensive self-sacrifice by ant workers. The American Naturalist, 172(5), E239-E243.
TSCHINKEL, W. R. (1999). Sociometry and sociogenesis of colonies of the harvester ant, Pogonomyrmex badius : distribution of workers, brood and seeds within the nest in relation to colony size and season. *Ecological Entomology*, 24(2), 222-237.
TSCHINKEL, W. R., & KWAPICH, C. L. (2016). The Florida harvester ant, Pogonomyrmex badius, relies on germination to consume large seeds. *PloS one*, 11(11), e0166907.
URBANI, C. B., & DE ANDRADE, M. L. (1997). Pollen eating, storing, and spitting by ants. Naturwissenschaften, 84(6), 256-258.
VON UEXKÜLL, J. (1931). Der Organismus und die Umwelt. Verlag nicht ermittelbar.
WCISLO, W. T., & SCHATZ, B. (2003). Predator recognition and evasive behavior by sweat bees, Lasioglossum umbripenne (Hymenoptera : Halictidae), in response to predation by ants, Ectatomma ruidum (Hymenoptera : Formicidae). *Behavioral Ecology and Sociobiology*, 53(3), 182-189.
WEBER, N. A. (1957). The nest of an anomalous colony of the

arboreal ant Cephalotes atratus. *Psyche*, 64(2), 60-69.

WEHNER, R. (2003). Desert ant navigation : how miniature brains solve complex tasks. *Journal of Comparative Physiology* A, 189(8), 579-588.

WEHNER, R., MARSH, A. C., & WEHNER, S. (1992). Desert ants on a thermal tightrope. *Nature*, 357(6379), 586-587.

WEISS, K., & SHOLTIS, S. (2003). Dinner at Baby's : Werewolves, dinosaur jaws, hen's teeth, and horse toes. Evolutionary Anthropology : Issues, News, and Reviews : Issues, News, and Reviews, 12(6), 247-251.

WETTERER, J. K. (2010). Worldwide spread of the pharaoh ant, Monomorium pharaonis (Hymenoptera : For-micidae). *Myrmecol. News*, 13, 115-129.

WHEELER, W. M. (1911). The ant-colony as an organism. *Journal of Morphology*, 22(2), 307-325.

WHEELER, W. M. (1922). Observations on Gigantiops destructor Fabricius and other leaping ants. *The Biological Bulletin*, 42(4), 185-201.

WILSON, E. O. (1971). The insect societies. The insect societies.

WILSON, E. O. (2003). Pheidole in the New World : a dominant, hyperdiverse ant genus (Vol. 1). Harvard University Press.

WITTLINGER, M., WEHNER, R., & WOLF, H. (2006). The ant odometer : stepping on stilts and stumps. *Science*, 312(5782), 1965-1967.

WOJTUSIAK, J., GODZIŃSKA, E. J., & DEJEAN, A. (1995). Capture and retrieval of very large prey by workers of the African weaver ant, Oecophylla longinoda (Latreille 1802). *Tropical Zoology*, 8(2), 309-318.

WYSTRACH, A., & BEUGNON, G. (2009). Ants learn geometry and features. *Current Biology*, 19(1), 61-66.

WYSTRACH, A., & SCHWARZ, S. (2013). Ants use a predictive mechanism to compensate for passive displacements by wind. *Current Biology*, 23(24), R1083-R1085.

WYSTRACH, A., DEWAR, A., Philippides, A., & Graham, P. (2016). How do field of view and resolution affect the information content of panoramic scenes for visual navigation ? A computational investigation. *Journal of Comparative Physiology* A, 202(2), 87-95.

YANG, A. S., MARTIN, C. H., & NIJHOUT, H. F. (2004). Geographic variation of caste structure among ant populations. *Current Biology*, 14(6), 514-519.

YANOVIAK, S. P., & FREDERICK, D. N. (2014). Water surface locomotion in tropical canopy ants. *Journal of Experimental Biology*, 217(12), 2163-2170.

YANOVIAK, S. P., DUDLEY, R., & KASPARI, M. (2005). Directed aerial descent in canopy ants. *Nature*, 433(7026), 624-626.

YANOVIAK, S. P., MUNK, Y., & DUDLEY, R. (2011). Evolution and ecology of directed aerial descent in arboreal ants. 944-956.

YAO, I. (2014). Costs and constraints in aphid-ant mutualism. *Ecological research*, 29(3), 383-391.

YOUNG, A. M., & HERMANN, H. R. (1980). Notes on foraging of the giant tropical ant Paraponera clavata (Hymenoptera : Formicidae : Ponerinae). *Journal of the Kansas Entomological Society*, 35-55.

ZEIL, J., & FLEISCHMANN, P. N. (2019). The learning walks of ants (Hymenoptera : Formicidae). openresearch-repository

ZOLLIKOFER, C. (1994). Stepping patterns in ants-influence of body morphology. *Journal of experimental biology*, 192(1), 107-118.

ZOLLIKOFER, C. P. (1994). Stepping patterns in ants. *Journal of Experimental Biology*, 192, 119-127.

译后记

十年之后，再次与蚂蚁结缘。再次为这些小小生命所展现的种种神奇和不可思议之处而入迷。为它们的勇敢、坚韧、忠诚、狡诈，也为它们的奉献、牺牲、盲目和平庸……我不知道一千只蚂蚁有没有一千个哈姆雷特，但当人类的足迹已经迈入太空和深海，人工智能飞速发展的今天，我们却发现自己对花园里那些普普通通的蚂蚁知之甚少。而它们却是这个星球上最古老、数量最庞大的居民之一。

虽然是一本科普著作，但这本书读来却丝毫不令人感到乏味，内容引人入胜，文字生动活泼，充满了生命力和想象力。细心的读者会发现，许多章节以一些文学作品、电影或者歌曲命名，《泉水玛侬》《机械战警》《蝴蝶与潜水钟》，在此我就不逐一列举了。留给有心的读者去慢慢发现吧。

同时，这是一本科普作品，两位作者都是科研工作者，书中所有内容都源自科学实践，源自科学家们细致入微的观察，和一次次精心设计的科学实验。原书后整整20页的参考文献足以证明两位作者严谨的科学态度。对于非生物专业出身的译者来说这无疑是个巨大的挑战，常常为了一个术语的翻译而查阅大量资料。翻译的过程既艰辛，又充满了不断发现和不断学习的快乐。

感谢本书编辑李占帅老师，以及为本书出版而付出劳动的其他工作人员。在电子出版物风靡的今天，感谢你们的坚持。

特别要感谢我的家人，一直以来你们的爱和支持都是我强大的后盾。谢谢一直当幕后英雄的胡先生，谢谢你耐心地反复阅读译稿并提出修改建议。也要谢谢小胡先生，你对科学的热爱也传递给了我。

春暖花开，阳光明媚。谨以为记。

二零二五年春　于成都